拜德雅
Paideia
精神分析先锋译丛

eons
艺 文 志

The Lacanian Subject

Between Language and Jouissance

Bruce Fink

[美] 布鲁斯·芬克　著

张慧强　译

拉康式主体

在语言与享乐之间

上海文艺出版社
Shanghai Literature & Art Publishing House

献给爱洛伊斯

Pour Héloïse

目　录

总　序　翻译之为精神分析家的任务　/III

致　谢　/XI

前　言　/XIII

第 1 部分　结构：异化与他者　/1

1　语言与他者性　/3

2　无意识思维的本质，

或（大他者）另一半如何“思考”　/19

3　言词的创造性功能：象征界与实在界　/35

第 2 部分　拉康式主体　/47

4　拉康式主体　49

5　主体与大他者的欲望　/68

6　隐喻与主体性的猛抛　/97

第 3 部分　拉康式对象：爱、欲望、享乐　/113

7　对象（a）：欲望原因　/115

8　没有性关系这回事　/138

第 4 部分 精神分析话语的地位 /183

9 四大话语 /185

10 精神分析与科学 /198

后 记 /211

附 录 1：无意识语言 /219

附 录 2：追踪原因 /239

拉康派象征符汇编 /251

参考书目 /255

索 引 /261

总序：翻译之为精神分析家的任务

无意识只能通过语言的纽结来翻译。

——雅克·拉康

自弗洛伊德发现无意识以来，精神分析思想的传播及其文献的翻译在历史上就是紧密交织的。事实上，早在 20 世纪初弗洛伊德携其弟子荣格访美期间，或许是不满于布里尔（美国第一位精神分析家）对其文本的“背叛”——主要是因为布里尔的英语译本为了“讨好”美国读者而大量删减并篡改了弗洛伊德原文中涉及“无意识运作”（即凝缩与移置）的那些德语文字游戏——弗洛伊德就曾亲自将他在克拉克大学的讲座文稿《精神分析五讲》从德语译成了英语，从而正式宣告了精神分析话语作为“瘟疫”的到来。后来，经由拉康的进一步渲染和“杜撰”，这一文化性事件更是早已作为“精神分析的起源与发展”的构成性“神话”而深深铭刻在精神分析运动的历史之中。时至今日，这场精神分析的瘟疫无疑也在当代世界的“文明及其不满”上构成了我们精神生活中不可或缺的一部分，借用法国新锐社会学家爱娃·伊洛兹的概念来说，精神分析的话语在很大程度上已然塑造并结构了后现代社会乃至超现代主体的“情感叙事风格”。

然而，我们在这里也不应遗忘精神分析本身所不幸罹难的一个根本的“创伤性事件”，也就是随着欧陆精神分析共同体因其“犹太性”而在第二次世界大战期间遭到德国纳粹的迫害，大量德语精神分析书籍惨遭焚毁，大批犹太分析家纷纷流亡英美，就连此前毅然坚守故土的弗洛伊德本人也在纳粹占领奥地利前夕被迫离开了自己毕生工作和生活的维也纳，并在“玛丽公主”的外交斡旋下从巴黎辗转流亡至伦敦，仅仅度过了其余生的最后一年便客死他乡。伴随这场“精神分析大流散”的灾难，连同弗洛伊德作为其“创始人”的陨落，精神分析的话语也无奈丧失了它诞生于其中的“母语”，不得不转而主要以英语来流通。因此，在精神分析从德语向英语（乃至其他外语）的“转移”中，也就必然牵出了“翻译”的问题。在这个意义上，我们甚至可以说，精神分析话语的“逃亡”恰恰是通过其翻译才得以实现了其“幸存”。不过，在从“快乐”的德语转向“现实”的英语的翻译转换中——前者是精神分析遵循其“快乐原则”的“原初过程”的语言，而后者则是遵循其“现实原则”的“次级过程”的语言——弗洛伊德的德语也不可避免地变成了精神分析遭到驱逐的“失乐园”，而英语则在分析家们不得不“适应现实”的异化中成为精神分析的“官方语言”，以至于我们现在参照的基本是弗洛伊德全集的英语《标准版》，而弗洛伊德的德语原文则几乎变成了那个遭到压抑而难以触及的“创伤性原物”，作为弗洛伊德的幽灵和实在界的残余而不断坚持返回精神分析文本的“翻译”之中。

由于精神分析瘟疫的传播是通过“翻译”来实现的，这必然会牵出翻译本身所固有的“忠实”或“背叛”的伦理性问题，由此便产生了“正统”和“异端”的结构性分裂。与之相应的结果也导致精神分析在英美世界中的发展转向了更多强调“母亲”的角色（抱持和涵容）而非“父亲”的作用（禁止和阉割），更多强调“自我”

的功能而非“无意识”的机制。纵观精神分析的历史演变，在弗洛伊德逝世之后，无论是英国的“经验主义”传统还是美国的“实用主义”哲学，都使精神分析丧失了弗洛伊德德语原典中浓厚的“浪漫主义”色彩：大致来说，英国客体关系学派把精神分析变成了一种体验再养育的“个人成长”，而美国自我心理学派则使之沦为一种情绪再教育的“社会控制”。正是在这样的历史大背景下，以拉康为代表的法国精神分析思潮可谓是一个异军突起的例外。就此而言，拉康的“回到弗洛伊德”远非只是一句挂羊头卖狗肉的口号，而实际上是基于德语原文（由于缺乏可靠的法语译本）而对弗洛伊德思想的系统性重读和创造性重译。举例来说，拉康将弗洛伊德的箴言“Wo Es war, soll Ich werden”（它之曾在，吾必往之）译作“它所在之处，我必须在那里生成”而非传统上理解的“本我在哪里，自我就应该在哪里”或“自我应该驱逐本我”。在弗洛伊德的基本术语上，拉康将德语“Trieb”（驱力）译作“冲动”（impulsion）而非“本能”，从而使之摆脱了生物学的意涵；将“Verwerfung”（弃绝）译作“除权”（forclusion）而非简单的“拒绝”，从而将其确立为精神病的机制。另外，他还极具创造性地将“无意识”译作“大他者的话语”，将“凝缩”和“移置”译作“隐喻”和“换喻”，将“表象代表”译作“能指”，将“俄狄浦斯”译作“父性隐喻”，将“阉割”译作“父名”，将“创伤”译作“洞伤”，将“力比多”译作“享乐”……凡此种种，不胜枚举。拉康曾说：“倘若没有翻译过弗洛伊德，便不能说真正读懂了弗洛伊德。”相较于英美流派主要将精神分析局限于心理治疗的狭窄范围而言，拉康派精神分析则无可非议地将弗洛伊德思想推向了社会思想文化领域的方方面面。据此，我们便可以说，正是通过拉康的重译，弗洛伊德思想的“生命之花”才最终在其法语的“父版倒错”（père-version）中得到了最繁盛的绽放。

回到精神分析本身来说，我甚至想要在此提出，翻译在很大程度上构成了精神分析理论与实践的“一般方法论”：首先，就其理论而言，弗洛伊德早在 1896 年写给弗利斯的名篇《第 52 封信》中就已经谈到了“翻译”作为从“无意识过程”过渡至“前意识 – 意识过程”的系统转换，这一论点也在其 1900 年的《释梦》第 7 章的“心理地形学模型”里得到了更进一步的阐发，而在其 1915 年《论无意识》的元心理学文章中，“翻译”的概念更是成为从视觉性的“物表象”（Sachvorstellung）过渡至听觉性的“词表象”（Wortvorstellung）的转化模型，因而我们可以说，“精神装置”就是将冲动层面上的“能量”转化为语言层面上的“意义”的一部“翻译机器”；其次，就其实践而言，精神分析临床赖以工作的“转移”现象也包含了从一个场域移至另一场域的“翻译”维度——这里值得注意的是，弗洛伊德使用的“Übertragung”一词在德语中兼有“转移”和“翻译”的双重意味——而精神分析家所操作的“解释”便涉及对此种转移的“翻译”。从拉康的视角来看，分析性的“解释”无非就是通过语言的纽结而对无意识的“翻译”。因而，在精神分析的语境下，“翻译”几乎就是“解释”的同义词，两者在很大程度上共同构成了精神分析家必须承担起来的责任和义务。

说翻译是精神分析家的“任务”，这无疑也是在回应瓦尔特·本雅明写于 100 年前的《译者的任务》一文。在这篇充满弥赛亚式论调的著名“译论”中，本雅明指出，“译者的任务便是要在译作的语言中创造出原作的回声”，借由不同语言之间的转换来“催熟纯粹语言的种子”。在本雅明看来，每一门“自然语言”皆在其自身中携带着超越“经验语言”之外的“纯粹语言”，更确切地说，这种纯粹语言是在“巴别塔之前”的语言，即大他者所言说的语言，而在“巴别塔之后”——套用美国翻译理论家乔治·斯坦纳的名著标题来说——翻译的行动便在于努力完成对于丧失纯粹语言的“哀悼工作”，从而使译作成为原作的“转世再生”。如此一来，悲剧的译者才能在保罗·利柯所谓的“语言的好客性”中寻得幸福。与译者的任务相似，分析家的任务也是要在分析者的话语文本中听出纯粹能指的异声，借由解释的刀口来切出那个击中实在界的“不可译之脐”，拉康将此种旨在聆听无意识回响和共鸣的努力称作精神分析家的“诗性努力”，对分析家而言，这种诗性努力就在于将语言强行逼成“大他者的位点”，对译者而言，则是迫使语言的大他者成为“译（异）者的庇护所”。

继本雅明之后，法国翻译理论家安托瓦纳·贝尔曼在其《翻译宣言》中更是大声疾呼一门“翻译的精神分析学”。他在翻译的伦理学上定位了“译者的欲望”，正是此种欲望的伦理构成了译者的行动本身。我们不难看出，“译者的欲望”这一措辞明显也是在影射拉康在精神分析的伦理学上所谓的“分析家的欲望”，即旨在获得“绝对差异”的欲望。与本雅明一样，在贝尔曼看来，翻译的伦理学目标并非旨在传递信息或言语复述：“翻译在本质上是开放、是对话、是杂交、是对中心的偏移”，而那些没有将语言本身的“异质性”翻译出来的译作都是劣质的翻译。因此，如果搬出“翻译即背叛”（traduttore-traditore）的老生常谈，那么与其说译者在伦理上总是会陷入“忠实”或“背叛”的两难困境，不如说总是会有一股“翻译冲动”将译者驱向以激进的方式把“母语”变得去自然化，用贝尔曼的话说，“对母语的憎恨是翻译冲动的推进器”，所谓“他山之石，可以攻玉”便是作为主体的译者通过转向作为他者的语言而对其母语的复仇！贝尔曼写道：“在心理层面上，译者具有两面性。他需要从两方面着力：强迫自我的语言吞下‘异’，并逼迫另一门语言闯入他的母语。”在翻译中，一方面，译者必须考虑到如何将原文语言中的“他异性”纳入译文；另一方面，译者必须考虑到如何让原文语言中受到遮蔽而无法道说的“另一面”在其译文中开显出来，此即贝尔曼所谓的“异者的考验”（l'épreuve de l'étranger）。

就我个人作为“异者”的考验来说，翻译无疑是我为了将精神分析的“训练”与“传递”之间的悖论纽结起来而勉力为之的“症状”，在我自己通过翻译的行动而承担起“跨拉康派精神分析者（家）”（psychanalystant translacanien）的命名上，说它是我的“圣状”也毫不为过。作为症状，翻译精神分析的话语无异于一种“译症”，它承载着“不满足于”国内现有精神分析文本的癔症式欲望，而在传播精神分析的瘟疫上，我也希望此种“译症”可以演变为一场持续发作的“集体译症”，如此才有了与拜德雅图书工作室合作出版这套“精神分析先锋译丛”的想法。

回到精神分析在中国发展的历史来说，20世纪八九十年代的“弗洛伊德热”便得益于我国老一辈学者自改革开放以来对弗洛伊德著作的大规模翻译，而英美精神分析各流派在21世纪头二十年于国内心理咨询界的盛行也是因为相关著作伴随着各种系统培训的成批量引进，但遗憾的是，也许是碍于版权的限制和文本的难度，国内当下的“拉康热”却明显绕开了拉康原作的翻译问题，反而是导读类的“二手拉康”更受读者青睐，故而我们的选书也只好更多偏向于拉康派精神分析领域较为基础和前沿的著作。对我们来说，拉康的原文就如同他笔下的那封“失窃的信”一样，仍然处在一种“悬而未决／有待领取／陷入痛苦”（en souffrance）的状态，但既然“一封信总是会抵达其目的地”，我们就仍然可以对拉康精神分析在中国的“未来”报以无限的期待，而这可能将是几代精神分析译者共同努力完成的任务。众所周知，弗洛伊德曾将“统治”“教育”“分析”并称为三种“不可能的职业”，而“翻译”则无疑也是命名此种“不可能性”的第四种职业，尤其是在精神分析的意义上对不可能言说的实在界“享乐”的翻译（从“jouissance”到“joui-sens”再到“j'ouis sens”），根据拉康的三界概念，我们可以说，译者的任务便在于经由象征界的语言而从想象界的“无能”迈向实在界的“不可能”。拉康曾说，解释的目的在于“掀起波澜”（faire des vagues），与之相应，我们也可以说，翻译的目的如果不在于“兴风作浪”的话，至少也在于“推波助澜”，希望这套丛书的出版可以为推动精神分析在中国的发展掀起一些波澜。

当然，翻译作为一项“任务”必然会涉及某种“失败”的维度，正如本雅明所使用的德语“die Aufgabe”一词除了“任务”之意，也隐含着一层“失败”和“放弃”的意味，毕竟，诚如贝尔曼所言：“翻译的形而上学目标便在于升华翻译冲动的失败，而其伦理学目标则在于超越此种失败的升华。”就此而言，译者必须接受至少两种语言的阉割，才能投身于这场“输者为赢”的游戏。这也意味着译者必须在翻译中承担起“负一”（moins-un）的运作，在译文对原文的回溯性重构中引入“缺失”的维度，而这是通过插入注脚和括号来实现的，因而译文在某种意义上也是对原文的“增补”。每当译者在一些不可译的脐点上磕绊之时，译文便会呈现出原文中所隐藏的某种“真理”。因此，翻译并不只是对精神分析话语的简单搬运，而是精神分析话语本身的生成性实践，它是译者在不同语言的异质性之间实现的“转域化”操作。据此，我们便可以说，每一次翻译在某种程度上都是译者的化身，而译者在这里也是能指的载体，在其最严格的意义上，在其最激情的版本中，精神分析的“文字”（lettre）就是由译者的身体来承载的，它是译者随身携带的“书信”（lettre），因此希望译文中在所难免的“错漏”和“误译”（译者无意识的显现）可以得到广大读者朋友的包容和指正。

延续这个思路，翻译就是在阉割的剧情内来复现母语与父法之间复杂性的操作。真正的翻译都是以其“缺失”的维度而朝向“重译”开放的，它从一开始就服从于语言的不充分性，因而允许重新修订和二次加工便是承担起阉割的翻译。从这个意义上说，翻译总是复多性和复调性的，而非单一性和单义性的，因为“不存在大他者的大他者”且“不存在元语言”，因而也不存在任何“单义性”（意义对意义）的标准化翻译。标准化翻译恰恰取消了语言中固有的歧义性维度，如果精神分析话语只存在一种翻译的版本，那么它就变成了“主人话语”。作为主人话语的当代变体，“资本主义话语”无疑以其商品化的市场版本为我们时代症状的“绝对意义”提供了一种“推向同质化”的现成翻译：反对大他者的阉割，废除实在界的不可能，无限加速循环的迷瘾，不惜一切代价的享乐。诚如《不可译词典》的作者法国哲学家芭芭拉·卡辛所言，“资本主义的全球化是对翻译的排除，这与维持差异并沟通差异的姿态截然相反”。因而，在文明及其不满上，如果说弗洛伊德的遗产曾通过翻译而从法西斯主义的磨难中被拯救出来，那么今日精神分析译者的任务便是要让精神分析话语从晚期资本主义对无意识的驱逐中幸存下来！

最后，让我们再引用一句海德格尔的话来作结：“正是经由翻译，思想的工作才会被转换至另一种语言的精神之中，从而经历一种不可避免的转化。但这种转化也可能是丰饶多产的，因为它会使问题的基本立场得以在新的光亮下显现出来。”谨在此由衷希望这套译丛的出版可以为阐明“精神分析问题的基本立场”带来些许新的光亮。

李新雨

2024 年夏于南京百家湖畔

致　谢

吉姆·奥维特（Jim Ovitt）在1980年代初向我介绍了拉康的作品，康奈尔大学的罗曼语教授理查德·克莱因（Richard Klein）则让我初次尝到了拉康文本的乐趣和恐怖。

我对拉康精神分析的大部分了解都要源于雅克–阿兰·米勒（Jacques-Alain Miller）的教学，从1983年到1989年，我参加了他在巴黎八大支持下开展的每周研讨班“拉康派导向”（Orientation lacanienne），并且从中受益匪浅。他提供了许多钥匙，让我得以开始阅读拉康的《著作集》（*Écrits*）；米勒在他的“拉康派导向”中提出了很多关于拉康的解读，而我本书中的许多表述都代表了我对他的解读的解释。还有其他一些老师也影响了我对拉康作品的理解，包括克莱特·索莱尔（Colette Soler），她是弗洛伊德事业/原因学派里最有经验的拉康精神分析教学者之一；还有阿兰·巴迪欧（Alain Badiou），巴黎第八大学哲学教授。这本书绝不是在总结他们的观点：事实上，他们无疑都会对我在这里提出的各种解释抱有异议。

马克·西尔弗（Marc Silver）让我开始对拉康作品的翻译，并鼓励我花无数个小时解密拉康的一个又一个模型，这让我感到非常荣幸。

加州大学洛杉矶分校的英语教授肯尼斯·莱因哈特（Kenneth Reinhard）、加州大学欧文分校的比较文学和英语教授茱莉亚·勒普顿（Julia Lupton）和加州大学欧文分校的德语教授约翰·史密斯（John Smith），在本书的写作过程中给予我热情的支持，同时也是值得敬佩的对话者。他们帮助我开设了一个论坛，以便继续解释拉康的某些文本，学习一些关于教学的知识，对于他们的这些帮助，我感激不尽，永远难忘。

圣地亚哥州立大学的历史学教授霍华德·库什纳（Howard Kushner）指导我完成了出版过程的关键部分，并邀请我发表一篇关于本书第1章写作的介绍性论文。

杜肯大学的心理学系主任理查德·诺尔斯（Richard Knowles），非常贴心地减轻了我的教学负担，使我最终得以写完这本书。

前　言

拉康为我们呈现了一个十分新颖的主体性理论。大多数后结构主义者力图解构并消解人类主体这个概念，拉康则不同，他身为精神分析家认为主体性概念必不可少，并且探索了成为一个主体意味着什么、一个人是怎么成为主体的、什么条件导致一个人未能成为主体（导致精神病），以及分析家可用来引出“主体性的猛抛”（precipitation of subjectivity）的各种工具。

然而，要将拉康关于主体的各种广泛说法拼凑起来是极其困难的，他的主体理论会让我们大多数人觉得很“反直觉”（想一想拉康频繁重复的“定义”：主体是一个能指为另一个能指代表的东西），而且在他的论述过程中演变非常之大。此外，在 1970 年代后期和 1980 年代的美国，拉康可能更多的是作为一个结构主义者而出名的，这是因为人们在讨论他论述语言和埃德加·爱伦·坡的《失窃的信》的著作，而且英语世界的读者常常更熟悉那个到处——甚至在我们所认为的最为珍贵、不可分割的“自我”（selves）的核心处——揭开结构之运作的拉康，那个拉康似乎完全弃置了成问题的主体性。

在本书的第 1 部分，我追溯了拉康对“他者性”（otherness）极为深刻的检视，此“他者性”被认为相对于一个尚未确定的主体而言是异化或外异的。这种“他者性”从无意识（作为语言的大他者）

和自我（想象的他者［理想自我］和作为欲望的大他者［自我理想］）到弗洛伊德式的超我（作为享乐的大他者），不可能一概而论。我们是被异化的，因为我们被一种语言言说，这种语言在某些方面就像一台有生命的机器、电脑或录音/采集装置；因为我们的需要和快乐由我们父母的要求（作为要求的大他者）组织和引导成社会可接受的形式；还因为我们的欲望是作为大他者的欲望出现的。虽然拉康在他的研讨班和书面文本中不断提到主体，但大他者似乎常常抢了风头。

然而，恰恰是拉康作品中的结构或他者性的概念最为深远的延伸，才使我们能够看到结构在哪里终止，而其他东西，一些相异于结构的东西，从哪里开始。在拉康的作品中，相异于结构的东西有两个方面：主体和对象（作为欲望原因的对象 *a*）。

在本书的第 2 部分，我表明，从他早期的现象学观念出发，在 1950 年代，拉康将主体定义为对作为语言或法则的大他者所采取的一个位置（position）；换句话说，主体是一种与象征秩序的关系。自我是依据想象辖域来定义的，而主体本身在本质上是一种与大他者有关的定位。随着拉康的大他者概念的发展，主体被重新概念化为对大他者的欲望（母亲的，父母某一方的，或父母双方的欲望）所采取的立场，因为这种欲望引起了主体的欲望，也就是作为对象 *a* 而运作。

拉康越来越受到弗洛伊德最早期作品[1]和他自己的精神分析实践的影响，他开始（用非常图示化的术语来展现他的理论演进）看到某种东西，而主体对这种东西所采取的立场是一种原始的快乐/痛苦或创伤的体验。主体出现的形式是，受到原始的、压倒性的体验的吸引以及对这种体验的防御，这种体验就是法国人所说的享乐（jouissance）：一种过度的快乐，这种快乐导致了一种被压倒或厌恶的感觉，但同时又提供了一种迷恋之源。

虽然在 1950 年代末，拉康将“存在”（being）看作被授予人类主体的东西，这只是因为它与某个对象被幻想化的关系，这个对象就是引发创伤性的享乐体验的对象；但他最终认为主体原始的享乐体验源自主体与大他者欲望创伤性的相遇。因此，主体——缺失存在——被视为构成了与大他者的欲望的关系，或对大他者的欲望所采取的立场，而从根本上说，大他者的欲望令人激动，但又令人不安、令人着迷，还令人难以承受或令人反感。

虽然一个孩子希望被其父母认作是值得他们的欲望的，但他们的欲望既迷人又致命。主体不稳定的存在（existence）仰赖诸多幻想的支撑，主体将这些幻想建构出来，以便和危险的欲望保持恰到好处的距离，让吸引力和排斥力保持微妙平衡。

然而，在我看来，这只不过是拉康式主体的一个面相：这个主体是被固着的，是症状，是一种“获得快感”（getting off）或获取享乐的重复性的、症状性的方式。由幻想提供的存在感是拉康在 1960 年代中期提到的“虚假存在”（false being），从而暗示了还有更多东西。

可想而知，拉康式主体的第二个面相出现在对这种固着的克服中、对幻想的重构或穿越中，以及对一个人获得快感或享乐的方式的转变中，也就是主体化（subjectivization）面相，这是一个把先前是外异的东西变成“自己的”东西的过程。

经由这个过程，一个人在与大他者的欲望相关的位置上发生了完全的颠覆。一个人承担起对大他者的欲望的责任，承担起这股将他 / 她带到世上的外异力量。一个人自行肩负起这种因果性的改变，去主体化以前被体验为外部的、不相干的原因的东西，即在一个人的宇宙——其命运——开启之时的一种外异的掷骰子行为。拉康在这里指出了分析者的一个矛盾举动，这是分析家的特殊方法促成的，以将分析者存在（existence）的原因——大他者的欲望，正是此欲望将分析者带到这个世界——主体化，并成为那个主宰自身命运的主体。不是说“事情就发生在我身上了”，而是“我看到了”“我听到了”“我行动了”。

因此，对于弗洛伊德的“Wo Es war, soll Ich werden”这句话，拉康多次翻译的要点在于：在大他者拉动弦（充当我的原因）之处，我必须作为我自己的原因生成。[2]

至于对象（本书第 3 部分将详细讨论），它是与主体理论一起发展的。就像主体首先被看作对大他者所采取的立场，然后是对大他者的欲望所采取的立场，对象也首先被视为像自己一样的小他者，并最终被等同于大他者的欲望。父母双方的欲望把孩子带到这个世界上，在一个非常物质的意义上，充当了孩子存在（being）的原因，并最终充当其欲望的原因。幻想则组织起这样一个位置：孩子希望在这个位置上看到相对于那引起、诱发和刺激其欲望的对象的自己。

正是拉康把对象当作欲望的原因，而不是某种可以设法满足欲望的东西的理论，使我们能够理解拉康在分析技术上的某些创新。拉康从分析家必须避开的角色（自我心理学方法中隐含的想象他者和评判性的、全知的大他者）以及他 / 她必须在主体的幻想中扮演的角色（对象 *a*）的角度来重新概念化分析家的位置，以便使分析者尽可能将那导致他 / 她出现的外异原因主体化。

在拉康对分析设置的看法中，分析家不是被要求扮演“好对象”“足够好的母亲”，或者那个与病人虚弱的自我结盟的强大自我。相反，分析家必须通过保持一种谜一般欲望的位置，逐渐在主体的幻想中充当对象，以便让其幻想得以重构，带来一种与享乐有关的新立场，一种新的主体位置。在这方面，分析家可以利用的工具之一是时间，即弹性时间会谈，这样一个手段可以产生必要的张力，让主体从其与大他者的欲望被幻想化的关系中分离出来。

拉康还将对象阐述为那扰乱结构、系统和公理领域顺畅运作的原因，导致各种疑难、悖论和僵局的出现。它是我们在语言以及我们用来象征化这个世界的网格崩溃之处遭遇到的实在。它是字母（letter），每当我们试图用能指来说明一切，并把一切都说出来时，它就坚持着。

因此，对象有不只一个功能：作为大他者的欲望，它激发主体的欲望；但作为字母，或者能指的能指性（法文：signifiance，英文：signifierness），它有一种与别样快乐相关的物质性或实质。在某种意义上，正是对象 *a* 的多价性导致拉康区分了性欲望（欲望或因处在欲望中带来快感，他称之为“阳具享乐”，或者可以更恰当地说成“象征的享乐”）与另一种快乐（“大他者享乐”）。

对象的这两个面相，即 *a* 和 S(Ⱥ)，有助于我们理解性差异，这在论拉康的英文作品中尚未被掌握，而且远远超出了目前的“解释”，即根据拉康的观点，男性意味着主体，女性意味着对象，或者认为拉康落入弗洛伊德式的陷阱，把男性特质等同于主动和拥有，把女性特质等同于被动和没有。

主体有两个面相，对象也有两个面相。平行的二元对立？我不这么认为。相反，我称之为“哥德尔式的结构主义”的一种形式，在这种形式中，每个系统都因其内部所包含的他异性或异质性而不完整。

本书第 4 部分探讨的是精神分析话语的地位，对在美国这样的科学主义环境中开展实践的临床工作者来说是一个不可避免的问题。在这样的环境中，华盛顿国家精神健康研究所的负责人可以公开宣称，到 2000 年，医学机构有可能“征服”几乎所有的精神疾病；[3] 报纸上日复一日地宣布，要为酗酒、同性恋、恐惧症、精神分裂症“负责”的基因已经被发现；而且，对精神分析基础的天真科学主义攻击可以被视为对其可信度的严重打击，分析家和有分析倾向的人最好明智地讨论其领域的认识论地位。

因为虽然精神分析可能不构成一门科学，不构成一门人们目前所理解的“科学”，但是它没有必要向现有的医学或科学机构寻求合法性。拉康的工作为我们提供了必要条件，将精神分析构造为一种话语，可以说，这种话语在历史上依赖于科学的诞生，又能自行站稳脚跟。在拉康的概念化中，精神分析不仅是一种具有自身特定基础的话语，而且是一种处在此种位置的话语：能够分析其他“学科”（包括学术的和科学的学科）的结构和运作，为它们的主要根源和基本原理带来新的启示。

拉康指出，将精神分析的概念引入科学，有可能将科学激进化或革命化，如同人们通常理解的那样——因此在某种意义上，是重新定义科学所质询的对象，从而让科学突破现有的边界。拉康并没有像某些人那样声称精神分析注定要永远停留在科学领域之外，他的观点反而是，科学还胜任不了容纳精神分析的任务。[4]有一天，科学话语可能会得到重新塑造，从而将精神分析纳入其范围之内，但与此同时，精神分析可以继续阐述其自身的独特实践：临床实践和理论建构。

这种简要的勾勒指明了我的论证的总体轨迹，我希望它能作为读者阅读本书的路线图，在需要的时候偶尔加以参考。因为，虽然主体、对象、大他者和话语是我在本书中展开的主要概念，但要在语境中讨论它们，就需要解释拉康的更多基本概念，以及他早先和后来的诸多努力：用这些概念来构想精神分析的经验。

拉康在其事业生涯塑造和重塑的一些概念，以及我在这里要讨论的一些概念，包括想象界、象征界与实在界；需要、要求、欲望与享乐；所述的主体、能述的主体（或言说的主体）、无意识主体、分裂的主体、作为防御的主体、作为隐喻的主体；父性隐喻、原初压抑与继发压抑；神经症、精神病与性倒错；能指（主人能指或一元能指和二元能指）、字母与能指性；阳具（作为欲望能指）、阳具功能、性差异、阳具享乐、大他者（另一种）享乐、男性结构与女性结构；异化、分离、穿越幻想与“通过”；标点、解释、弹性时间会谈与作为纯粹欲望性的分析家角色；存在与外－在；四大话语（主人话语、癔症话语、分析家话语和大学话语）、它们的主要动因与其中蕴含的牺牲；知识、误认与真理；话语、元语言与缝合；形式化、极化（polarization）与传播。希望本前言提供的路线图有助于读者在我对这些广泛概念的阐述中见林见木。

第 1 部分的各章意在简明，它假设读者以前对拉康的作品不怎么了解。第 2、3、4 部分复杂性递增，建基于本书前面部分奠定的基础。有些读者可能希望在第一次阅读时跳过一些比较难懂的章节（如第 5、6、8 章），比如，直接从论对象 *a* 的第 7 章跳到论话语的第 9、10 章。有些章节可以单独阅读，哪怕它们确实建基于且偶尔会重提前面的材料。那些对拉康的作品有一定了解的读者，可能想要完全跳过第 1 章，甚至直接跳到第 5 章，而只浏览一下前面的材料就好。

我这本书的一个更一般的目的在于，在一个不弃置临床考量的语境中，着手重新定位对拉康作品的讨论。在美国，精神分析界抵制拉康的思想已经有几十年了，而更关注文学和语言学的人则对他的作品表现出最浓厚、最持久的兴趣。造成这种情况的历史原因和知识原因广为人知，在此不再赘述，但在我看来，其结果是人们歪曲或片面地呈现了他的思想。虽然这本书不是专门为临床工作者所写，[5] 但我认为，我自己的精神分析实践的经验确实构成了本书的背景。

我无意在本书中对拉康的作品提出一个“平衡”的观点。一个平衡的观点必须为拉康的观点发展提供大量的历史视角——解释他的各种超现实主义的、弗洛伊德的、现象学的、存在主义的、后弗洛伊德派的、索绪尔的、雅克布森的和列维–斯特劳斯的影响（这只是一个开始）——并将拉康对精神分析理论的探索置于当时法国和其他地方的辩论语境中。

相反，我试图提出的一种对拉康作品的看法，无疑会让很多人觉得过于静态封闭，而他作品的魅力之一恰恰在于其不断的转变、自我修正和视角的逆转。我努力提出对拉康几个主要概念的看法，不是从这些概念于 1930 年代开始的演变来看，而是从 1970 年代的角度来看。有时，我试着通过将拉康早期对精神分析经验的表述方式“翻译”成拉康自己后来的用语来引导读者，但总的来说，我提出的是拉康派理论的一个切片，我认为这个切片对临床工作者和理论家都特别有力和有用。依照我的思维方式，在拉康最早的研讨班中出现的诸如“充实”言语和“空洞”言语之间的对立，在他后来的作品中被取代了；因此，尽管它们本身可能很有意思，但我更愿意让其他人来介绍。[6]

我希望我对拉康思想打下的标点，即强调某些发展，而不强调其他发展，能让读者在拉康已出版的和尚未出版的大量作品中更好地确定自己的方向。我以拉康的某些研讨班为基础讲了好几年的课，跟随某个特定概念的逐步发展（比如，第 7 期研讨班中的精神分析伦理学或第 8 期研讨班中的转移），看到这样一个活跃而有创造力的思想在运作，兴奋之情往往被困难所遮蔽，想要从中分离出一个易辨认的论点，就会有这样的困难。对所有认真学习精神分析的学生来说，研读拉康的研讨班是一项重要的任务，然而，根据我的经验，在这个可能被视为有点无定形的领域中，掌握一些标志性的东西是很有帮助的。

解释拉康作品的任务，就像解释柏拉图和弗洛伊德的作品一样，永无止境，我在这里并不假装是自己说了算。应该清楚的是，我在本书中提供的是一种解释；特别是，第 5 章和第 6 章所提出的拉康式主体理论是我自己的，而我在第 8 章中对拉康论性差异作品的解读也同样是原创的。

附录部分包含的材料技术性太强，和正文中的一般讨论流程格格不入。它们涉及拉康关于语言结构的细致模型，以及其中产生的反常现象所导致的影响（对象 *a*）。

本书末尾提供了拉康的象征符汇编，读者可以在其中找到我对主要象征符（被称为“数学型”）的简短解释。拉康的数学型浓缩并体现了相当数量的概念化，虽然我力图在词汇索引中总结它们最突出的方面，但要想正确使用它们，就需要对拉康的理论框架有一个扎实的整体把握。

在引用拉康的作品时，我尽可能地提供了英文版本参考。但我大幅修改了现有的译本：它们的不足之处变得越来越明显。“*Écrits* 1966”指的是巴黎瑟伊（Seuil）出版社出版的法文版《著作集》，而“*Écrits*”单指阿兰・谢里丹（Alan Sheridan）1977 年通过诺顿（Norton）出版社出版的英文选集。[7] 对研讨班 I、II、VII 和 XI 的页面参考总是对应于诺顿出版社的英文译本。我只用研讨班的编号来指代研讨班；完整的参考资料可在本书后面的参考文献中找到。在引用弗洛伊德的作品时，我提供了标准版（缩写为 SE）的卷号和页码，但我经常根据更有趣或更突出的“非标准”译本来修改译文。

1994 年 4 月

注 释

1 例如，他写给弗里斯的信，以及 1950 年首版的《科学心理学大纲》，这篇文章收录在詹姆斯·斯特雷奇（James Strachey）编辑的《弗洛伊德著作标准版》（*The Standard Edition of the Works of Sigmund Freud*, New York: Norton, 1953-74，本书后面会将其缩写为 SE）第一卷中。还有一些更加关键的书信只有在 1954 年才能看到，尤其是第 29 和第 30 封信；参见《精神分析的起源》（*The Origins of Psychoanalysis*, New York: Basic Books, 1954）。

2 主体的两个面相是对弗洛伊德的两个参考：1895—1896 年的弗洛伊德（其中一部分是和弗里斯的通信 [SE I]），以及 1933 年的弗洛伊德（《精神分析新论》[*The New Introductory Lectures on Psychoanalysis* (SE XXII, p. 801)]）。

3 参见 *The San Diego Union*, 1990. 7.12。

4 “精神分析……也许甚至启发了我们对‘科学’”的理解（研讨班 XI，第 7 页）。

5 可参见我的《拉康精神分析临床导论》（*A Clinical Introduction to Lacanian Psychoan-alysis*, Cambridge: Harvard University Press, 1996）。

6 例如，可参见克莱特·索莱尔（Colette Soler）的相关讨论，这些讨论收录在第一次关于拉康研讨班的英语演讲合集中，即由布鲁斯·芬克、理查德·费尔德斯坦（Richard Feldstein）和梅尔·贾努斯（Maire Jaanus）合编的《阅读研讨班 I 和 II：拉康的回到弗洛伊德》（*Reading Seminars I & II: Lacan's Return to Freud*, Albany: SUNY Press, 1995）。

7 本书写于《著作集》新的英文完整版出版之前。读者可参考布鲁斯·芬克在爱洛伊斯·芬克（Héloïse Fink）的协作之下，并在罗素·格里格（Russell Grigg）和亨利·沙利文（Henry Sullivan）的协助之下翻译的《著作集》。

第1部分

结构：异化与他者

自我是一个他者。

1

语言与他者性

大他者口误

一位患者走进分析家的办公室，坐上扶手椅。他看着分析家，拾起他上次会谈结尾时留下的话头，一开口就讲错了，他说："我知道我和父亲的关系很紧张，我认为这是因为他在 schnob 上太拼命，他遭不住了，就朝我发泄。"他本想说 job（工作），却说成了 schnob。

话语从来不是单维的。口误立刻提醒我们，不只一种话语可以同时使用这张嘴。

就这种情况而言，我们可以确定两种不同的层次：一种是有意的话语，包括言说者正想要讲出来的或者有意要说的；另一种是无意的话语，在刚才提到的情况下，其形式是一种变形的或引人误解的词语，将 job（工作），snob（势利眼）也许还有其他词合并在一起。例如，分析家可能已经知道，言说者认为家里最年长的孩子，即大哥或大姐，是软弱的势利眼，而且觉得他们的父亲过分溺爱那个年长的哥哥或姐姐——在患者或分析者（也就是参与分析自己的那个人）看来，有点过头了。分析者可能还想到了 schnoz（鼻子）这个词，并想起小时候，他害怕父亲的鼻子，那让他想到女巫的鼻子；

schmuck（蠢货）这个词可能也随后出现在他脑海中。

这个简单的例子已经使我们能够区分两种不同的话语，或者更简单地说，两种不同类型的讲话：[1]

- **自我讲话**：每天都在讲述我们在意识层面认为的且相信的与我们自己有关的事情；
- 以及**一些其他类型的讲话**。

拉康的大他者，在最基本的层面上，与另一种讲话有关，[2]我们可以暂时假设，不单是说有两种不同类型的讲话，而且粗略地说，它们来自两个不同的心理场所：自我和大他者。

精神分析始于这样一种预设：那种大他者（另一种）类型的讲话源于一个他者（an other），后者在某种意义上是可以定位出来的：
4 它包含了从一些其他场所，从自我之外的其他机构无意中被讲出来的、脱口而出的或含混不清的言词。弗洛伊德把大他者（另一种）场所称为无意识，而拉康则毫不含糊地说，“无意识是大他者的话语”，[3]也就是说，无意识是由那些来自自我讲话之外的其他场所的言词构成的。在这个最基本的层面上，无意识就是大他者的话语（表 1.1）。

表 1.1

自我话语	大他者话语 / 另一种话语
意识的 有意的	无意识的 无意的

那么，大他者话语到底是怎么进入我们“内心”的呢？我们往往相信我们掌控着局面，但有时是外来的和外异的东西，用我们的嘴巴说话。从自我的角度来看，“我”操纵着局面：我们称为“我”的那一面相信它知道它的想法和感受，并且相信它知道它为什么做它所做之事。侵扰性的元素——大他者类型的讲话——被推到一边，

被认为是随机的，因此最终不起波澜。容易口误的人通常只认为他们不时地舌头打结，或者他们的脑子就是比嘴巴转得更快，最后试图从那张缓慢开合的嘴中同时蹦出两个词。虽然在这种情况下，口误被认为是自我之外的，但它们的重要性被丢到一边。虽然在大多数情况下，刚刚口误的人可能会支持这种言论，“我只是犯了一个随机且毫无意义的错误，”但弗洛伊德会反驳说，“真相已经开口了。”

然而，对于那些打破且打断了自我话语的大他者话语，大多数人并不觉得有什么大不了的，而精神分析家认为，表面的疯癫之中自有条理，有一种完全可以识别的逻辑就藏在这些打断的背后，换句话说，不管从哪方面说，都没有什么是随机的。分析家试图在那种疯癫中发现条理，因为只有通过改变那掌控了这些打断的逻辑，只有影响到大他者话语，改变才会出现。

在《梦的解析》《诙谐及其与无意识的关系》和《日常生活的精神病理学》中，弗洛伊德煞费苦心地揭示了他所说的“无意识思想”背后的机制。[4]在广受阅读的文章《无意识中字母的动因》（“The Agency of the Letter in the Unconscious”, *Écrits*）中，拉康指出了弗洛伊德的凝缩与移置这两种典型的梦工作概念与语言学上的隐喻和 5
换喻概念之间的关系。但是拉康并没有止步不前；他接着在后来发展的控制论领域中寻找模型解密无意识机制。在第 2 章中，我详细探究了拉康如何将爱伦·坡的故事《失窃的信》中包含的思想，与 1950 年代的控制论所激发的思想并列起来。拉康对坡的研究得到了无数文学评论家的评论，[5]但很少有作者关注拉康自己到底是怎么推演出源自其中的无意识之运作的。

在这一章中，我的焦点不在于这种大他者话语是如何运作的，而在于它是如何到达那里的：它是如何进入我们“内心”的？为什么有些东西看起来那么不相干或外异，最终却通过我们的嘴说了出来？

拉康是这么解释这种外异性的：我们出生在话语的世界，而话语或语言在我们出生之前就存在了，在我们死后也将继续存在。早在孩子出生之前，在父母的语言世界里就有一个地方已经为他准备好了：父母谈论这个尚未出生的孩子，要给他取一个完美的名字，为他准备一个房间，并开始想象家里多了一个人之后的生活会是什么样子。他们用来谈论孩子的那些言词，如果没用多个世纪，也通常用了好几十年，父母通常都没有定义或重新定义过这些词语，哪怕他们已经用了很多年。这些词是由多个世纪以来的传统流传下来的：就像拉康用法语所说的，它们构成了语言大他者（l'Autre du langage），但我们可以把它们说成语言的大他者（linguistic Other），或者作为语言的大他者。

如果我们画一个圆，并假定它代表了一种语言中所有词语的集合，那么我们就可以将它与拉康所说的大他者联系起来（图 1.1）。这是作为一种语言中所有词语和表达的集合的大他者。这是一个特别静态的观点，因为像英语这样的语言总是在不断发展，几乎每天都在新增词汇，废弃旧的词汇，但是作为首个注解，它将会很好地服务于我们现在的目的。[6]

图 1.1

孩子因此降临在父母语言世界中一个预先建立的地方，早在孩子出世之前，即使不是几年前，也是好些个月前，这个空间就准备好了。而且大多数孩子都必须学习父母讲的语言，也就是说，为了
6 表达自己的愿望，他们实际上被迫跨越哭泣阶段——在这个阶段，父母必须猜出自己孩子想要或者需要的是什么——并试着使用好多词语，去说出他们想要什么，也就是说，用他们的主要照顾者可以

理解的方式去说。然而，他们的想望是在这个过程中被塑造出来的，因为他们被迫使用的词语不是他们自己的，也不一定符合他们自己的特殊要求：他们的欲望被抛到他们学习的（诸多）语言模具中（表1.2）。

表 1.2

需要→作为语言的大他者→欲望

拉康的观点还要更激进，他认为我们甚至不能说孩子在吸收语言之前*知道*自己想要什么：婴儿哭泣的时候，这个行为的意义是由父母或照顾者提供的，他们试图命名孩子看似在表达的痛苦（例如，“她肯定饿了”）。也许存在一种一般化的不适、寒冷或疼痛，但意义可以说是被强加的，正是父母在用这种方式解释孩子的哭泣。如果父母用食物回应婴儿的哭泣，那么这种不适、寒冷或疼痛将会被回溯性地确定为“意味着”饥饿，是饿哭了。我们不能说婴儿哭泣的真正意义是他觉得很冷，因为意义是一种事后产物：不断用食物回应婴儿的哭泣，可能会把婴儿所有的不适、寒冷和疼痛都转化为饥饿。因此，在这种情况下，意义不是由婴儿，而是由其他人确定的，而且依据的是他们所讲的语言。这一点我稍后再谈。

大多数孩子企图跨越无法表述的需要——只能哭出来，得到的解释或好或坏——与用社会纵然不能接受但能理解的方式所表述的欲望之间的缺口，那时他们同化了作为语言的大他者（自闭症孩子是最明显的例外）。从这个意义上说，我们可以将大他者视为阴险的、不受欢迎的入侵者，无理且毫不客气地转变了我们的愿望；然而，同时也使我们能够领会彼此的欲望情况并“交流”。

从远古时代起，人们就在怀念语言之前的光景，怀念一个假设的时期，那时智人活得像动物，没有语言，因此也没有什么可以污染或复杂化人的需要和想望。卢梭赞美并歌颂原始人的美德，及其受到语言腐化之前的生活，这是最著名的怀旧精神之一。

在这种怀旧视角下，语言被判定为万恶之源。人被认为天生善良、有爱又慷慨，是语言带来了背信弃义、虚伪、谎言、背叛，以及几乎其他所有毛病，人类和假想的外星人正是因为这些而受到责备。从这样的观点来看，语言显然被视为一种外异元素，不凑巧被强加
7 或嫁接到人性上，否则人性是健康的。

像卢梭这样的作家贴切地表达了拉康所说的人在语言中的异化（alienation）。根据拉康的理论，每个学习说话的人都因此与自己疏离了（alienated）——因为正是语言，使欲望形成的同时，在其中打了结，让我们既想要又不想要同一个东西，永远不会满足于得到我们自认为想要的东西……

大他者似乎在孩子们正在学习一门语言时从后门溜了进来，而据我们所知，这门语言对孩子的生存来说是必不可少的。尽管语言被广泛认为在本质上是无害的，纯粹是实用主义的，却带来了一种基本形式的异化，而这种异化是学习母语时免不了的。我们用来谈论它的那种表达——“母语”（mother tongue）——表明了这首先是母亲大他者的语言（mOther's tongue）；而且拉康谈到童年经历时，经常把大他者和母亲等同起来。（异化将在第 5 章被更详细地讨论）。

无意识

虽然这解释了母语的外异性——而我们通常认为母语完全是我们自己的，换句话说，我们尽可能使其成为我们自己的；这些母语构成了自我话语，因此，自我话语比我们通常认为的要外异和异化得多（表 1.3）——但我们还没有解释那个不知何故似乎还要更加外异的大他者话语：无意识。我们已经看到，自我话语，即在我们和自己以及和别人的寻常对话中，我们所拥有的关于自己的话语，已经比我们想象的更不能真实反映我们自己，因为它被语言这个大他

者的在场渗透了。拉康毫不含糊地指出：自我是一个他者。[7]

表 1.3

自我话语	大他者话语/另一种话语
意识的	无意识的
有意的	无意的
因语言而被异化的	

它对局中人而言，最终会比对局外人、另一个人的外异程度低 8
吗？我们自认为我们对自己最亲密的自我的了解，实际上可能真的和我们对其他人最不着调的想象一样离谱。我们对自己的了解可能就像别人对我们的看法，一样的执迷不悟，一样的牵强附会。事实上，他者对我们的了解可能比我们对自己的实际了解要深得多。关于自我作为一个人最内在部分的观念，似乎在这里被打破了。我们将在第 4 章再次讨论这个关于自我外异性或他者性的观点。在此，我们先尝试解释所有他者中“最外异的”：无意识。

拉康非常直白地说，无意识就是语言，也就是说，语言就是构成无意识的东西。[8]很多人错以为弗洛伊德觉得情感可以是无意识的，而在极大程度上，他认为被压抑的是他所说的 Vorstellungsrepräsentanzen，这个词通常被翻译成英文中的 ideational representatives（观念代表）。[9]根据弗洛伊德作品所依据的德国哲学传统和对弗洛伊德文本本身的细致研究，拉康将其翻译成法文中的 représentants de la représentation，即表象代表，他得出结论，认为这些代表可以等同于语言学中所说的能指。[10]

因此，根据拉康对弗洛伊德的诠释，压抑发生时，一个词，或一个词的某些部分，用隐喻来说，“沉到下面去了”。[11]这个词并没有因此变得无法被意识触及，而且它实际上可能是一个人在日常对话中用得非常顺畅的一个词。但是，由于被压抑了，这个词，或者其中的某些部分，开始承担起一个新的角色。它与其他被压抑的元素建立了关系，与它们形成了一系列复杂的联系。

如同拉康反复说的，*无意识就像一门语言那样被结构*；[12] 换句话说，无意识元素之间存在的关系，如同任何特定语言中的构成性元素之间的关系。再回到我们前面的例子：job 和 snob 之所以相关，是因为它们包含一定数量的相同音素和字母，后两者分别是言语和书写的基本构成要素。因此，它们可能在无意识中被联系起来，哪怕其无意识正受我们检视的那个人在意识层面上没有将它们联系起来。以 conservation（保存 / 守恒）和 conversation（交谈）这两个词为例。它们是变位词：它们包含相同的字母，只是字母出现的顺序不同。虽然自我话语可能完全忽略了这些词的*字面*等价性——它们包含了相同的字母——但当无意识在梦和幻想中用一个词代替另一个词时，留意了这样的细节。

拉康说无意识就像一门语言那样被结构，他这么说并不是在断言无意识恰好就像英语或者某些其他的古代语言或现代语言那样被
9 结构，而是说，在无意识层面运作时，语言遵循了一种语法，也就是一套规则，这套规则支配着其中发生的变形与滑动。例如，无意识往往将词分解成它们的最小单位——音素和字母——并按照它认为合适的方式重新组合它们：以便同时表达出诸多想法，比如我们在上面的 schnob 一词中可以看到的 job、snob、schnoz 和 schmuck。

我们会在下一章看到，无意识不过就是一个能指元素“链”，这样的元素可能是词语、音素或字母，它们按照非常确切的规则“展开”，而自我对此无论如何也掌控不了。拉康理解的无意识（“无意识主体”这一表述是例外，这个我们会在后面讨论），不是主体性的特权所在地，其本身就是大他者，是外异的，无法被吸收的。我们大多数人可能会像弗洛伊德一样，往往认为，当分析者在分析过程中脱口而出的是 schnob 而不是 job 时，他 / 她是在揭示自己的

本来面目：对父亲的抱怨，因为他太关注年长的孩子，而不怎么关注分析者，并希望情况是反过来的。然而，虽然这个欲望在某种意义上可能被认为比分析者在“自我模式”中表达的其他欲望（例如，“我真的想成为一个更好的人”）更本真，但它可能仍然是一个外异的欲望：大他者的欲望。那个分析者说了 schnob，他可能会继续说，事实上是他母亲觉得他父亲是一个蠢货（schmuck），并一再告诉他，他父亲对他不管不顾；他可能逐渐意识到，他不让自己爱父亲，并开始怨恨父亲，这只是为了取悦母亲。他可能会得出结论：“我不是那个想责备他的人，她才是。”在这个意义上，我们可以认为无意识闯入了日常言语，以表达一个本身就是外异且未被吸收的欲望。

就欲望栖息在语言中而言——在拉康派的框架中，严格来说，没有语言，就没有欲望这回事——我们可以说，无意识中充满了这种外异的欲望。许多人有时会感觉到，他们正在努力得到他们甚至并不真正想要的东西，争取达到他们甚至并不认可的期望，或者言不由衷地说出了那些他们很清楚自己没有什么动力去实现的目标。在这个意义上说，无意识充斥着别人的欲望：你父母的欲望，这也许是，你要上如此这般的学校，发展这样那样的事业；你祖父母的欲望，他们希望你安定下来，结个婚，给他们生几个孙子；或者是同伴压力，让你参加某些你实际上并不感兴趣的活动。在这样的情况下，有一个欲望被你当作是“你自己的”，还有另一个是你要应对的，这另一个欲望似乎牵动你的神经，有时迫使你采取行动，但你并不觉得那完全是你自己的。

其他人的观点和欲望通过话语流向我们。在这个意义上，我们可以非常直接地解释拉康所说的无意识是大他者的话语：无意识充满了别人的讲话，别人的对话，以及别人的目标、志向和幻想（鉴 10
于它们是用言词表达的）。

可以说，这种讲话在“我们自己”心中具有某种独立的存在。

在人们通常说的良心或罪恶感中，以及在弗洛伊德所说的超我中，我们可以看到大他者话语被内化的明显例子。我们想象一下，不过这纯属虚构，即阿尔伯特·爱因斯坦无意中听到了一段对话，这段对话也许不是有意说给他听的，在对话里，他父亲对他母亲说："他永远不会有出息。"[13] 而且他母亲也表示赞同，她说："是的，他跟他父亲一样懒。"我们可以想象，阿尔伯特当时很小，还不能理解所有这些言词的意思，搞不懂他们在说什么。尽管如此，这些话还是被听进去了，而且蛰伏了很多年，只是当他试图在高中取得进步时才被重新激活，并且不屈不挠地困扰着他。在他高中数学不及格的时候，这些言词终于有了意义，并使他付出了代价——故事的这一部分显然是真的——尽管他肯定不乏领会能力。

现在我们可以想象两种不同的情况。在第一种情况下，每当阿尔伯特坐定参加考试时，他都会听到父母的声音在说，"他永远不会有出息"和"是的，他跟他父亲一样懒"。他心烦意乱，现在他终于明白了所有这些言词的意思，以至于他无法解答试卷上的任何问题。在第二种情况下，这些话不会被有意识地记住，但还是会对阿尔伯特产生类似的影响。换句话说，这些贬低言论将在他的无意识中流转、运作、分散注意力，并折磨着年轻的爱因斯坦，让他的意识短路。阿尔伯特会看着面前的试卷，然后突然发现自己茫茫然，不明所以。也许在考试前 5 分钟，他对考试所涉及的资料了如指掌，但却突然莫名其妙地无法集中精力做任何事情。因此，他在不知不觉中实现了一个预言，他甚至意识不到他的父亲说过这个预言，即"他永远不会有出息"。而且，非常讽刺的是，我们假设一下，在这个虚构中，他父亲当时实际上谈的是隔壁邻居的儿子！

拉康着手解释这种情况是如何可能发生的：无意识作为一个能指元素链，按照非常确切的规则展开（类似的规则将在下一章指出），并构成了一个记忆装置，这样，虽然阿尔伯特无法回忆起他父亲有多少次说过“不，这孩子永远不会有出息”，但这句话为了他而被记住了。他可能根本记不起他父亲曾经说的是哪个人，但能指链却代他记住了。无意识计算、记录、记下这一切，储存起来，并可以在任何时候调用这些“信息”。这就是拉康的控制论类比的意义所在。[14] 弗洛伊德在谈到无意识元素时说，它们是不可摧毁的。它是灰 11
质吗，因为是构成性的，所以某些神经元通路一旦建立起来，就永远不能被消除？拉康的回答是，只有象征秩序，通过其组合规则，才有能力永远保留对话片段。[15]

那么，在这个最基本的层面上，大他者是我们必须学会说的外来语（foreign language），它被委婉地称作我们的“本土语 / 母语”（native tongue），但称之为我们的“他母语”（mOther tongue）会更恰当：它是我们周围人的话语和欲望，只要该话语被内化了。我所说的“内化”指的并不是它们变成了我们自己的；相反，虽然被内化了，但在某种意义上，它们仍然是我们的异体。它们很有可能仍然很外异，很疏离，与主体性相隔绝，乃至一个人为了摆脱这种外异的在场而选择结束自己的生命。这显然是一个极端的例子，却表明了我们自己内部的大他者具有排山倒海般的重要性。

外异的身体

在这里，大他者对应于人们所知的结构主义运动中被称为结构的东西。本节我想探讨的是结构，因为我们发现结构在身体中起作用，这不是在说骨骼结构或神经系统所涉及的组织，而是说身体受语言摆布，受象征秩序摆布。我以前有一位分析者抱怨说，他心身症状缠身，而且一直在变，虽然变化缓慢，但每个症状都持续足够长的时间，让他格外担心，并促使他去看医生。有一次，这位分析者听说他一个朋友得了急性阑尾炎，而且是急性发作，险些被送进急诊室。

分析者问他妻子，阑尾在身体的哪一侧，她告诉了他。过了一段时间，非常奇怪的是，分析者开始感到身体那一侧很疼。这种疼痛持续不断；分析者越来越确信，他的阑尾很快就会爆裂，最后他决定去看医生。分析者跟医生指出了他的疼痛部位，医生却突然大笑起来，并且说："但是阑尾在另一侧啊：你的阑尾在右边，不是在左边！"疼痛立即消失了，分析者觉得有必要解释一下：他妻子跟他说阑尾在左边，肯定是搞错了。他拖着脚走出了检查室，觉得自己特别傻。

这个故事的重点在于，知识，即体现在"阑尾""左侧"等词中的知识，使心身症状出现在身体一侧，而那一侧即使是学识再短
12 浅的医生也能看出问题。身体遭受能指书写。如果你认为阑尾在左边，而且通过认同别人，或者作为一系列心身症状的一部分——这些症状在今天和在19世纪的维也纳一样普遍，虽然采取的形式往往很不一样——你一定会得阑尾炎，它一定会痛，不是在你的生物器官中，而是在你认为该器官所在之处。

弗洛伊德那一代的分析家经常提到感觉缺失的案例——身体某些部位麻痹了，或者什么感觉都没有——这样的感觉缺失绝不是由身体某个部位的特定神经末梢的位置所决定的，而是明确遵循流行的观念：身体的某个部位，如同日常话语所定义的那样，起始于哪里，终止于何处。虽然同一条神经可能流经一个人的整条胳膊，一直到手指尖，但某人手臂上的某一处可能一点感觉都没有，或者可能感觉那里剧痛无比（假性神经痛），但没有明显的生理原因。结果很可能是，在某次战争期间，这个人的父亲曾被击中，部位就是胳膊上的那个地方。而我们完全可以想象，孩童时候，这个人被误导了，搞错了他父亲中枪的是哪条胳膊，而感觉缺失或剧烈疼痛出现在错误的胳膊上！

这些逸事说明了这样一个观点：身体是被能指书写的，因此是外异的，是大他者。借用柏格森（Bergson）的说法，语言"被

当作外壳包裹在活人身上”。身体被语言所覆写 / 操控（overwrite/overridden）。

弗洛伊德向我们表明了，多形性倒错的儿童，其力比多是如何通过社会化和如厕训练，也就是通过父母和 / 或父母般的人物用言语向孩子提出的要求，逐渐被引导至（从而创造出）特定的爱若区——口腔区、肛门区和生殖区。孩子的身体逐渐服从这些要求（也许从来没有完全服从过，但对这些要求的反叛同时也表明了它们的核心地位），身体的不同部分具有社会 / 父母决定的意义。身体被制服了；“字母杀死了”[16]身体。“活着的存在”（le vivant）——我们的动物本性——死了，语言则在这个位置上苏醒过来，替我们活着。换个说法，身体被重写了，生理学让位于能指，而我们的身体快乐总是意味着 / 涉及与大他者的关系。

我们的性快乐也因此与大他者紧密相连。不一定是与其他“个体”紧密相连；事实上，有很多人觉得他们无法跟其他人建立亲密关系，那些其他人只不过是他们的幻想、场景等的外围道具，或者是激起他们兴奋的特定身形的物质表现。无论何时，只要我们谈论身形、场景或幻想，我们都是在谈论在语言层面上被结构的实体。它们可能在某人心里以形象出现，但至少在一定程度上是由能指制约的，因此至少可能是有所意指且富有意义的。（在后面的章节，我会详细说明，就言说的存在而言，形象和一般意义上的想象界为什么很 13
少独立于象征界运作。）

对我们来说，我们的幻想可能是外异的，因为它们是由一种不属于我们自己的语言或者渐渐属于我们的语言所结构化的，它们也许甚至一开始就是别人的幻想：一个人可能会发现，他的幻想实际上是他母亲或父亲的幻想，而且他甚至都不知道这个幻想是怎么跑到他自己的脑子里去的。这就是人们发现最异化的事情之一：连他们的幻想似乎都不是他们自己的。

我当然不是说，一个人什么都没做，那些幻想就跑到他脑子里去了。在我看来，没有主体性的卷入，换句话说，要是主体没有以某种方式被牵连进去，没有在其中起作用，那就没有症状或幻想这回事。让分析者意识到她/他在自己的症状“选择”中扮演的角色，往往是一个相当大的壮举，而且事实上，有时候，在接受分析之前，看起来在某些症状和幻想之中，无论如何都没有主体性的卷入；主体化只是事后发生的。这个难题将在第 5 章和第 6 章详细讨论。

我们已经可以开始区分各种可能的主体位置，[17] 即不同的临床结构（神经症、精神病和性倒错）及其子类（例如，神经症下的癔症、强迫症和恐惧症），基础在于跟大他者的不同关系。事实上，在拉康的早期作品中，主体本质上是跟象征秩序的关系，也就是一个人相对于作为语言或法则的大他者所采取的立场。但是，由于拉康所阐述的大他者有许多面相或化身——

- 作为语言的大他者（即，作为所有能指的集合）
- 作为要求的大他者
- 作为欲望的大他者（对象*a*）
- 作为享乐的大他者

——由于要求、欲望和享乐要到本书第2、3部分才会被深入探究，所以这样的图式化最好暂时搁置。[18]我们不应该认为大他者的不同面相完全是各自独立、互不相关的，不过对这些面相的表述是一项复杂的任务，在本阶段就不展开了。

现在我将转而考察语言在无意识中的运用。

注 释

1 法语词 discours 会用在日常法语对话中，但英语中的 discourse 则不会。有人可能会用法语告诉你“ça c'est ton discours”：那是你的说辞，是你口中发生的事。“Son discours à lui, c'est qu'elle ne l'aime pas assez”：他的说辞是，她不够爱他。这时我们也许会进一步说，这是他的“特色”（schtick）；在 1960 年代，我们可能会说，那是他的“说唱”（rap），或者他的“专长”（line），这可以被理解成，那个人反复表达同样的观点。那是同样老套的“特色”或“一通说辞”，一贯地抱怨困境——讲话者在其中没有得到自己想要的。那差不多是一个“烦恼”（hang-up），是他一直唠叨的挫折。法语中的 discours 相比英语中的 discourse，当然还有更多学术和哲学上的意义，可参见第 9 章详细讨论的各种形式的话语（discourse）。

2 自我讲话和大他者之间的关系在后面会有更深入的阐述。

3 拉康在其著作中一直重复这一说法：例如，可参见 *Écrits*，p. 312。

4 或者“无意识思维”；例如，可参见 SE V, pp. 468、493 & 613。

5 例如，可参见约翰·穆勒（John Muller）和威廉·理查森（William Richardson）编辑的《失窃的坡》（*The Purloined Poe*, Baltimore: Johns Hopkins University Press, 1988）。

6 大他者的根本不完整性——其终极本质的缺失——和拉康的某些关键概念背后的总体逻辑，在第 3 章和第 8 章中有详细讨论。

7 参见拉康在研讨班 II 上的各种表述：“Je est un autre”（我是一个他者）（p. 9）；“le moi est un objet”（自我是一个对象）（p. 44）等。“Je est un autre”也可见于 *Écrits* 1966, p. 118（*Écrits*, p. 23）。后面我们会进一步探索这些句子的多重含义。

8 拉康所有论弗洛伊德的 Vorstellungsrepräsentanz 的作品都有这种意味；例如，可参见 *Écrits* 1966, p. 714 和研讨班 XI, pp. 216-22。

9 对这个术语的详细讨论，可参见本书第 2、4、5 章。

10 例如，可参见研讨班 VII, p. 61。

11 弗洛伊德用的词是 unterdrückt，字面意思是被压抑、被压制、被搁下、受限制、受阻止等。可参见研讨班 XI, p. 219 和研讨班 III, p. 57，拉康在那里把这个词翻译为 chû en dessous（落到下面）。

12 例如，可参见研讨班 XI, pp. 149 & 203。

13 可参考弗洛伊德的父亲说出的这句话：“这个孩子不会有什么出息。”具体可参见《梦的解析》，SE IV, p. 216。

14 参见研讨班 II, pp. 175-205 和 *Écrits* 1966, pp. 41-61。

15 拉康所说的“失窃的信”本质上是你本应该没听到但确实听到了的谈话碎片，或者本来不是给你看的但又烙在你记忆中的画面。分析者无法“阅读”这些信，他 / 她把它们带到了分析中。参见《失窃的坡》（*The Purloined Poe*, p. 49）。

16 参见《失窃的坡》（*The Purloined Poe*, p. 38）。

17 “主体位置”（position de sujet）这个表达可见于布鲁斯·芬克翻译的《科学与真理》（Science and Truth），该文载于 *Newsletter of the Freudian Field* 3 (1989): 5；收录于 *Écrits* 1966, p. 856。

18 读者若想深入了解拉康派的诊断分类与标准，可以参考我的另一本书《拉康精神分析临床导论》（*A Clinical Introduction to Lacanian Psychoanalysis*, Cambridge: Harvard University Press, 1996），还可以参考雅克 – 阿兰·米勒（Jacques-Alain Miller）的《拉康临床观点导读》（An Introduction to Lacan's Clinical Perspectives），该文收录于布鲁斯·芬克、理查德·费尔德斯坦和梅尔·贾努斯合编的《阅读研讨班 I 和 II：拉康的回到弗洛伊德》（*Reading Seminars I & II: Lacan's Return to Freud*, Albany: SUNY Press, 1995）。在本书中，我没有系统性地描述不同的临床结构，虽然我确实简略指出了拉康如何区分神经症与精神病（第 5 章），如何区分强迫症与癔症（第 7 章）。

2 14

无意识思维的本质，
或（大他者）另一半如何“思考”

语言在运作。语言“活着”且“呼吸着”，独立于任何人类主体。言说的存在，远不只是把语言当作工具来使用，也被语言所使用；他们是语言的玩物，被语言愚弄。

语言有其自身的生命。语言作为大他者带来了规则、例外、表达和词汇（标准词汇和行话、术语、专门的技术语言和亚文化方言）。它随着时间的推移而演变，其历史与言说存在的历史有关，言说存在不只是被它铸造和重铸，而且对它也有影响，引入新的术语、新的短语、新的措辞等。有人认为莎士比亚往英语中引入了数以百计的隐喻和短语，而拉康本人对至少相当一部分法国知识分子所讲的法语产生了实质性的影响，他为弗洛伊德的许多术语锻造了一些原创翻译，并将他自己的许多新术语和表达方式引入法国精神分析话语中。

然而，语言也独立运作，不受我们控制。虽然我们在很多时候感觉是在自行选择言词，但有时它们是为了我们而被选择的。我们可能无法思考和表达一些东西，除非以一种非常独特的方式（那是我们的语言——或者至少是我们已经吸收了的，可以说是受我们支配的那部分语言——所提供的唯一表述）；而且，偶尔会有一些我们没觉得是自己选择的词语脱口而出（绝不是我们选择的！）。在我们说话或写作时，某些词和表达方式会主动出现在我们面前——它们不一定是我们想要的——有时非常顽固，以至于我们几乎是被迫在能够使用别的词之前就说出或写下这些词。某个形象或隐喻可能会在我们没有搜寻它或没有以任何方式试图构建它的情况下出现在我们的脑海中，并强行让我们注意到它，而我们只能照做，然后才试图弄清它有什么意义。

这样的表达和隐喻是在意识之外的另一个（大他者）地方被选中的。拉康建议我们把这个过程看作一个有两条话语链的过程，（说得形象一点）这两条话语链大体上是平行运作的，可以说，每一条都是按照时间顺序“展开”并发展下去的，而其中一条偶尔会打断或干涉另一条。

15

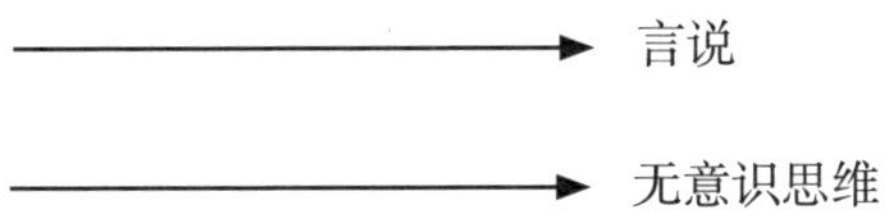

我们可以把上面的线称为言说词语链，也就是言说链或所述链。拉康用“链”这个词来提醒我们，说出来的每一个词跟它前后的词之间是有语法联系和语境联系的：除了在特定的语境中使用以外，所述的词没有哪一个具备固定的价值。（拉康的语言学方法反对任何严格意义上的语言指称理论，此种理论认为讲出来的每个词都与“现实”中存在的事物有严格的一对一关系。）[1]

该图中下面的线代表无意识思维过程的运动，它在时间上与言语的运动同时发生，但大部分情况下是独立的。在一次对话中，你可能正在和一个朋友谈论你跑步时脚上起的水泡（blister），但口误说成了“妹妹”（sister），这表明另一个思维在其他层面——在无意识层面——占据着你的思想。跟你对话的人说的一些话可能让你想起了你妹妹，但也可能是，在目前的言语环境中，没有任何东西激活你对她的想法，而某种无意识的沉思从当天早先你和她通电话或梦到她的时候起就已经开始了。

在无意识层面上是如何进行思考的呢？[2] 哪种思维过程发生在那里呢？在《梦的解析》中，弗洛伊德表明，凝缩和移置是无意识思维过程的基本特征，而拉康在《无意识中字母的动因，或自弗洛伊德以来的理性》（“The Agency of the Letter in the Unconscious, or Reason Since Freud”, *Écrits*）中接着证明了凝缩和隐喻的关系，以及移置和换喻的关系，隐喻和换喻是多个世纪以来在修辞学著作中得到广泛讨论的语言学比喻（葛拉西安 [Gracian]、佩雷尔曼 [Perelman] 等人）。几乎每个分析者在分析过程的早期，在他 / 她最初试图理解梦和幻想时，都会对那制造出这种无意识产物（或拉康所说的“无意识构形”[unconscious formations]）的过程之复杂性感到惊讶。[3]

然而，拉康在探索无意识层面所发生之事时还要走得更远，他试图提出一些模型，以概念化语言在无意识中的自主运作和无意识内容离奇的“不可摧毁性”（indestructibility）。

这些模型是他在 1954—1955 年的研讨班《弗洛伊德理论以及精神分析技术中的自我》（*The Ego in Freud's Theory and in the Technique of Psychoanalysis*）上首次提出的，并在他《论〈失窃的信〉的研讨班》（“Seminar on ‘The Purloined Letter’”, *Écrits* 1966）的后记中得到了极大的扩展。很少有人试图概述这些模型的脉络，事实上，它们提出了一种语言运作观，那些不精通计算机语言或数学中使用的组合学 16
的人会觉得非常陌生。在这里，拉康的模型不是从“自然语言”（在语言学中被称为实际说出来的语言），而是从人工语言（最明显的是其句法规则）开始的。人工语言可以教导我们很多关于象征秩序本身的事情：它的“原材料”（stuff）或实质、它与它表面上所描述的现实的关系，以及它的副产物。

拉康的模型需要我们做一些智力操练，而这应该被视为既不多余，也非无端。因为这完全符合拉康对无意识思维过程本质的看法：

我们将看到，它们涉及不同程度的加密。[4]下面的“正面还是反面”一节介绍了拉康所发展的“语言”的一个简化模型，这个模型应该足以让我们在后面的章节中开启更多概念性的讨论。

正面还是反面

拉康的模型可以用一个简单的例子来理解。那些有兴趣了解拉康为什么选择这些独特模型的读者请参考研讨班 II 的第 15 章和第 16 章，以及《论〈失窃的信〉的研讨班》及其序言。

拉康发展出来的人工语言以一个“实在事件”为出发点：抛出一枚质地均衡的纯硬币。（我们将看到，这个“实在事件”同样可以是一个孩子的母亲的回来与离去——交替的在场与缺席——因此与弗洛伊德在《超越快乐原则》中描述的其孙子玩的“Fort-Da”游戏有密切联系。）对于这样一枚硬币，我们没有办法预测，在随便哪次抛掷中，结果是正面还是反面。拉康用 + 和 – 代表正面和反面，这并非随意的选择，依照这种选择，一串随机的抛掷结果可以用各种方式分解开。例如，考虑以下链条：

1	2	3	4	5	6	7	8	9	抛掷次数
+	+	–	–	+	–	–	–	+	正反链

“抛掷次数”指的是第一次掷硬币，第二次掷硬币，第三次掷硬币，依此类推；而“正反链”呈现的是每次掷硬币的结果。+ 代表正面，– 代表反面。

把这一连串的抛掷称为链条的理由是，虽然它们的结果完全是先验独立的（无论第一次抛掷的结果如何，第二次抛掷出现正面或
17 反面的几率同样是五五开），但我们会继续沿着链条将符号成对分组。有四种可能的成对组合：+ +、– –、+ – 和 – +。

1	2	3	4	5	6	7	8	9	抛掷次数
+	+	−	−	+	−	−	−	+	正反链
1		3		2			2		数字矩阵类

我们给+ +组合标上数字1（参见上面的“数字矩阵类”）。这是我们要引入的第一层编码，它标志着我们在这里创建的象征系统的起源；我将把这第一层称为我们的数字矩阵。两个交替的组合（+ −和− +）将被标上数字2。而− −组合则被标上数字3（表2.1）。

表 2.1

1	2	3
++	+ − − +	− −

然而，如果我们将抛掷结果按彼此有所重叠的对子进行分组，则会产生更多的链状现象。

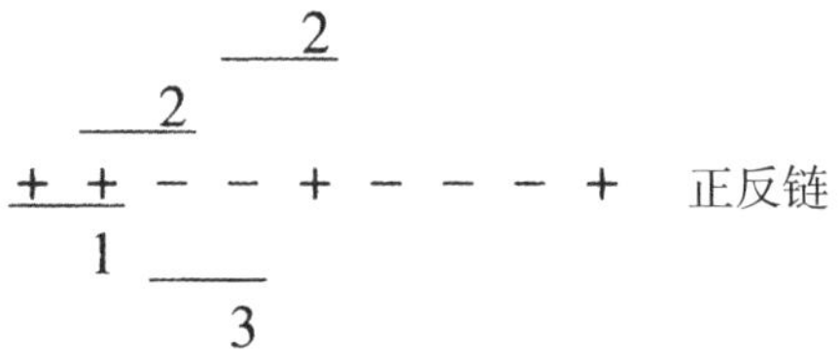

```
           2
      2
+ +  −  −  +  −  −  −  +    正反链
  1
        3
```

在上面的链条中，我们看到我们的第一个元素是 + +，我们已经决定把这个组合标记为数字 1；根据第二和第三次抛掷结果，我们得到了 + −，将其标记为数字 2；根据第三和第四次抛掷结果，我们得到了 − −，于是有了组合 3；根据第四和第五次抛掷结果，我们得到了 − +，也就是组合 2；依此类推。

按照拉康的记号法（*Écrits* 1966, p. 47, n. 1），我们可以把这些数字写在正反链的下方；这里每个数字矩阵类（1、2 或 3）指的是它正上方的加号或减号，与紧靠该符号左侧的加号或减号相结合。

+ + − − + − − − + 正反链

1 2 3 2 2 3 3 2 数字矩阵类

在这一点上已经很清楚的是，在下排（即代表类别数的排）中，1 类的一组抛掷（+ +）不能紧接着 3 类的一组抛掷，因为 1 类的第
18 二次抛掷一定是一个 +，但 3 类的第一次抛掷肯定是 −。同样，虽然 2 类后面可以跟上 1、2 或 3 类，但 3 类后面不能紧接着是 1 类，因为 3 类以 − 结束，而 1 类必须以 + 开始。

因此，我们已经想出了一种将抛掷分组的方法（一个“象征矩阵”），它禁止某些组合（即 1 后面不能跟 3，3 后面不能跟 1）。这显然丝毫不要求正面抛掷的后面必须跟上某一特定的抛掷：实际上，一个正面抛掷的后面仍然可以很容易跟上另一个正面或反面。我们已经在我们的能指链中生成了一个不可能性，虽然我们没有确定任何特定的抛掷结果。这相当于一个拼写规则，类似于 i 在 e 前，不能在 c 后（除此之外，我们刚刚创造的规则不知道何为例外）；请注意，大多数拼写规则和语法规则涉及字母和单词被串联或链接的方式，这规定了什么可以和不可以在一个字母或词前面，什么可以和不可以在它后面。

假设我们知道第一对抛掷属于 1 类，第三对抛掷属于 3 类。这个系列可以很容易重构出来：+ + − −，我们可以百分之百地确定第二对抛掷属于 2 类。如果我们重新假设从一个 1 开始（即 1 类的一对），第四个位置（即第四个重叠的一对）被一个 1 占据，那么显然我们只能得出两种可能性（图 2.1）。

而在这两处都看不到 3 类的组合：事实上，3 类的组合在这里是不可能的。同样明显的是，如果“数字链”中不只是有 1 类的话，那么我们必须经过偶数个 2 类，才能在该链条中再找到一个 1 类；

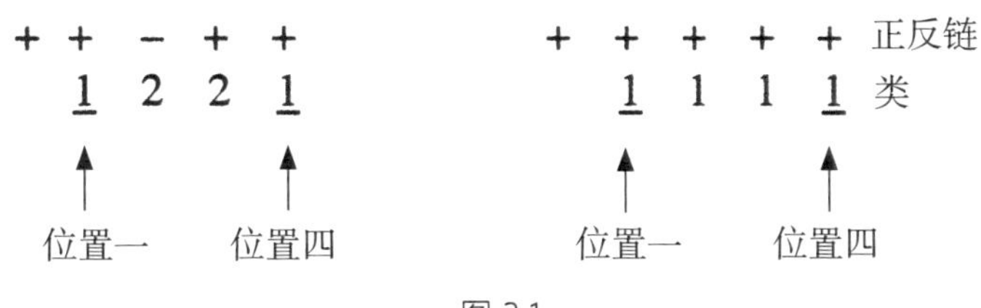

图 2.1

第一个 2 类引入了一个减号（+ −），第二个 2 类（或偶数个 2 类）则将数字链从减号移回加号（− +）。

```
+ + − − + − + +
  1 2 3 2 2 2 1 = 四个 2 类
+ + − − − + − − + − − − − + − + − − − + +
  1 2 3 3 2 2 3 2 2 3 3 3 2 2 2 2 3 3 2 1 = 十个 2 类
```

在这里，在第偶数个 2 类出现之前，链条禁止第二个 1 类出现。在这个意义上，我们也许可以说，链条记住了或记录了它先前的组成部分。

拉康在后记中所举的例子比我这里的要复杂得多，因为它把抛 19
掷的硬币按三次分组，而不是成对分组，并继续在它们上面叠加第二个象征矩阵。前面所描述的更简单的 1、2、3 矩阵：

- 导致了与秩序有关的不可能性，类别数字按照这个秩序而出现，并且依照这个秩序，如果预先确定了某些位置，就可以知道哪些数字能够出现。以及
- 在其内部记录或“记住”了其先前的组成部分。因此，我们有一个适合我们需要的简单的象征性抛掷硬币的覆盖图。因为它不仅有一个基本的，尽管是作为结果而出现的语法，还有一个内置的记忆功能，虽然可能很原始。[5]

可能性和不可能性方面的限制已经出现，似乎是凭空产生的。不过，产生的句法规则也很重要，它容许某些组合，禁止其他组合。

这种装置跟语言的相似性将在下文进一步探讨。

随机与记忆

那么，拉康的加密意义何在呢？我在前面提到，在研讨班 II 和《论〈失窃的信〉的研讨班》的序言中，拉康对于建构一个象征系统很感兴趣，这个系统带有一个句法规则——一套规则或法则——这不是“预先存在的现实”中固有的。因此，由此产生的可能性与不可能性可以被看作源于象征矩阵被建构的方式，即它对有关事件的加密方式。在这个特定的例子中，让原本就不存在的法则——句法式的法则——得以产生的，与其说是加密，倒不如说是加密方法。拉康使用的这种加密方法绝不是可以想象得到的最简单方法，但更简单的方法就不会产生任何句法规则了；不过他的方法看起来在很大程度上模拟了自然语言和梦过程的加密。[6]

我们要注意，拉康发展的象征系统还有一个特点。我在上面表明，数字链“记录”了数字，在某种意义上，它们对数字进行计数，在足够多的其他数字或其他数字的某些组合加入数字链之前不允许某个数字出现。这种记录或计数构成了一种记忆：过去被记录在链条本身之中，并决定了未来。拉康指出，“无意识——我指的是弗洛伊德式的无意识——中涉及的铭记（mémoration），与记忆中假定涉及的不同，因为记忆是一个活着的存在的属性”（*Écrits* 1966, p. 42）。

20 这句话有双重含义：首先，灰质（grey matter）或整个神经系统无法解释无意识内容永恒且不可毁灭的本质。质的行为方式似乎必然导致印象的振幅或质量逐渐衰退或减弱。它没法担保它们的永恒性。其次，事物不是被人记住的（以主动的方式，即带有某种主体性的参与），而是被能指链为他 / 她“记住”的。拉康在《论〈失窃的信〉的研讨班》中说：“这就是那个为了遗忘而撤退到一个小岛上的人的情况，遗忘什么呢？他忘掉了——那位大臣也是如此，他没有使用那封信，最终遗忘了它……但信，与神经症主体的无意识一样，没有忘记他”（*Écrits* 1966, p. 34; *The Purloined Poe*, p. 47）。

我们在这里看到了那封信（或能指链）与无意识之间的明确联系。无意识*无法*忘记，它由“信”（letters）组成，它们以自主、自动的方式运作；它在当下保留了过去曾影响它的东西，永远抓住每一个元素，始终被所有这些元素打下了标记。“眼下，这些 [构成性的象征秩序] 的链接——就弗洛伊德所构建的关于他的无意识所保存的东西的不可摧毁性而言——是唯一可以*被怀疑在耍把戏*的链接”（*Écrits* 1966, p. 42），即担保了这种不可摧毁性。

无意识装配

对无意识思维[7]的这种描述绝不是拉康的一时兴起，而是他“结构主义”时期的最佳代表。在研讨班 XX 上，拉康说，在他的词汇中，“字母（letter）指明了一个装配（assemblage）……[或者说] 字母组成了装配；不只是*指明*它们，它们就*是*装配，它们应被视为像装配本身那样运作”（p. 46）。他后来又说：“无意识就像集合论中的装配那样被结构化，它们就像字母一样”（p. 47）。

弗洛伊德让精神分析家们习惯于这样的观念：我们通常理解的“思考”，在决定人类行为方面所起的作用比以前想象的要小得多。我们可能会相信、觉得并声称我们是因为原因 B 而做了事情 A；或者当我们似乎无法立即解释我们的行为时，我们会四处摸索临时的解释，即合理化。从某种意义上说，精神分析似乎通过断言我们甚至没有考虑过的或故意忽略的理由 C 的存在而进行干预。更不用说一大批隐秘不明的动机 D、E 和 F 了，它们在分析工作的过程中实打实地“展露它们丑陋的面目”。

21 但这是把无意识思维过程比作意识思维过程，而拉康反而坚持的是一种二分法。意识思维立足于意义领域，力图弄明白这个世界。拉康提出，无意识过程与意义几乎没有任何关系。在讨论无意识时，我们似乎可以完全忽略意义问题，也就是拉康所说的所指或意指（signification）。

根据拉康的观点，无意识就像一门语言那样被结构，而自然语言（与言语不同）就像一种形式语言那样被结构。正如雅克－阿兰·米勒（Jacques-Alain Miller）所说，“从根本意义上说，语言结构就是加密”[8]，拉康在将数字矩阵和字母矩阵叠加到加减链上时，就采用了这种加密或编码方式（完全类似于机器“汇编”语言中的加密类型，即从开放和封闭的循环路径到类似于可编程的语言）。在拉康看来，无意识由一连串的准数学铭文组成——借用伯特兰·罗素谈到数学家时所说的一个概念，他们使用的象征符（symols）什么意义都没有[9]——因此没必要谈论无意识的构形或产物的意义。

因此，精神分析工作所“掀开”的那种真理可以被理解为，与意义没有一丁点关系，虽然拉康的数学“游戏”看起来只是娱乐性的，但他的信念是，一位分析家在研究、解密它们和挖掘它们背后的逻辑时，会获得某种机敏性。无论何时与无意识相遇，我们都需要这类解密活动。无意识中的语言，以及作为无意识的语言，会加密。因此，分析蕴含了一个重要的解密过程，其结果是真理而非意义。

例如，想一想拉康在研讨班 XI 上对塞尔吉·勒克莱尔（Serge Leclair）的重构抱有的热情，勒克莱尔将“Poordjeli”这个装配重构为他一位病人的无意识欲望与认同的整体构造的关键。虽然在这个例子中，字母本身并没有被分解，但很明显，尽管我们可以提供注解，对特定元素“提出解释”，但作为一个整体的装配——例如，其组成部分的顺序及其建构的逻辑——仍然像梦脐（a dream’s navel）一样无法穿透。根据拉康的观点，勒克莱尔能够“分离出独角兽序列[Poordjeli]，不是像 [他演讲之后] 的讨论中所暗示的那样，分离出它对意义的依赖，而恰恰是分离出它作为能指链不可化约且极其愚蠢的特性”（研讨班 XI，p. 212）。在这里，就像在该研讨班的其他地方一样，拉康指出，解释的目的与其说是揭示意义，倒不如说是“将能指化约为它们的非意义（意义之缺失），以便找到主体行为整体的决定因素”（p. 212）。解释带来了一个不可化约的能指，“不可化约的能指元素”（p. 250）。在解释本身所固有的意义之外，分析 22
者还必须瞥见的是“能指——它没有意义，不可化约，而且是创伤性的——他作为主体，臣服于该能指”（p. 251）。[10]

我们可以看看一个非常著名的例子：弗洛伊德的“鼠人”。孩童时，“鼠人”认同了老鼠（Ratten），认为老鼠是一种咬人的生物，经常受到人类的残忍对待，他自己也因为咬了他的保姆而被他父亲狠狠打过。然后，某些想法由于意义而成为“老鼠情结”的一部分：老鼠可以传播诸如梅毒这样的疾病，如同男人的阴茎。因此，老鼠 = 阴茎。但是，有别的想法由于 Ratten 这个词本身，而不是它的意义，被嫁接到老鼠情结上。Raten 的意思是分期付款，使老鼠等同于弗洛林这种货币；Spielratte 的意思是赌徒，鼠人的父亲由于赌博而欠下债务，因而被卷入老鼠情结。弗洛伊德把这些联系称为“言语桥”（verbal bridges）（SE X, p. 213）；它们本身没有任何意义，完全来自言词之间的字面关系。就它们导致了涉及付款（偿还上尉 / 父亲的债务）的症状行为而言，正是能指本身，而不是意义，降伏了鼠人。

我们假设一下，鼠人无意中听到了他父母的谈话片段，里面包括 Spielratte，虽然他还太小，理解不了这个词是什么意思，但这个词还是被记录下来，不可磨灭地刻在他的记忆中。在那里，它有了自己的生命力，与其他“失窃的信”——目睹的那些不是给他看的场景和无意听到的不是说给他听的言词——形成了联系。他的无意识被他所听到的东西无可挽回地改变了，而“你所听到的是能指”，而不是意义（研讨班 XX，p. 34）。在这里，能指与其说是意指性的（signify*ing*）——致力于制造意义——不如说是无意义的实质（参见第 3 章）。

在这个例子中，意义就像症状选择中的主体性卷入一样（参见第 1 章的讨论），只是在事后构成的。

不含主体的知识

一旦无意识中的语言结构被认出，我们可以为它设想出什么样的主体呢？

——拉康，*Écrits*，p. 298

有一种链接得非常完美的知识，严格来说，没有哪个主体是为其负责的。

——拉康，研讨班 XVII，p. 88

那么，这种将无意识概念化的方式显然没有为任何形式的主体留有余地。有一种类型的结构，在无意识中 / 作为无意识，自动且自主地展开，完全没有必要为这种自动运动假设任何形式的意识（无论如何，拉康打破了许多哲学家在主体性与意识之间建立的联系）。无意识包含了“不可磨灭的知识”，同时“绝对不是被主体化的”（研讨班 XXI，1974.2.12）。

无意识不是人知道的东西，而是被知道的东西。无意识之物是当事“人”不知道自己知道的：它不是一个人“主动”有意识掌握的东西，而是“被动”登记、铭刻或计算的东西。而这种未知的知识被锁进能指间的联系中；它就是由这种联系构成的。这种知识没有主体，也不需要主体。

然而，拉康不断谈论那个主体：无意识主体，无意识欲望的主体，与对象 *a* 有一个幻想关系的主体，等等。那个主体可能适合在哪里呢？

这个问题将在本书第 2 部分讨论，在此之前，我会在下一章讨论象征秩序对言说存在所具有的压倒一切的重要性。

注　释

1 弗洛伊德也避开了这种观点：梦里的每一个元素和各种梦思维有一对一的关系。

2 有非常多的非意识思维过程处在弗洛伊德所说的"前意识"（preconscious）层面，但这些不是我在这里的关注点。

3 参见研讨班 V，《无意识构形》（*Formations de l'inconscien*）。

4 把这种加密跟弗洛伊德在《梦的解析》中描述的（梦的）歪曲相比较，可能会有不少收获。

5 我们不应该忽视拉康在研讨班 IV 中所说的，"要让象征系统运作起来，项的数量必然有一个最小值……[而且]肯定不是三"（1975.3.27）；《著作集》中有一个类似但说法很不一样的观点："要建构一个主体秩序，从无意识的角度来看，总是要有一个四元结构"（*Écrits* 1966, p. 774）。这句话表明，我们的三符系统（123）还不是最充分的。在本书附录 1 中，对于《论〈失窃的信〉的研讨班》序言中的数字矩阵运作和拉康简要概述的第二个字母叠加，我会提出一个详细的解释，以表明这种四符系统的相关特征（以及法文文本中的印刷错误）。我会在本书第 6 章末尾讨论四元（四项）结构在隐喻中的重要性，并在第 9 章讨论拉康的一些更加复杂巧妙的四元结构。

6 为了尽可能深入了解究竟是什么生成了拉康的句法规则，我们来详细看看我们在构建这个模型时都放进去了一些什么：

我们假设这里的"实在"事件，即抛掷硬币，是随机的，也就是说，我们预设了硬币是没有偏向的。但是，硬币没有偏向是什么意思呢？一般来说，这意味着它抛出正面和反面的可能性是完全一样的。这一点是如何确定的呢？通过反复抛掷，并计算每种可能性出现的次数；一个合适的硬币，在一千次抛掷中，有五百次正面和五百次反面。这等于说，正是我们已经存在的象征系统决定了有关事件是否被认为是随机的。"随机"这个限定条件是通过使用一个涉及初级概率论的象征矩阵来实现的。因此，不首先令人满意地经历一个象征矩阵的测试，就没有什么可以说是随机的。（事实上，你得到的结果基本上从来不会是刚好正反五五开：随机性更像是一个极限，当试验次数接近无穷大时，硬币或事件就会接近这个极限。）

这就是说，刚开始的“原始事件”已经在象征层面上被决定了，而象征矩阵从来都不是“清白的”，也就是说，从来都不缺少对我们所谓的“预先给定的现实”的影响。因此，事件被能指（也就是我们用来谈论事件的言词）回溯性地构成为随机的。

不存在一个理想的硬币，其中间想象平面的两边重量完全相同，并因此会产生“绝对随机”的结果。也许计算机可以产生完美的五五开结果（尽管只是在偶数次“抛掷”之后会有均等的正反）。无论如何，问题的关键仅仅在于识别我们一开始提供的象征输入。

就我们的目的而言，几乎任何硬币都行，就像几乎任何其他选择加减的方法一样。我们可以从几乎任何系列的加减开始，用某种方法将它们分组，将它们在象征层面连接在一起，从而产生规则，而这些规则和那些用来将它们分组的象征符秩序有关。句法规则似乎已经以初始状态存在于所采用的分组策略中了，因为事实上，如果分组不重叠，句法规则就消失了。我们可以看看以下不重叠的分组策略：

$$\underset{1}{\underline{+\ +}}\quad\underset{3}{\underline{-\ -}}\quad\underset{2}{\underline{+\ -}}\quad\underset{2}{\underline{+\ -}}\quad\underset{2}{\underline{-\ +}}\quad\underset{1}{\underline{+\ +}}$$

在这里，没有出现什么规则让哪个象征符可以或不可以跟随另一个象征符，并且就其加密的符号而言，象征符是完全彼此独立的。例如，上述链条中的 3 不再加密前一个 1 所加密的一半内容，因此很容易紧跟在那个 1 后面，而不需要中间有 2 的介入。在重叠系统中，一条链得以形成（图 2.2）；而在非重叠系统中，要被分组的单元之间没有任何联系：它们仍然是完全独立的（图 2.3）。

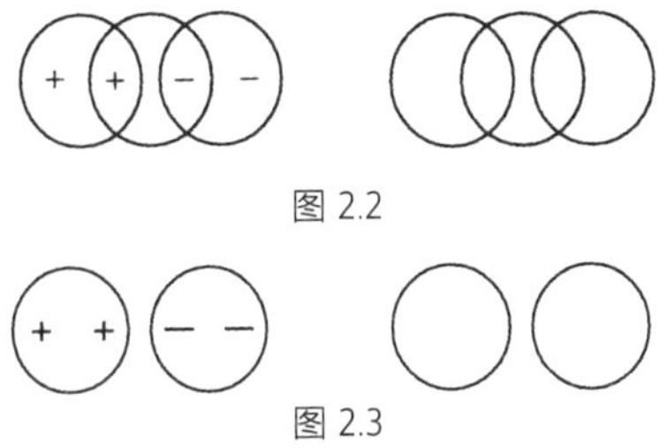

图 2.2

图 2.3

重叠的意思是说，要被加密或象征化的事件元素（一系列的加号和减号）与被采用的象征符之间没有一对一或甚至二对一的对应关系。在这种情况下，每一组的两个符号并非由同一个象征符来指定（笼统而言，就是说这组符号将是其唯一且独特的“指示物”），

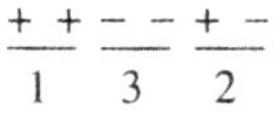

+ +　− −　+ −
1　　3　　2
情况 A

反而是要用一个以上的象征符来指定每一组加号或减号。在图 2.4 的例子中，三个象征符代表了两个加号和两个减号，过度代表了它们，而在上面的“情况 A”中，两个象征符就能完成同样的工作，所以看起来是过度了。

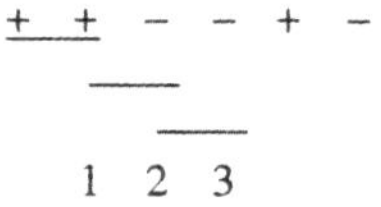

+ + − − + −
1 2 3
情况 B

图 2.4

然而，如果我们考虑到象征符 2 指定了两个不同的组合，即 + − 和 − +，我们就会发现，为了完全代表加 / 减系列，也就是说，为了区分 + − 组合和 − + 组合（图 2.5），就必须有重叠。重叠式的象征化系统能够区分序列 1 和序列 2，非重叠的系统则不能。

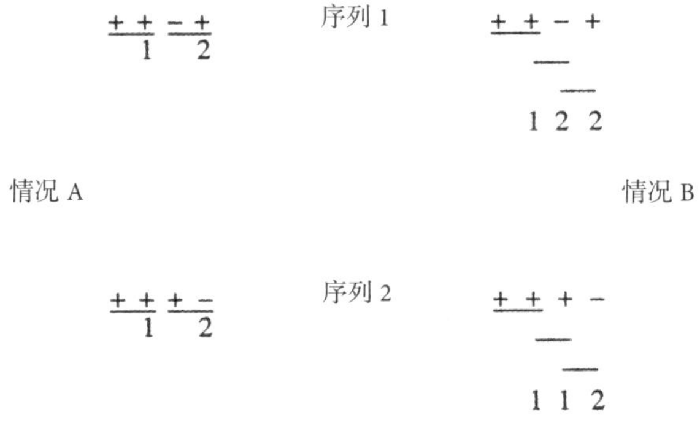

序列 1

+ +　− +
1　　2

+ + − +
1 2 2

情况 A　　　　情况 B

序列 2

+ +　+ −
1　　2

+ + + −
1 1 2

图 2.5

但是，如果我们给两个不同的组合 + − 和 − + 分配不同的数字，那么一开始就不会出现这样的问题，而且似乎正是象征符 2 的双重意义（或两个不同的指代）才导致了两种情况：情况 A，不充分或不明确的代表；情况 B，完全的代表。

因此，如果我们不再把两个不同的组合归给同一个象征符，我们就可以

用一串不重叠的字母详尽代表加/减系列，这串字母本身并不产生任何可辨识的法则、句法规则或记忆。因此，句法规则和记忆似乎只源自用特定方法将符号应用于这些序列，至于拉康的“语言”，其语法与其说源自象征材料本身，倒不如说源自这种特殊的应用模式。

不过，加减序列在多大程度上是一个恰当的“现实”模型呢？因为，毕竟，拉康的模型所具有的价值在于，它要在儿童早期经验的“随机事件”与一连串的加减号所形成的随机链之间建立一种类比。如果孩子是一台电脑，那这样的类比也许是可以的，但由于孩子的经验在一开始就没有完全被象征化，所以要被象征化的东西显然与干净利落的加减交替没有什么相似之处。

但可以考虑一下弗洛伊德的孙子玩的 Fort-Da（缺席 – 在场）游戏（具体描述可参见《超越快乐原则》），在弗洛伊德的解释中，这个孩子说出的这最初两个词似乎象征化了他母亲的回来和离去，这是孩子生活中的一个重要事件。这两个词（“走了”和“来了”）是相互依存的，因为母亲只有在她“走了”的可能性之下才能被指定为“来了”，反之亦然。这两个词编码或者加密了她的出现与消失，构成了“最简单的象征序列，一连串线性的符号，意味着交替，缺席或在场”（*Écrits*, p. 141）。

另一方面，拉康的模型预设了这样一个第一层编码。它也许可以被看作在用一个“复杂现实”开始，从而在它的象征符应用策略中弥补它所缺失的。

我们已经看到，我们加密了抛掷硬币的“现实”，而且加密方式似乎没有给初始事件增加任何东西，但不管怎样都会给我们用来加密该“现实”的整数（1、2、3）增加另一层意义。

在《论〈失窃的信〉的研讨班》的后记中，拉康提出了一种加密方法，为所有象征符都分配了双重意义/指示物（有时是四重），因此需要重叠来实现完全的代表，其形式也许是一种多重决定/过度决定。在这方面，他的象征矩阵似乎相当接近于模拟自然语言，而自然语言经常给同一个词分配一个以上的意义，并且通常需要额外/剩余的词来精确代表什么东西。我在附录 1 中详细讨论了这种更加复杂的语言。

7 弗洛伊德让我们疑惑，“无意识思维”与“无意识观念”这两个表达是否不只是矛盾修辞法：“梦工作的过程是非常新奇的，我们之前从未见识过类似的东西。它让我们得以第一次瞥见我们无意识心智系统中运作这种过程……我们很难直接说它们是‘思维过程’”（SE XXII, pp. 17-18）。

8 雅克 – 阿兰·米勒，1, 2, 3, 4，未出版的研讨班，1985.2.27 的课。

9 参见 *Écrits*, p. 150。

10 意义是回溯性地供给的，后面的章节可以看到这一点。

3 24

言词的创造性功能：象征界与实在界

思考总是从我们在象征秩序中的位置出发的；换言之，我们没法不从我们的象征秩序中，使用它所提供的类别和过滤器，去思考所谓的“言词之前的时期”。我们可能会试想把自己带回言词之前的时代，回到智人发展中或我们自己个人发展中的某种前象征或前语言的时刻，但只要我们在思考，语言就仍然是必不可少的。

为了设想那个时期，我们给予它一个名字：实在界。拉康告诉我们，“字母要命”：它杀死了在字母之前、在言词之前、在语言之前的实在。当然，正是字母本身——在拉康构想字母的那个阶段（1956年，《论〈失窃的信〉的研讨班》），它并没有与能指、言词或语言区分开来——让我们知道了它自己的致命属性，[1]从而也让我们知道了实在，即如果不是因为字母的出现，本来就存在的那个实在。

例如，实在是幼儿的身体，这是受到象征秩序支配之前的，臣服于如厕训练并按照这个世界的方式接受指导之前的身体。在社会化的过程中，这个身体逐渐被能指书写或覆盖；快乐被定位在某些区域，而其他区域被言词中和，并被哄骗着遵守社会规范和行为规范。若是把弗洛伊德的多形性倒错概念推向极致，我们就可以将幼儿的身体看作一个不间断的爱若区，其中没有特权区，没有在一开始就让快乐被限定在其中的区域。

拉康的实在也是如此，它没有区域，没有细分，没有局部的高低起伏，也没有缺口和填充：实在是一种未撕裂的、未分化的织物，被编织得十分完满，在其织线之间没有空间。[2] 它是一种平滑无接缝的表面或空间，适用于描述幼儿的身体，也适用于描述整个宇宙。实在被划分为独立的区域、不同的特征和不同的结构，这是象征秩序带来的结果，可以说，象征秩序切入了实在的光滑表面，创造了割裂、缺口和可区分的实体，埋葬了实在，也就是说，把它吸入象征符（symbols），用象征符来描述它，从而消灭了它。

25 象征界消灭实在界，并创造了“现实”，现实是由语言命名的东西，因此可以被思考和谈论。[3]“社会建构的现实”[4] 意味着这么一个世界：我们可以用一个社会群体（或子群体）的语言所提供的言词来命名和讨论它。不能用其语言来言说的东西就不是其现实的一部分；严格来说，它不存在（exist）。用拉康的术语来说，存在（existence）是语言的产物：语言让事物得以存在（使它们成为人类现实的一部分），这些事物在被加密、象征化或言语化之前是没有存在的。[5]

所以，实在并不存在，因为它先于语言；拉康为它保留了一个单独的术语，这个术语是从海德格尔那里借来的：它“外 – 在”（ex-sists），[6] 它存在于我们的现实之外。显然，只要我们命名和谈论实在，把实在编入关于语言和“言词之前的时期”的理论话语中，我们就把它拉进了语言，从而把一种存在（existence）赋予了那个就其概念而言只拥有外 – 在（ex-sistence）的东西（我将在第 8 章进一步探讨这一点）。

但我们不需要从严格的时间角度来思考：实在不需要被理解为仅仅在字母之前，在孩子吸收了语言之后就完全消失了（仿佛在任何情况下，孩子都可以吸收语言的全部，或者一蹴而就）。实在也许最好被理解为尚未被象征化的东西，有待被象征化的，或者甚至抵制象征化的东西；而且它也许完全可以与言说者相当强的语言能力“并”存，并且不受限制。在这个意义上，精神分析过程的一部分显然涉及让分析者能够把那些对他/她来说仍未被象征化的东西用言词表达出来，把那些可能在分析者能够思考、谈论或用任何方式表述之前就已经发生的经验用言语表达出来。分析者在后来的生活中可以使用的言语工具使分析者能够通过谈话来改变那些早先未说出来的、从未被概念化的或不完全被概念化的经验——因此，有了安娜·O在精神分析最早时期所称的“谈话疗法”。

拉康对现实和实在的区分使我们能够分离出某些形式的精神分析和拉康派精神分析之间的意识形态差异或伦理学差异。每个人的现实都不一样，这仅仅是因为每个文化和宗教团体、亚文化、家庭和朋友圈都在发展自己的言词、表达方式和独特的意义。每个分析者的现实都被关于这个世界——关于人性、神灵、魔法、商业、教育、音乐等——的观念所影响或渗透，这些观念可能无论跟哪个分析家的观念都不一致。那么，虽然某些精神分析家自作主张地要在现实方面“矫正他们的病人”——试图影响或改变他们对广泛不同的主题的信念——但拉康一再坚持，分析家的工作是干预病人的实在，而不是干预病人对现实的看法。[7]

从拉康派的角度来看，精神分析的前提向来就是，象征界可以 26
对实在界产生影响，对其进行加密，从而改变或化约它。用图式来说，象征界给实在界划杠，覆盖并抹去它：

$$\frac{\text{象征界}}{\cancel{\text{实在界}}}$$

创 伤

我们在精神分析中处理的实在，其诸多面相之一是创伤。如果我们认为实在是一切尚未被象征化的东西，那么语言无疑从未完全转变实在，从未将实在的全部都排入象征秩序；总有一个残留物会留下来。在分析中，我们感兴趣的不是什么旧有的残留物，而是那些已经成为病人绊脚石的残留经验。分析的目标不在于彻底象征化每一滴实在，因为那会使分析成为一个真正无尽的过程，而是把重点放在那些可以被认为是创伤性的实在碎片上。通过让分析者围绕一个创伤性的“事件”做梦、做白日梦和讲话（无论多么不连贯），我们可以让他/她把该“事件”与言词联系起来，与更多能指联系起来。

出于什么目的呢？创伤意味着固着或堵塞。固着总是涉及未被象征化的东西，而语言使得替代和移置成为可能，这正是固着的对立面。[8] 我们姑且简而言之，想象一下，有个男人对蓝眼睛着迷，而他母亲有一双蓝眼睛：虽然没有哪两双眼睛是绝对相同的，也没有两种蓝色的色调是绝对一样的，但就此而言，“蓝”这个词让他能够把他母亲的蓝眼睛等同于一个伴侣的蓝眼睛，从而把他对前者的迷恋转移到后者身上。语言容许这样的等式，因此也容许用一个被爱对象替代另一个，或者将（力比多）投注从一个对象移置到另一个对象。倘若这样的替代或移置是不可能的，比如在忧郁症中，那么固着就在起作用，实在的某些部分仍未被象征化。促使分析者说出实在的那一部分，并使它与更多的能指建立关系，就可以让它经历“辩证化”，[9] 让它卷入分析者话语的辩证法或运动中，并开始运转起来。

这是一个相当简略的说明，没有试图解释创伤的事后构成，也没有区分固着和基本幻想，但也许可以暂时满足我们的目的，让我们可以从表 3.1 中的直白模型开始。

27 表 3.1

实在$_1$ → 象征 → 实在$_2$

我们可以认为，在孩子的生命进程中，实在是渐渐被象征化的，“最早的”“原始的”实在（称之为 R1）越来越少，尽管它不可能

全部被排干、中和或杀死。因此，总是有一个剩余物，坚持与象征界同在。

然而，我们也可以表明，象征秩序本身就产生了一个“二阶”实在。描述这一过程的一种方式可参见拉康为《论〈失窃的信〉的研讨班》所写的序言——这部分在本书上一章被搁置了——拉康在其中介绍了原因（the cause）。[10] 因为象征秩序，如同拉康的数字矩阵和字母矩阵示范的那样，在其自动运作过程中，产生了某种超越象征秩序本身的东西。

我稍后会试着说明这一点，但首先要注意，这使我们能够假设两个不同层次的实在：（1）字母之前的实在，即前象征的实在，归根结底，它只不过是我们自己的假设（R1）；（2）字母之后的实在，其特点是由于象征秩序本身的元素之间的关系而造成的僵局和不可能性（R2），也就是说，它是由象征界产生的。[11]

这种“字母之后”的实在是由什么构成的呢？它有好几个方面，其中一个我将在第 2 章讨论的 1、2、3 链的基础上加以说明。在重叠的象征符应用的简化模型中，我们看到 3 不能直接跟在 1 后面。因此，在紧跟 1 的位置上，我们可以把 3 看作一种*残留物*：它不能在该回路中使用，相当于只是一个遗留物或残渣。每一步都至少有一个数字被排除在外或被推到一边；因此我们可以说，这个链条是围绕着它运作的，也就是说，这个链条是通过规避它而形成的，从而勾画出它的轮廓。拉康把这些被排除的数字或象征符称为这个过程中的*骷髅头*（caput mortuum），把它们比作炼金术士试图从低等的东西中创造出有价值的东西时留在试管或烧杯底部的剩余物。

*骷髅头*包含了链条并不包含的东西；在某种意义上，它是另一个链条。链条是由它所排除的东西，也是由它所包括的东西，由它内部的东西，也是由它外部的东西，同样明确决定的。链条从未停止不书写某些数字——这些数字在某些位置上构成了*骷髅头*——并

且注定要不停书写其他东西或说出某些一直回避这一点的东西，仿佛这一点是链条在兜圈子时所产生的一切的真理。人们甚至可以说，留在链条外面的东西必然引起了（causes）里面的东西；从结构上讲，有些东西必须被推到外部，这样才会有一个内部。[12]

被排除在外的象征符或字母（letters）组成了骷髅头，它们具有
28 某种物质性，类似于故事《失窃的信》中大臣从王后那里偷来的信（letter）。对故事中一个又一个人物产生影响的，与其说是信的内容——就它们是信/字母而言，它们什么也没说出来——倒不如说是它们类似物质或对象的性质。故事中的信将一个又一个人物固定在一个特定的位置上：它是一个实在的对象，什么也不意指。

“第一个”实在，即创伤与固着的实在，在某种意义上以重心的形式返回，象征秩序注定要围绕这个重心打转，却永远无法命中它。它导致了链条本身中的不可能性（一个既定的词不能随意出现，而只能出现在某些其他词之后），并创造了一个肿块，让链条被迫绕过。这将让我们可以初步触及“第二个”实在和拉康的原因概念。

解释击中原因

拉康的解释理论在某种程度上建立在类似于骷髅头的表述上：一个分析者在分析设置中言说，却常常无法说出、构想出某些东西；某些言词、表达或想法在某个特定时刻是他/她无法触及的，可以说他/她被迫一直围绕着它们打转，绕弯子，从来没有阐明他/她感觉到的问题。分析者的话语围绕着它所盘旋的、绕圈的和跳过的东西描画出一条轮廓。在分析的过程中，这些言词或想法可能会被分析者及时触及，但它们也可能被分析家以解释的形式引入。这就是拉康说“解释击中原因”的意思：解释击中了分析者围着打转却无法“用言词表达”的东西。

从分析者的角度或位置来说的不可言说之物，不一定对分析家来说是不可言说的。通过分析家的干预，分析者也许可以讲出他 / 她作为主体所臣服的能指，如同拉康所说的。通过插话或让分析者说出他 / 她一直围着打转的一个或多个词（或词的混合：装配），那个不可触及、无法触碰、无法移动的原因受到了冲击，那个缺位的中心不再被回避，而这个原因也走上了“主体化”（subjectivization）的道路（“主体化”这个术语将在第 5 章被解释）。

这并不一定意味着原因——创伤性的原因——是一个词或一个表达（尽管它很可能是分析者不愿表达的一个构想）；尽管如此，但分析家可能会让分析者跃向这个词：也许一开始只是一个引人误解或含糊不清的声音，是没有明确意义的言语，却是走向象征化的第一步。

引人误解的言语和混杂的言词相比于表述清晰的短语，更能让 29
我们接近语言的“原材料”，并充当象征和实在之间的桥梁。因为虽然人类能够发出的许多声音都没有社会认可的意义，但它们可能还是会产生影响：它们可能受到力比多投注，相比于那些可以被讲出的言词，对主体有更加深远的影响。[13] 它们可能具有某种物质性和分量，而且拉康实际上将音素纳入了他五花八门的原因清单中。

象征秩序的不完整性：大他者中的洞（全）

我们来考虑一下拉康对上述“第二个”实在的处理方式。拉康也把实在与逻辑悖论相联系，比如由所有不包括自身的目录所组成的反常目录，我们马上就会讨论这个悖论。[14]

然而，首先应该指出的是，第 1 章中用来描绘象征秩序的图形，即一个圆，只是一种速记，因此具有误导性。因为谈论全体能指的集合可能意味着什么呢?

一旦我们要指定这样一个集合，我们就往这个列表增加了一个新的能指：大他者。这个能指还没有被纳入全体能指的集合中（图 3.1）。

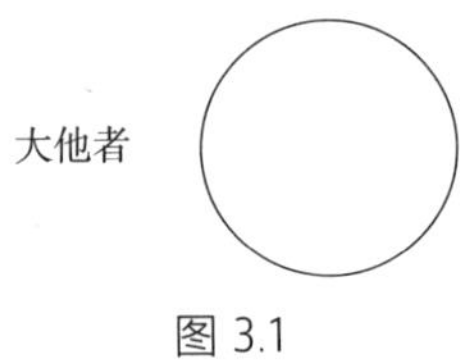

图 3.1

我们把这个新的能指纳入集合。这样做就改变了这个集合，现在就有理由重新命名它，因为它不再是原来的集合。假设我们把它称为“完整的大他者”（图 3.2）。

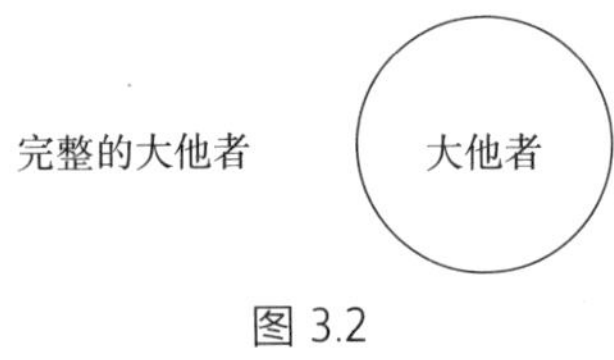

图 3.2

然而，这个新的名字还不是这个集合的一部分。把它纳入进去的话，就改变了这个集合，并再次需要一个新的命名（图 3.3）。

30

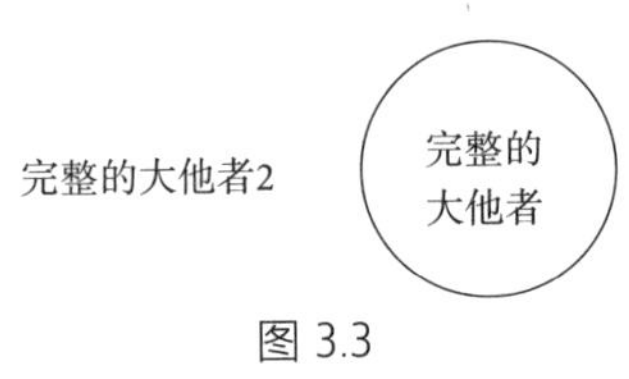

图 3.3

这个过程可以无休止地重复，这证明了所谓的全体能指的集合永远不会是完整的。如果别无其他，那么总有一个命名，永远处在集合之外。如果我们试着想象一个集合包括了自身的命名，我们就会发现自己处于这样一种情况，即这个集合将自己作为自己的元素纳入进来，这是一个悖论结果，至少表面看上去如此。

我们可以将这里的论证与哥德尔关于算术的不完备性定理相联

系，（在理论上）这个定理可以推广到所有公理系统：对于某些可以使用构成了一个公理系统的诸多定义和公理并在该系统内部形式化表达的声明，该公理系统永远无法决定其有效性。因此，这样的系统在结构上是不可完全化的，在拉康看来，语言（即大他者）也是如此，因为全体能指的集合并不存在。试图将各个领域公理化（而拉康可以说是通过引入 S_1、S_2、$\$$、a、S(Ⱥ) 等数学型来进行初步公理化的），通常是为了解释这些领域可以产生的每一个声明。拉康在这里的立场是，一些反常的东西总是出现在语言中，它们是一些无法解释的东西，无法说明的东西：一个疑难。这些疑难指出了实在界在象征界中的在场，或实在界对象征界的影响。我把它们称为象征秩序中的缠结。

象征秩序中的缠结

在 20 世纪初，有一个令伯特兰·罗素困惑的论证就构成了这样一个疑难。他要研究这样一个目录的状态：这个目录包含了所有不把自己当作条目列入的目录。[15] 例如，一个艺术目录在一长串其他艺术目录中提到自身，这完全是可以想象的，而且毫无疑问，有一些目录就是这样的。然而，考虑一下这么一个困境：有人想要创建一个目录，其中只包括那些在自己的封面上没有提到自己的目录（换句话说，一个目录只有在它所提供的其他目录列表中不包括自己的标题时，才会被选中）。这个人是否应该把他 / 她制作的目录的标题包括在该目录列表中？如果他 / 她决定不包括它，那么它也将是一个不包括自己这个条目的目录，因此它应该被包括在内。另一方面，如果他 / 她决定把它包括在内，那么它将是一个确实把自己当作一个条目包括在内的目录，因此它不应该被包括在内。[16] 制定目录的人要怎么做呢？

由所有不包括自身的目录所构成的目录，其确切状态最终仍然 31
是悖论性的：我们不可能确定它包含什么和不包含什么。拉康的二阶实在——拉康派的原因——恰恰具有这种性质。其状态总是类似于一个逻辑上的例外或悖论。

结构 vs 原因

上面概述的原因，其各个方面只是处理拉康理论中原因（以及作为原因的对象 *a*）概念的一种方法，我会在本书中提供许多其他的方法。在这里，我想确保两个层次，也就是“结构”和“原因”，是区分得很仔细的。当然，人们可以认为它们归根结底等同于两个不同的结构层次或两个独立的原因层次，但这样就有可能错过了重点，忽视了它们根本的异质性。

一方面，我们有自动运作的意指链层次，由上面讨论的 1、2、3 矩阵来说明。（请注意，拉康将弗洛伊德的 Wiederholungszwang——在英语中一般被翻译为“强制性重复”[repetition compulsion]——翻译为重复的自动性 [automatisme de répétition]。）

另一方面，还有一种东西打断了这种自动性的顺畅运作，即原因。在孤立运作的情况下，意指链似乎既不需要一个主体，也不需要一个对象；但是，意指链几乎不顾自身的情况，产生了一个对象，而且征服了一个主体。[17]

拉康在此与结构主义分道扬镳，因为结构主义者试图用第一层次来解释一切，也就是说，用一个或多或少在数学上确定的组合体来解释一切，而这个组合体的运作本身并不指涉任何主体或对象。虽然结构在拉康的著作中起到非常重要的作用，而且我们已经开始看到它在多大程度上渗透到有意识和无意识的“思维过程”，但在拉康思想发展的任何阶段，它都不是故事的全貌。

在研讨班 X 中，拉康将所谓的科学进步（结构主义的科学伪装很难被守住秘密）与我们越来越无力思考的“原因”范畴相联系。科学不断地填补因果之间的“缺口”，逐渐消除“原因”这一概念的内容，认为事件按照众所周知的“法则 / 定律”自然而然地导致其他事件。科学试图缝合主体（我们将在第 10 章看到这一点），即试图将主体性从其领域中驱逐出去，也倾向于缝合原因。拉康精神分析所面临的挑战在某种程度上是维持并进一步探索这两个原初概念，无论它们看起来是多么具有悖论性。

现在，我要在本书第 2 部分转而讨论拉康赋予主体的角色和主体在意指“外部”的处境。

注 释

1 “能指要命，但我们是从字母本身那里了解到这一点的”（*Écrits* 1966, p. 848）；英文版可参考我翻译的《无意识的位置》（*Position of the Unconscious*），收录于《阅读研讨班 XI：拉康精神分析的四个基本概念》（*Reading Seminar XI: Lacan's Four Fundamental Concepts of Psychoanalysis*, Albany: SUNY Press, 1995）。能指要命这个观念首次出现于《著作集》（*Écrits* 1966, p. 24），英文版可参考约翰・穆勒（John Muller）和威廉・理查森（William Richardson）编辑的《失窃的坡：拉康、德里达与精神分析阅读》（*The Purloined Poe: Lacan, Derrida & Psychoanalytic Reading*, Baltimore: Johns Hopkins University Press, 1988）。

2 “Le réel est sans fissure”（实在是没有裂缝的）：它没有裂隙、缺口或洞；它是未撕裂的。类似的观点，可参见研讨班 II, p. 313：“实在中没有缺位”。也可参见研讨班 IV, p. 218：“按照定义，实在是完满的。”

3 拉康的现实观不一定在各方面都与弗洛伊德的相符。

4 参见彼得・伯格（Peter Berger）和托马斯・卢克曼（Thomas Luckmann）的《现实的社会建构》（*The Social Construction of Reality*, Garden City: Doubleday, 1966）。

5 拉康甚至更进一步，他说，要不是因为有动词词组“to be”，根本不会有什么存在（being）：“‘言说的存在’（[S]peaking being）……是一个赘语，因为有了言说才有存在；要不是因为有动词词组 ‘to be’，根本不会有什么存在（being）”（研讨班 XXI，1974.1.15）。

6 关于海德格尔的这个术语，可参见本书第 8 章。

7 病人对现实的看法总是且不可避免地与某种幻想相一致，如果不是病人的幻想，那就只是分析家的幻想。重点不在于用分析家基于现实的幻想来取代病人基于现实的幻想，而在于让病人将自己的实在象征化。

8 关于跟主体性有关的隐喻化和替代，可参见第 6 章末尾。

9 辩证化将在第 5 章末尾详细讨论。

10 参见本书的附录 1 和附录 2。

11 这个理论化要归功于雅克 – 阿兰 · 米勒的课“拉康派导向”（Orientation Lacanienne）。

12 这种构想在拉康的著作中极其寻常：区分一个类依据的不是它所包含的东西（伯特兰 · 罗素也是这么认为的；参见他的《数理哲学导论》[*Introduction to Mathematical Philosophy*] 第二章），而是它所排除的东西（参见研讨班 IX）；对一个能指的原初压抑将整个能指系统确定下来；主体与其对象有一个内部排除的关系——对象是被排除的东西，但在某种意义上却在内部（它是最私密的东西，但同时又被排除到某人的外部，因此是外密的 [extimate]。所以，它是外部的，但仍然是极其私密的；它是内部的，但仍然完全是外异的）。我们之后会详细探讨这种逻辑。

13 这和拉康在其后期作品中引入的呀呀语（lalangue）概念有关。

14 他对此悖论的一个讨论也许可见于研讨班 IX, 1962.1.24。

15 可参考伯特兰 · 罗素和阿尔弗雷德 · 诺思 · 怀特海（Alfred North Whitehead）所著的《数学原理》第一卷（*Principia Mathematica*, vol. 1, Cambridge: Cambridge University Press, 1910）。

16 我们可以依据递归 / 交替逻辑来理解这一点，此逻辑引入了一个时间成分。例如，可参见雷蒙德 · 库茨魏尔（Raymond Kurzweil）的《智能机器时代》（*The Age of Intelligent Machines*, Cambridge: MIT Press, 1990）。

17 在能指的自动运作中，总有一个过剩或剩余，拉康认为这和能指材料有关，和其“物质性”本质有关：能指所固有的东西，能指本身“之中”的东西（无论是声音还是字母），导致其超越、超出、越过自身。

第 2 部分

拉康式主体

有些东西带有一种基本属性，定义了同一与差异的联合，在我看来，这似乎是最适合用来在结构上说明主体功能的东西。

——拉康，研讨班 XIII，1966.1.12

一旦主体本人形成了其存在（being），他就亏欠了让他的存在得以从中产生的某个非存在（nonbeing）。

——拉康，研讨班 II, p. 192

4

拉康式主体

即使在结构主义活跃的时候，主体性也常常被认为与结构概念不相容。结构似乎排除了主体的存在可能性，而对主体性的断言似乎破坏了结构主义的立场。随着“后结构主义”的出现，主体性的概念似乎已经变得不合时宜，而拉康是少数几个对其进行了大量阐述的当代思想家之一。

有些人称拉康为“结构主义者”，另一些人称拉康为“后结构主义者”，拉康则在一个严格的理论框架内维护并捍卫这两个概念：结构和主体。然而，由于他剥离了西方思想通常赋予主体的许多特征，并无情地揭露了结构在精神分析和文学的背景中的运作，所以要看清拉康的作品留给主体的角色并不总是容易的。拉康文本的读者所面临的困难由于以下事实而变得更加复杂：他试图在他教学中的不同时刻将主体分离出来，而其中很多时刻似乎并不集中于任何容易识别的主体性概念上。

我不会试图证明拉康式主体的存在，因为这样的证明是不可能的。正如拉康在研讨班 XXIII 中所说，“主体永远不过是假定的”；换句话说，主体永远都不过是我们的一个假设。然而，对拉康来说，它似乎是一个必要的假设，没有这个建构，精神分析经验就无法解释。在这个意义上，主体的地位类似于弗洛伊德所说的“一个孩子正在被打”这一幻想的“第二阶段”，“第二阶段”就是“我正在被我父亲打”这一想法。弗洛伊德说：“这个第二阶段是重中之重。但我们也许可以在某种意义上说它从来没有真正存在过。它从未被记住，它从未成功地变成意识的。它是一种分析建构，但就这一点而言，它也不失为一种必要性”（SE XVII，p. 185）。

我希望通过讨论拉康从 1950 年代开始在努力逼近这一建构的过程中所采取的一系列措施，来为拉康的这一建构提供可信度，从而指出结构在哪里离开，主体性在哪里开始。我将提供一些图表和隐喻，
36 希望有助于对这一概念的基本把握：这个概念的更多理论基础将在后面解释。我将从拉康式主体不是什么开始讨论，因为在我看来，在理解拉康对这个术语的使用时，没有什么是理所当然的。

拉康式主体不是“个体”或英美哲学中的意识主体

首先得提一下，在英语国家中，人们通常会把分析者称为“病人”“个体”，或者（在某些心理学流派中）“客户”；而在法国，说他/她是“主体”是一件再自然不过的事。在这种语境下，使用“主体”这个词，在概念或者理论上并没有什么特别之处；它无非就是拉康式主体，而不是 le malade，即病人（或者按照严格字面上的翻译来说，是有病的人，生病的人），前者才是我要在这里单独拿出来说的。这些非理论的词语，尤其是在拉康的早期工作中，或多或少会被交替使用。

拉康式主体既不是个体，也不是我们所谓的意识主体（或者有意识思考的主体），换句话说，不是多数分析性哲学所谓的那个主体。有意识思考的主体，大体而言，难以和自我心理学所理解的自我区分开来，而自我盛行于分析性哲学占主导地位的国家。不应该奇怪的是：大多数文化中占主导地位的概念，超越了学科边界。

依据拉康的观点，如今的自我是理想形象的结晶或浓缩，等同

于一个孩子学会认同的一个固定且具体化的对象，孩子学会了自己认同于这样一个对象。这些理想形象也许由孩子在镜子中看到的自己组成，它们之所以是理想的，是因为在镜像开始发挥重要作用的阶段（6 ~ 18 个月）[1]，孩子还很不协调，而且实际有的只不过是一种不统整的混乱感觉与冲动，而镜像代表了一种统整的外表，类似于孩子更能干、更协调且更强大的父母。

孩子投资、投注且内化这样的形象，因为父母很看好它们，坚持告诉幼儿，镜像就是他 / 她："对呀，宝宝，那就是你呀！"孩子也用类似的方式吸收其他理想形象——从父母大他者那里反射回来的他 / 她自己的形象："好女孩"或者"坏女孩""模范儿子"诸如此类。这样的"形象"源自父母大他者如何"看待"孩子，因此是在语言上被结构化的。实际上，正是象征秩序使镜像和其他形象（例如，拍摄的形象）能够被内化，因为主要是父母对这些形象的反应，才让它们在孩子眼中具备力比多利益或价值——这就是为什么孩子 37
在 6 个月大之前，换句话说，语言在孩子那里运作之前（在孩子能够说话之前），镜像并不能引起什么兴趣。[2]

不妨说，各种形象一旦内化，就会融入更广阔的形象中，孩子逐渐把其当作他 / 她的自我（self）；这种自我形象（self-image）当然可以被添加到孩子的生命历程中，新的形象被嫁接到旧的形象上。总体而言，正是这种形象的结晶，使连贯的"自我感"（sense of self）成为可能（或者在形象过于矛盾而无法融合的时候，使之不可能），我们千方百计要将周围的世界"说得通"，这种企图涉及将我们的所见所闻与这种被内化的自我形象并列在一起：所发生之事是如何映照出我们的？我们要在哪里切入进去？这对我们的看法是一种挑战吗？

因此，就像西方哲学千百年来一直告诉我们的那样，这种自我是一种建构，一种心智对象，而且尽管弗洛伊德赋予了它一个动因身份，但在拉康精神分析中，自我显然不是一个主动的动因，无意识才是利益动因。在拉康的观点中，自我不具备资格作为动因或者活动的所在地，而是固着与自恋型依恋的所在地。此外，它不可避免地涵盖了“虚假形象”，在其中，镜像总是被颠倒过来的（涉及一种左右颠倒），而且“交流”——导致语言层面上被结构化的理想“形象”被内化，比如“你是一个 model son（模范儿子）”——就像所有交流一样，易于造成误解：儿子也许会依据汽车或飞机模型（model）来理解 / 误解这种评价，此后只会把自己当成真实物件的一个缩小的塑料版，而不是一个真正的儿子。分析的重点不是极力给予分析者一个“真实的”或正确的自我形象，因为自我在本质上是一种歪曲，一种错误，一个储藏误解之地。

我们说“我认为……”或者“我是那种……的人”，其中的那个“我”通常指的是自我，而绝不是拉康式主体：它只是所述的主体（subject of the statement）。

拉康式主体不是所述的主体

在 1950 年代后期到 1960 年代早期，拉康开始尽可能准确定位主体，并且似乎寄希望于在所述中，也就是说在被讲出来的话中，找到主体的能指。他在话语中寻找主体（subject）的确切显现，并且开始考虑语法学家和语言学家关于句子主语（subject）的作品。

拉康多次明确提到罗曼·雅克布森（Roman Jakobson）关于“转
38 换词”（shifters）的论文，[3] 在那篇论文中，雅克布森提出了编码（code）
概念，即在言说或书写中使用的一组能指——在某种意义上是拉康所说的能指“宝藏”或“宝库”——以及信息概念，也就是言说者实际上所说的。

雅克布森指出，有以下几种情况：（1）那些指向其他信息的信息——例如引用，在其中，先前的信息被包含在当前的信息中（信息→信息）；（2）那些指向编码的信息——例如“‘puppy’指的是一只幼犬”，它提供了编码元素的意义，换句话说，提供了其定义（信息→编码）；（3）那些指向编码本身的编码元素，例如专名，因为“‘Jerry’指的是一个叫 Jerry 的人”——这个名字指代的是拥有或被叫作这个名字的人（编码→编码）。[4] 最后，雅克布森指出，人们可以在一个指向信息的编码中找到（4）元素，他提供的例子是人称代词，例如“我”“你”“他”“她”等（编码→信息）。不参考它们在其中出现的信息，就无法定义它们的含义。“我”指的是信息发送者，“你”指的是信息接收者或收件人。雅克布森借用了叶斯帕森（Jespersen）的术语，[5] 把这些元素称为“转换词”，因为它们所指的内容会随着每条新的信息而改变或转换。

雅克布森的四个组合——引用、定义、专名和转换词——穷尽了编码和信息这两个概念所提供的可能性，但并不标榜涵盖了言语的所有部分，因为这后几个中的绝大多数只是编码元素。名词、动词、介词等都是编码的一部分。

一个句子，比如“我是那种……的人”，其语法主语作为一个转换词指定了信息发送者，鉴于它可以说是意指了发送信息的主体，所以它意指了自我：那个认为他 / 她自己是 X 而不是 Y，慷慨而不吝啬，思想开放而不狭隘等的有意识主体。人称代词“我”指的是那个将他 / 她的自我认同于一个特定的理想形象的人。因此，自我是所述的主体所代表的。那么，那个打断了自我的精巧所述，或者那个把它们弄砸了的代理或动因是什么呢？

拉康式主体不出现在所述的任何地方

拉康一直在寻找主体在话语中的精确显现，在 1960 年代早期，他经常试图将主体的出现与法语单词 ne 联系起来，这个词的字面意思是“不”，是法语 ne pas 的一部分，但在许多情况下会单独使用，与其说是为了全面否定（尽管 ne 单独和 pouvoir 一起使用时足以表示否定），倒不如说是为了做一些更模糊的事情，达穆里蒂奇和皮
39 雄称之为引入“不整一”（discordance）。[6] 在某些表达中，单独使用这个据说是附加的 ne，在语法上是有必要的，或者至少相比于省略它，要更加准确且更强有力（比如，avant qu'il n'arrive, pourvu qu'il ne soit arrivé, craindre qu'il ne vienne），但它似乎往它所在的言辞中引入了某种犹豫、模棱两可或不确定性，仿佛是在暗示，言说者在否认他正断定之事，在担心他宣称自己期待之事，或者期待他担心之事。在这种情况中，我们有种印象：言说者既想要又不想要所言之事发生，或者所提之人出现。

在英语中，我们有一个稍微类似的情况：“I can't help but think that ...”（我忍不住，但还是认为……）——意味着“I can't help thinking that ...”（我不禁认为……）——中的“but”一词。这里的“but”似乎有些多余——即便我们将这句话转译为“I can't stop myself from thinking that ...”（我没法让自己不认为……），但它会滑向双重否定“I can't not think that ...”（我没法不认为……）。“but”总是意味着“only”“simple”或“just”，但在某些表达中，它的意义不止于此，它还有否定意味，这在某些情况下，哪怕是以英语为母语的人都会很困惑。例如，“I can't but not wonder at his complacency”“I can't but not suspect him of having done it; after all he is my best friend”“I can't but imagine he won't call”。什么可以让我们明确区分“I can but hope he won't call”和“I cannot but hope he won't call”这两句话的意思呢？《牛津英语词典》提供了多不胜数的例句，来说明这个异常多价的三字母能指，比如它可以作为连词、介词、副词、形容词或

名词。在那些让我们感兴趣的用法中，我们可以找到这样的例句：[*]

"You say you are tied hand and foot. You will never be but that in London."

"Not but that I should have gone if I had had the chance."

"I will not deny but that it is a difficult thing."

"I cannot deny but that it would be easy."

"She cannot miss but see us."

"I do not fear but that my grandfather will recover." [7]

在这样的表达中，意识或者自我话语与另一个"动因"——利用了英语文法（在 ne 的例子中是法语文法）中含有的"可能性"来呈现自身——之间似乎有一种冲突在运作。这另一个动因，这个非自我或者无意识"话语"，很像口误中的情况，打断了前一个话语，几乎是在说"不！"拉康指出，在这样的情况中，我们可以认为法语 ne——而且我想指出的是，英语中的"but"有些模棱两可或至少有时会让人困惑不已的用法——意指言说的主体。[8] 为什么是"意指"（signifying）呢？这里的"but"不是能述的主体的名字；它指向的是一种"不 – 说"（no-saying），一种说"不"（拉康的用词是 dit-que-non）。

这个"but"是一个非常奇怪的东西，实际上是太奇怪了，以至 40

* 作者所举的这些例子，其中的一个基本结构是 not but that，这在英语世界里面也是一个很令人费解的说法，不过作为一种像公式一样的固定表达，它通常意味着言说者先抛出一个否定申明（即 not/never ...），再引入一个限制性的或反差性的陈述（即 but . . .），因此实际上并未否定后面要说的话，但否定或者别的意味已经引入其中了。比如，I do not fear but that my grandfather will recover，可以理解为"除了我爷爷的康复，别的我都不怕"或者"我什么都不怕，除了我爷爷的康复"；此外，还有一个更简单也更接近中文表述习惯的例子，I have no choice but to apologize，即"除了道歉，我别无选择"或者"我别无选择，只能道歉"。就后一句话而言，很明显，我们知道言说者对于道歉这个选择或许有别的想法。也许我们可以说，如果"无端否认"暗中引入了一个"肯定"的话，那么无端的双重否认则暗中引入了一个"否认"。——译者注

于在整个英语体系中找不到类似的其他例子，在法语中也找不到类似 ne 的其他例子。

在这种“不 – 说”的用法中，我们能够看出任何可以将“but”归类的方式吗？这个词显然是编码的一部分，而且就它出现在信息中而言，它就像是在言说信息本身，更准确地说，是在言说讲话者。但是，与其简单地指出是谁在讲话，它更像是在告诉我们和讲话者有关的事情，换句话说，他 / 她并不完全赞同自己所说的话。它似乎指向的是一个矛盾的讲话者，同时在说是和否，一边说这个，一边暗示那个。

虽然转换词是语法上的所述主体，但“but”（但是）这个词是出现在讲话行动中的，即能述中的一种“不 – 说”（nay-saying）。“不”已讲出，在这个意义上说，拉康将下面的信息或者所述分割成两个部分（图 4.1）。

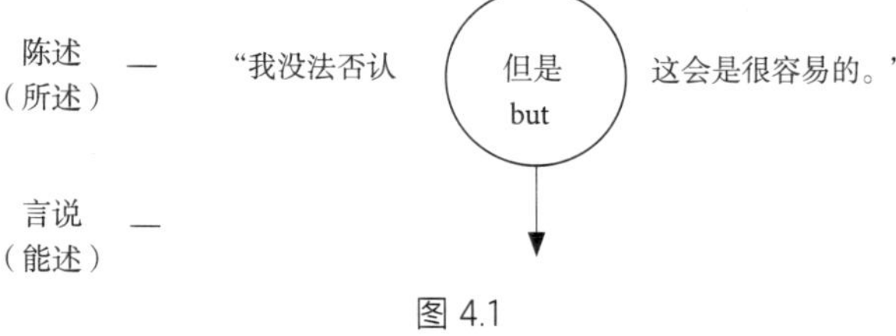

图 4.1

“编码”和“信息”这两个概念在这里并不够用；为了限定该例句中的 but 一词，我们不得不提到所述（enunciated）和能述（enunciation）之间的某种干涉，换句话说是讲出来的话（“内容”）与言说行动之间的干涉。

拉康指派给陈述的唯一主体是有意识的所述主体，此处由人称代词“我”来表示。要限定这个主体，我们只须参考语言学分类编码和信息，也就是说，只须参考严格的结构分类。所述主体“我”是一个转换词：它是一个针对信息的编码元素。

but 这个词仍然待在原处，指示无意识的能述主体，从而表明主体是分裂的，可以说是具有双重心智，赞同和反对、意识和无意识。口误同样可以证明，有两个层级的存在，但是 1960 年代的拉康暗示，似乎只有在 ne（以及 but）的例子中，我们才有恒久不变或有规律的主体能指——有规律指的是它们出现得有规律，且常常给这“另一个”主体打上标签。更不用说，法语和英语中很多采用了 ne 和 but 的表达， 41
都随着时间的流逝变成了套话，被固化了，以至于人们基本上不得不将它们和其他某些词一并使用（例如，法语动词 craindre，几乎总是和 ne 一起使用）。然而，在某种程度上，每一个讲话者都从语言提供的各种各样的“表达同样意思”的方式中，选择这种脱口而出的表达。

主体的飞逝

所以，这“另一个”主体——这个在某些所述中由“but”意指的言说主体——并非具有永恒存在的事物或人：它只出现在一个吉利时机显现时。它不是某种潜在的基体（hupokeimenon）或基底（subjectum）。[9]

无意识作为一种被排除在意识之外的意指链的持续运作（参见第 2 章以及附录 1 和附录 2 的描述），某种知识在其中得到了体现，而且在性质上是永久的；换句话说，无意识贯穿人的一生。然而，无意识主体在任何意义上都不是永久或恒定的。作为链条的无意识与无意识主体不是同一回事。

拉康在他的《论〈失窃的信〉的研讨班》中指出，一个能指标记了对它所意指的东西的取消：ne 和 but 标志着对无意识主体的死亡判决。无意识主体存在的时间只够用来抗议，用来说“不”。一旦主体说了他 / 她的看法，他 / 她说的东西就篡夺了他 / 她的位置；能指取代了他 / 她；而他 / 她消失了。正是在这个意义上，我们可以说ne和but是主体的能指。正如拉康的符号$\$$所代表的那样（S代表“主体”，斜杠代表“被划杠/被隔绝的”：被语言划杠的主体，在大他者中被异化的主体），主体消失在能指ne（这里用S_1——首个能指——来表示）的“下面”或“后面”。

$$\frac{S_1}{\$}$$（能指S_1替代被划杠的主体$\$$）

该能指取代了主体的位置，代替了现在已经消失的主体。这个主体除了作为话语中的一个缺口外，没有其他的存在（being）。无意识主体在日常生活中的表现是，外异的或不相干的东西转瞬即逝的入侵。从时间上讲，主体只是作为一个脉动出现，一个偶发的脉动或打断，很快就消逝或熄灭了，可以说是借助能指来“表达自己”。

42 弗洛伊德式主体

然而，这样将主体临时“定义”为缺口，更具体地适用于人们所说的“弗洛伊德式主体”，而不是拉康式主体。

拉康在早期研究了弗洛伊德的《梦的解析》《日常生活的精神病理学》和《诙谐及其与无意识的关系》，他让我们习惯于他所说的这种观念：在一个特殊时刻，某种东西“涌现出来”（surges forth）。在口误中，就像在各种失误和过失行为中，某种外来的意图似乎来到现场或者闯了进来。弗洛伊德引导我们将这种入侵与无意识联系起来，因此我们很自然地赋予它某种意向性、动因，甚至主体性。我们可以暂时把这个入侵者看作某种意义上的“弗洛伊德式主体”。当然，弗洛伊德从未引入这样一个类别，但我将在这里把它当作一种速记，用于谈论弗洛伊德对无意识主体的处理。

因为弗洛伊德一度把无意识变成了一个成熟的代理/动因

（Instanz），这个动因似乎被赋予了它自己的意图和意志——某种第二意识，以某种方式建立在第一意识的模型上。虽然拉康无疑把无意识当作那打断了正常事件流程的东西，但他从未将无意识当作一个动因；它仍然是一种脱离意识和主体性卷入的话语，即大他者的话语，即使它打断了那建立在虚假自我感觉之上的自我话语。将主体性赋予弗洛伊德式的作为话语和其他“意向性”活动中的缺口、打断或闯入的无意识，绝不能说明拉康式主体的独特性。[10] 那么无意识主体是谁，要如何定位它？

在直接回答这个问题之前，我们先继续辨别这个主体不是什么。

笛卡尔式主体及其反面

弗洛伊德式主体，其不同寻常之处在于，它涌现出来，却又几乎瞬间消失。这个主体没有什么实质性的东西；它没有存在（being），没有基底，也没有时间永恒性，简而言之，我们在谈论主体时习惯于看到的东西，它都没有。我们有一种昙花一现的感觉，然后它就没了。

拉康指出，笛卡尔式主体——我思——也有一个类似的短暂存在（existence）。笛卡尔式主体得出了一个结论：每当他对自己说“我思”时，他都在。[11] 他必须对自己重复“我思”，以便能够让他自己确信他是存在的。一旦他不再重复这几个词，他的确信就不可避免地消失了。笛卡尔能够通过引入上帝——笛卡尔式宇宙中许多事物 43
的担保者——来确保他的主体有更持久的存在（being），但拉康把他的分析聚焦于笛卡尔式主体的准时性和短暂性。

我将用两个圆圈来说明我们可以怎么理解笛卡尔的做法。[12] 他概念化了一个时刻，在其中，思考和存在（being）有所重叠：在笛卡尔式主体对自己说“我思”的时候，存在和思考瞬间相接（图 4.2）。

他思考，这一事实充当了他存在的基础；在这里，他把思考和言说主体“我”连接在一起。

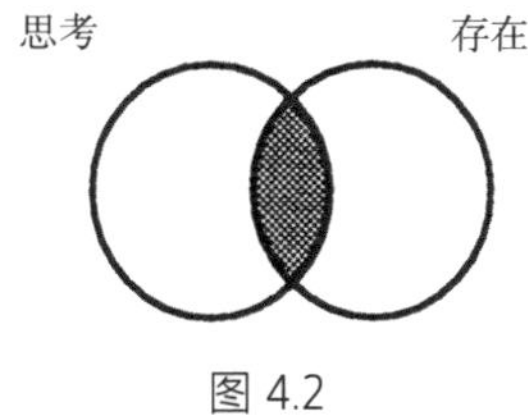

图 4.2

在拉康看来，这种观点是相当乌托邦的。主体，就他的理解来看，无法在思考和存在相接的田园诗般的时刻避难，而是只能被迫选择其中一个。他可以“有”的要么是思考，要么是存在，但绝不能同时拥有两者。图 4.3 呈现了我们如何图式化拉康式主体。

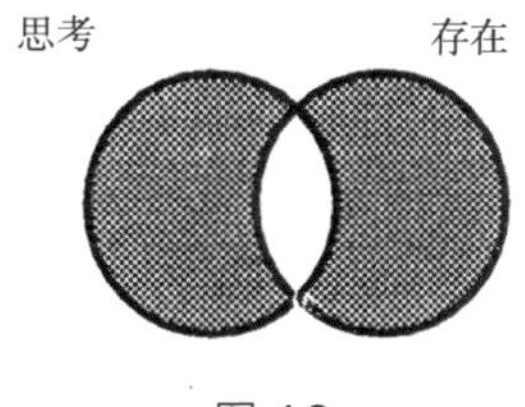

图 4.3

为什么拉康这样把笛卡尔式主体翻了个底朝天，采用了我思所不是的一切？首先，拉康对思维的观点，类似于弗洛伊德，围绕着无意识思维，而不是哲学家笛卡尔所研究的意识思维。弗洛伊德通常将意识思维与合理化联系起来，而拉康很难说给予了它更高的地位。

其次，那个说“我”的笛卡尔式主体对应于自我的层面，是一个被构建的自我，被认为是自己思维的主人，其思维被认为对应于“外部现实”。这样一个单维的自我相信它是自己思维的作者，因此心安理得地断言“我认为”。这种笛卡尔式主体，其特点是拉康所说的“虚假存在”（研讨班 XV），每当分析者说，“我是那种独立且自由思考的人”，或者“我做那些事是因为那是宽宏大量的事，

我总是尽量做到不仅公平还要大度”，这种虚假存在就表现出来。 44
在这样的所述中，一个固着的自我被提出来，而无意识则遭到拒绝；仿佛这样的分析者在对他 / 她的分析家说：“我可以把我的一切都告诉你，因为我是知道的。我不糊弄自己，我知道我的立场。”

虽然拉康是从笛卡尔式主体的准时性（或点状性）——思考和存在转瞬即逝的相接——开始讨论的，但他把笛卡尔翻了个底朝天：自我思维仅仅是有意识的合理化（自我会编造符合理想自我形象的事后解释，以便失误和不小心说出的话听起来是合理的），由此产生的存在只能被归类为虚假的或伪造的。因此，拉康似乎为我们展示了某种具有真实或真正存在的主体前景，此存在跟自我的虚假存在是截然相反的，但归根结底，情况并非如此。拉康式主体仍然与存在相分离，但在我将进一步讨论的那种意义上例外。

拉康式的分裂主体

请注意，拉康自己使用的“思考”一词指的是无意识思维，因为它是在跟主体性相分离的情况下展开的（如第 2 章所讨论的），那么我们来看一看拉康对他所说的分裂或分割的主体最清晰的图形说明之一。这个图出现在研讨班 XIV 和 XV 中，在此以图 4.4 呈现。

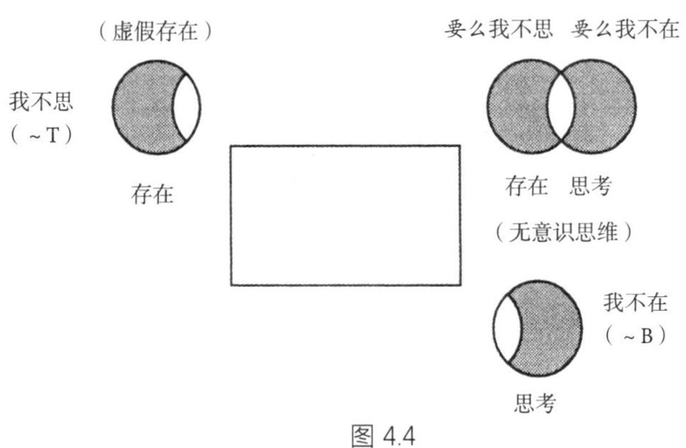

图 4.4

45 这个图式将在本章和第 6 章被详细讨论。在这里，我仅指出其中一些最突出的特点。此图式中的初始位置（右上角）提供了拉康对其主体的一个“定义”：“要么我不思，要么我不在”（either I am not thinking or I am not）——第二个 am 要在“我是无存在的”之绝对意义上来理解。要么 / 要么的选择意味着，一个人不得不将自己置于这个图式的其他角。可以说，阻力最小的路径是拒绝无意识（拒绝关注无意识中展开的思维），这是一种对虚假存在的沉溺（左上角）。然而，分析要求我们尽可能放弃这种虚假存在，让无意识思维充分运作。

主体分裂在自我（左上角）和无意识（右下角）之间，在意识和无意识之间，在不可避免的虚假自我感觉和无意识中语言的自动运作（意指链）之间。

那么，我们可以第一次尝试说，拉康式主体能够被归结为：该主体不过是这种分裂本身。拉康的各种用词，即“分裂的主体”“被分割的主体”或“被划杠的主体”——所有这些都是用同一个符号$\$$来书写的——完全在于这样一个事实：一个言说的存在，其两个“部分”或化身没有共同的根基：它们是彻底分开的（自我或虚假存在的前提是拒绝无意识思维，无意识思维完全不关心自我对自己的粉饰看法）。

这种重大的分裂是我们儿时第一次开始说话时，语言在我们身上运作的产物。它相当于我所说的我们在语言中的异化（将在第 5 章被详细讨论），关于这个概念，拉康是从弗洛伊德的 Spaltung 概念中得到启发的，Spaltung 出自弗洛伊德 1938 年的论文“Die Ichspaltung un Abwehrvorgang”，该文在标准版中被翻译为《自我在防御过程中的分裂》（Splitting of the Ego in the Process of Defence），但最好译为《“我”的分裂》（Splitting of the I）。

“我”分裂为自我（虚假自我）和无意识，在某种意义上带来

了一个表面，它有两个面：一个是暴露的，一个是隐藏的。虽然这两个面从根本上说可能并非由完全不同的材料构成，本质上都是由语言材料构成的，但在表面的任何特定点上，都有一个正面和一个反面，一个可见的面和一个不可见的面。它们的价值可能只是局部的，就像莫比乌斯带一样，如果你沿着任何一面画一条足够长的线，由于带子的弯曲，你最终会画到反面。然而，在正面和反面、意识和无意识之间至少有一个局部的分裂。

这种分裂，虽然对每个新生的言说存在来说都是创伤性的，但绝不是疯狂的表现。相反，拉康指出，在精神病中，这种分裂根本就不能被假定为发生过，“无意识”是“一个开放的天空”，暴露给全世界看。类无意识的思维过程在精神病中并不像在神经症中那样是隐匿的，这表明那种通常由于吸收语言而导致的分裂并没有发生，而且精神病主体在语言中的存在有一些不同之处。由我们在语 46
言中的异化所产生的分裂，这个概念本身可以作为一个诊断工具，让临床工作者在某些案例中能够区分神经症和精神病。

虽然这种分裂与我们倾向于跟主体性联系在一起的那种动因毫无共同之处，但它已经是超越结构的第一步。作为大他者的语言并不自动使一个人类小孩成为主体；它可以不奏效，就像在精神病中那样。这种分裂并非某种可以用严格意义上语言学的或组合的术语来解释的东西。因此，它超出了结构。尽管主体在这里只不过是两种形式的他者性之间的分裂，是作为小他者的自我与作为大他者话语的无意识之间的分裂，但这种分裂本身超越了大他者。我们将在下一章看到，分裂主体的出现预示着大他者有一个相应的分裂或分解。[13]

超越分裂的主体

但是，分裂的主体绝不是拉康关于主体性的最后说辞，主体还有另外一个方面，我将首先尝试用图形来说明，然后在接下来的两章中加以解释。我们先回到图 4.4 所示的对分裂主体的阐述，首先要注意，主体不仅被分裂在自我和无意识之间，而且图式的两个对角（左上角和右下角）还有进一步的分裂。就目前而言，我们先来讨论无意识层面的分裂。

在右下角的圆圈中被排除（无阴影）的部分，拉康写下了"I"（我）。在这种情况下，它不是我们可以在诸如"我是这样的而不是那样的"陈述里找到的意识话语中的那个具体化的"我"；也不是空洞的转换词，一个其指称会随着讲出这个词的人而变化的能指。[14] 相反，它是弗洛伊德所说的"Wo Es war, soll Ich werden"（它曾在之处，我必将生成）这句话中的我，这句话是拉康作品中名副其实的主题。拉康为这句话提出了很多解释，其要点涉及从非人称的"它"（而不是它我，因为弗洛伊德在这里既没有说 das Es 也没有说 das Ich，这两个术语通常是他分别用来命名它我和自我的代理时会用到的）到"我"的一种道德上强加的位移。我必须在"它"曾在之处或曾统领之处成为我；我必须生成，必须承担起它的位置，占据"它"曾在的位置。在这里，"我"作为分析旨在产生的主体而出现：一个为无意识承担起责任的"我"，在无意识的思维连接中产生的"我"，而这种思维连接似乎是自行发生的，没有任何类似于主体的东西介入（图 4.5）。

这个"我"，或者我们可以说，无意识主体，一般来说，在无意识思维的层面上是被排除在外的。"我"的生成可以说只是瞬间的，

47

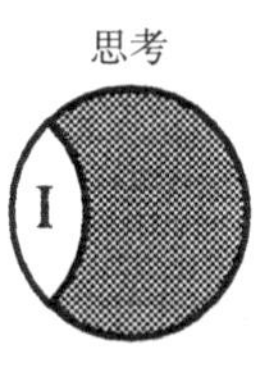

图 4.5

是一种脉动式的运动，朝向图式的左下角移动（图 4.6）。

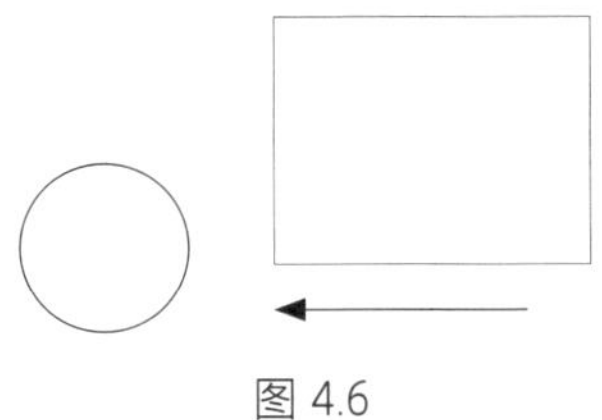

图 4.6

但是，虽然这个主体和那些被称为口误和过失行为的打断一样，只是转瞬即逝的，但这种独特的拉康式主体，与其说是一个打断，倒不如说是对打断的承担（assumption），这里的 assumption 要按照法语中的 assomption 的意思来理解，也就是，接受打断责任，把它承担起来。

因为拉康声称："人总是对自己身为主体的位置负有责任。"[15] 因此，他的主体概念有一个伦理成分，并在弗洛伊德的"Wo Es war, soll Ich werden"中找到了其基本原则。

因此，我们是从一个异化的主体开始的，它不是别的，它就是分裂本身（图 4.7）。

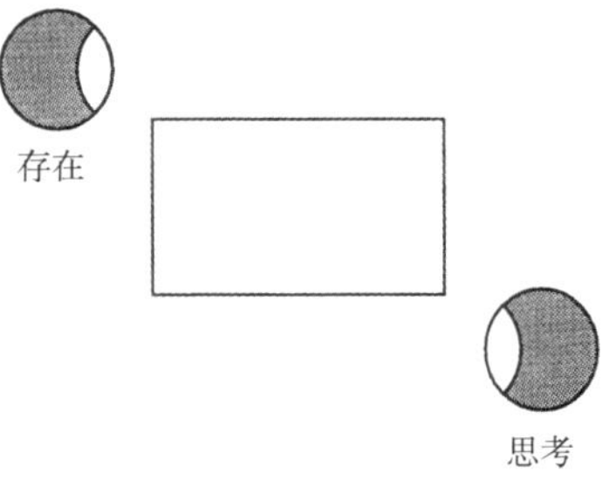

图 4.7

但在某种意义上，分裂的主体、"被异化的"主体，能够通过 48
向图式的左下角转变或移动来"超越"或"克服"这种分裂（参见图 4.6）。在某种意义上，分裂是主体存在（existence）之可能性的条件，脉动式的转变则似乎是主体的实现。虽然分裂与异化相对应，但我在此提出的拉康式主体的第二个方面则与分离相对应。这两个运作将在下一章被详细探讨。

注 释

1 参见拉康的论文《精神分析经验所揭示的镜子阶段作为"我"的功能之构成要素》（The Mirror Stage as Formative of the Function of the I as Revealed in Psychoanalytic Experience），该文收录于 *Écrits*, pp. 1-7。

2 参见研讨班 VIII，第 23-24 章。视觉形象对应于拉康所理解的、由弗洛伊德阐释的"理想自我"，比喻（即在语言层面上被结构）的形象则对应于"自我理想"。

3 即"Shifters, Verbal Categories, and the Russian Verb"（1957），收录于 Roman Jakobson, *Selected Writings*, vol. 2 (The Hague: Mouton, 1971), pp. 130-147。

4 这是一个非常复杂的观点，此处我就不详述了。这么说就够了：有非常多的研究是关于专名的作用的，而拉康的观点最接近于克里普克（Kripke）和雅克布森（Jakobson）的，他们认为一个名字意指的不过就是那个被叫作该名字的人。我这里的讨论参考了雅克－阿兰·米勒未出版的研讨班。

5 可参阅奥托·叶斯柏森（Otto Jespersen）的《语言：其本质、发展与起源》（*Language: Its Nature, Development, and Origin*, New York: 1923）。

6 Jacques Damourette and Edouard Pichon, *Des mots a la pensée: Essai de grammaire de la langue française*, 7 vol. (Paris: Bibliothèque du français moderne, 1932-51).

7 这个例句在内涵上特别接近法语中将 ne 和 craindre 放在一起的用法。

8 参见研讨班 IX 和收录于《著作集》中的《主体的颠覆与欲望的辩证法》（Subversion of the Subject and Dialectic of Desire）。

9 这里参考的是海德格尔的《存在与时间》，虽然海德格尔也在他的很多其他作品中谈论 hupokeimenon。拉康多少有点受海德格尔的影响，甚至将其文章"Logos"翻译成了法文。看起来很明显的是，海德格尔对被具体化的主体的批判受到了拉康思想的影响，尤其是在 1950 年代（拉康就是在那个时候翻译海德格尔的那篇文章的）。（译按：在海德格尔的解释中，主体，即 subjekt，这个词源自 subjectum，而 subjectum 则是对希腊语 hupokeimenon 的翻译。）

10 最好是将其定义为（不是话语或其他活动中的，而是）一个能指与另一个能指之间的缺口，即对两个能指之连接的锻造。拉康式主体的独特性源于他对能指的工作，这一点我会在后面讨论。

11 参见 J. 科廷海姆（J. Cottingham）翻译的最新英文版——*Philosophical Writings* (Cambridge: Cambridge University Press, 1986): "I am thinking, therefore I am."（我思，故我在。）

12 我详细说明过这种维恩图（Venn diagrams）的用法，可参见我的论文《异化与分离：拉康的欲望辩证法的逻辑时刻》（Alienation and Separation: Logical Moments of Lacan's Dialectic of Desire），该文载于 *Newsletter of the Freudian Field* 4 (1990)。

13 在某种程度上，大他者也许可以说是分裂成了想象的他者——作为被内化形象之结晶的自我——和（不完整的）象征大他者。但是，在第 5 章，我会依据欲望的大他者和作为欲望原因的对象 *a* 之间的分裂来考量被划杠的大他者。

14 请注意，关于法语人称代词 je，在拉康的《著作集》中，从他的《镜子阶段》到《主体的颠覆》，存在着一个重大的内涵转变。在英语中，我们把一个词当作词本身来谈论时，往往会把它放在引号中。"我"是第一人称代词；这里的"我"被打上了引号。在法语中，情况很少是这样；我说很少是因为印刷风格很多样化，有些法国作家读过很多英语作品，他们倾向于弄点古怪的标点。无论如何，在《镜子阶段》中，拉康一开始谈论"我"的功能，但他很少会把 je 的首字母大写。在他讨论雅克布森论转换词的作品时，je 始终是斜体，以表明这既是引用——在法语中，只要使用斜体，就表示引用——又是想象的（拉康经常把想象界的元素标以斜体，比如用来表示他者的 *a*，用来表示他者形象的 *i(a)*，等等）。然而，在翻译及重译弗洛伊德的 Wo Es war, soll Ich werden 这句话时，je 往往是首字母大写的，而不使用斜体。不管什么时候，只要你看到首字母大写 Je，你就可以很确定拉康想的是他的无意识主体；在某种意义上，Je 是缺失的能指：它是主体的能指，但其本身始终是不能发音的。

15 参见《科学与真理》（Science and Truth），该文载于 *Newsletter of the Freudian Field* 3 (1989): 7。

49

5

主体与大他者的欲望

在第 1 章，我非常笼统地谈到了我们在语言中的异化和我们被语言异化，语言在我们出生前就存在了，通过那些围绕着婴幼儿时期的我们的话语而流向我们，并塑造了我们的诸多想望和幻想。没有语言，就不会有我们所知的欲望——令人振奋，但又扭曲、矛盾，不愿意被满足——也不会有任何主体。

在这一章，我会用更理论的术语来概述拉康关于主体之出现的观点。我首先会简要概括地讨论拉康所说的“异化”和“分离”这两个过程，接着依据大他者的欲望来更加充分地描述这两个过程。之后，我会转而讨论拉康称为进一步分离或超越分离的操作：穿越基本幻想。最后，我会说明这三种操作在分析情境中的运作。

异化与分离

拉康的异化概念所涉及的两方，即孩子和大他者，他们是非常不对等的，孩子几乎不可避免地会在他们俩的斗争中失败。[1] 通过屈服于大他者，孩子还是有所收获：他 / 她在某种意义上成为一个语言主体，“语言的”主体或“语言中的”主体。用图来表示，孩子屈服于大他者，允许能指代表他 / 她。

$$\frac{\text{大他者}}{\text{孩子}}$$

孩子作为一个分裂的主体出现（如第 4 章的图所示），消失在能指 S 的下面或后面。

$$\frac{S}{\$}$$

孩子在跟大他者的“斗争”中不一定会被征服，精神病可以被理解为一种胜利：孩子赢了大他者，孩子放弃了作为分裂主体而出现，没有屈服于语言大他者。弗洛伊德谈到了神经症的选择或选定，[2]拉 50
康则指出，在孩子接受自己屈服于这个大他者的过程中，涉及某种选择——他称之为“被迫选择”（这听起来有点矛盾）；不让自己被大他者征服，这个决定意味着自己的丧失。这个决定使一个人作为主体出现的可能性遭到除权。一个人若要作为主体出现，就必须选择屈服，但这始终是一种选择，因为拒绝主体性仍然是可能的。

因此，对于拉康的异化概念，我们可以这么理解：孩子在某种意义上选择了屈服于语言，同意使用语言这种扭曲的媒介或紧身衣来表达自己的需要，并让自己被言词代表。

拉康的第二个操作，分离，则涉及异化的主体对抗大他者，这个大他者不是语言的大他者，而是欲望的大他者。

主体能在这个世界有一个身体在场的原因是，孩子的父母有所欲望（快乐、复仇、满足、权力、不朽等）。他们中的一人或两人想要点什么，孩子则是这种想要的结果。人们生孩子的动机往往非常复杂，涉及多个层面，孩子的父母双方可能在动机方面有很大分歧。父母一方或双方可能原本根本不想要孩子，或者只想要一个特定性别的孩子。

无论他们的动机有多复杂，他们都非常直接地充当了孩子在这个世界的身体在场的原因，而且他们的动机在孩子出生后继续作用于孩子，在很大程度上对孩子作为语言主体的出现负有责任。由此而言，*主体是由大他者的欲望造成的*。我们可以把这理解成，依据欲望，而不是简单依据语言，来描述异化，尽管欲望和语言显然只是同一织物的经线和纬线，语言里面充斥着欲望，而且没有语言，欲望是没法设想的，欲望是由语言要素构成的。

那么，如果异化主要在于主体是被其出生之前就存在的大他者欲望所造成的，是由一些不属于主体自己的欲望所造成的，那么分离则在于，异化的主体，在那个大他者的欲望显现在其世界中时，设法对付它。孩子在试图理解其母亲大他者的欲望时——这种欲望永远处在流动之中，欲望本质上是对别的东西的欲望——被迫接受这样一个事实：自己不是她唯一的兴趣所在（至少在大多数情况下），不是她的唯一。完全的母亲孩子统一体——孩子可以满足母亲生活中的所有想望，或者反过来——即使有，也很罕见。事实上，母亲往往会因为注意力被吸引到她的兴趣所在而暂时忽视了孩子的想望；孩子往往不得不等待母亲回来，这不仅是因为现实的要求，比如她
51 必须为孩子采购食物和其他必需品，更不用说她得有钱才能采购，还因为她个人的那些并不涉及孩子的头等大事和欲望。孩子企图完全满足母亲但失败了，这导致主体被逐出这样一个位置：想要成为却未能成为大他者唯一的欲望对象。这种驱逐，这种分离，其来龙去脉我稍后会进一步详细描述。

异化的逻辑或

异化不是一种固定状态；相反，它是一个过程，一个在特定时间发生的操作。与其追溯拉康的异化概念在他整个著作中的历史发展——早在 1936/1949 年论镜子阶段的文章中就出现了这个概念——

不如先在这里把它当作一个已经完全成形的概念。[3]

我们可以想象，异化概念涉及非此即彼——拉康用了一个拉丁文 vel——相当于两者择一，结果根据他们的死亡斗争来决定。这样一个逻辑或意味着只有一方有可能存活（但可以是任一方），或许也意味着双方可能都活不了。然而，拉康的“异化逻辑或”总是排除了其中特定一方的存活。

关于这个异化逻辑或，拉康举了一个很经典的例子，也就是劫匪的威胁：要钱还是要命！（研讨班 XI, p. 212）你一听到这些话，很明显你的钱就没了。如果你胆子肥，要抓住你的钱不放，那么劫匪不会让你失望，他准会取走你的性命，毫无疑问，随后不久也将取走你的钱（哪怕他没取走你的钱，你也没命享用了）。因此，毋庸置疑，你会更加慎重，交出你的钱包；但你的享乐仍然会受到限制，因为钱能买到享乐。真正的不确定性只在于你是否会与他争斗，从而可能使你在这种拉扯中丧命。

然而，我们在这里关注的异化逻辑或，其中的双方不是你的钱和你的命，而是主体和大他者，主体被分配到丧失之位（在前面的例子中是钱，你别无选择，只能丧失你的钱）。在拉康的逻辑或中，双方绝非势均力敌：在他/她与大他者的对抗中，主体立即就下场了。虽然异化是就任主体性之位必要的“第一步”，但这一步意味着选择让“自己”消失。

拉康的主体是一个缺在/存在之缺失（manque-à-être），这样一种主体概念在这里很有用：主体未能作为一个某人出现，未能作为一个特殊的存在出现；在最根本的意义上，他或她不是/在，没有存在。主体存在（exist）——因为言词把他/她从无中创造出来，
他/她可以被说起、被谈论、被放在话语里——但仍然是无存在的 52
（beingless）。在异化开始之前，没有丝毫的存在：“主体本身开始时就不在那里”（研讨班 XIV，1966.11.16）；之后，他/她的存在

只能说是潜在的。异化带来了一个纯粹的存在之可能性，人们可能会期望在这个地方找到一个主体，但那里仍然是空的。在某种意义上，异化生成了一个位置，但其中显然还没有主体：这是一个明显有所缺失的位置。主体的首个装束就是这种缺失。

在某种程度上，缺失在拉康的作品中具有本体论的地位：[4] 它是超越虚无的第一步。把某样东西说成是空的，就是使用了一个空间隐喻，暗示它也可以是满的，除了满或空，它还有某种存在(existence)。拉康经常使用一个隐喻，他说某个东西 qui manque à sa place，意思是不在其位，不在它应该在或通常在的地方；换句话说，某物不见了 / 缺失了。要让某个东西可以说是缺失的，它首先就必须是在场的，被放在某个地方；它首先必须有过一个位置。而它的位置只能在一个有秩序的系统中，比如，在时空坐标系或杜威十进制图书分类中，换句话说，在某种象征结构中。

异化意味着建立象征秩序——这对每个新的主体而言，都必须是重新实现的——并且在其中给主体分配一个地方。一个他 / 她还没“持有”的地方，但这个地方已经被指派给他 / 她了，而且只给他 / 她一个人。拉康（在研讨班 XI 上）说，主体的存在被语言遮住了，这个主体滑到了能指的下面或后面，他这么说部分是因为主体完全被语言淹没了，其唯一的痕迹是象征秩序中的一个位置标记或占位符（图 5.1）。

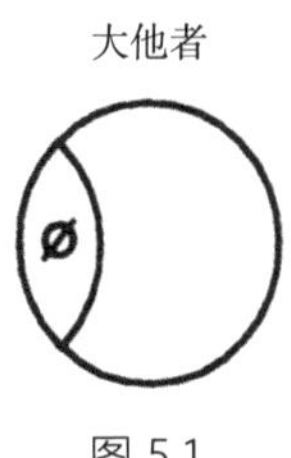

图 5.1

如雅克 – 阿兰 · 米勒所言，异化过程也许可以被看作在生产一

个作为空集的主体，即 ∅*，换句话说，这是一个不包含任何元素的
集合，一个象征符，标记或代表无，从而将无转化为某种东西。集
合论从这一个象征符和一定数量的公理出发，生成了它的整个领域。
类似地，拉康式主体建立在对空无的命名上。能指建立了主体：能
指是行使本体影响力的东西，它标记并废除实在，从实在中夺取存 53
在（existence）。然而，它所铸造的东西在任何意义上都不是实质性
的或物质性的。

空集作为主体在象征秩序中的占位符，它与主体的专名不无关系。这个名字通常在孩子出生前很久就选定了，它把孩子铭刻在象征界中。由此说来，这个名字与主体没有一丁点关系；它和其他能指一样，对他或她来说是外异的。但随着时间推移，这个能指——也许相比其他能指更——能深入他 / 她的存在（being）根基，与其主体性密不可分地联系在一起。它将成为他 / 她作为主体之缺位的能指，并代表他 / 她。[5]

我们现在来看一看一个“补充”了异化的操作。

分离中的欲望与缺失

异化的基本特征是一个“被迫”选择，将主体的存在（being）排除在外，建立了象征秩序，并使主体仅仅作为其中的一个占位符而存在（existence）。另一方面，分离产生了存在（being），但这种存在是明显转瞬即逝且难以抓住的。异化基于一种非常有倾向性的两者择一，分离则是基于两者皆不。

分离意味着这样一种处境：主体和大他者都被排除在外。因此，在某种意义上，主体的存在（being）必须来自“外部”，来自主体和大他者之外的东西，既不是来自主体，也不是来自大他者。

---

* 这里做了一个更正，作者似乎混淆了 ∅ 和 {∅}，实际上 ∅ 或者 {} 才是代表空集的符号，{∅} 则是一个包含了空集这个元素的集合。——译者注

分离所涉及的一个基本观念是，将两个缺失并列、重叠或重合。不要把这和缺失的缺失混为一谈，缺失的缺失指的是，缺失是缺失的。请看下面这段出自研讨班 X 的文字：

> 什么会引发焦虑？与人们所说的相反，既不是母亲在场与缺位的节奏，也不是其交替。证明了这一点的是，孩子沉迷于重复在场与缺位的游戏：在场的保证来自缺位的可能性。对孩子来说，最能引发焦虑的是，当孩子赖以存在——以缺失为基础，这缺失引起孩子的欲望——的关系极其让人心绪不宁时：不可能有缺失时，其母亲总是如影随形时。（1962.12.5）

这个例子不符合拉康的分离概念，因为这里的几个否定词（缺失）都适用于同一项：母亲，也就是大他者。母亲大他者必须表现出某种不完整、不可靠或不足的迹象，这样才能实现分离，主体才能作为被划杠的 S 出现；换句话说，母亲大他者必须表露出她是一个欲望的主体，因此也是一个缺失和异化的主体，她也服从于语言的分
54 裂 / 禁止的行动，这样我们才能见证主体的到来。在上述出自研讨班 X 的例子中，母亲完全占据了这个领域：尚不清楚她自己是不是一个分裂的主体。

在分离中，我们从一个被划杠的大他者开始，也就是说，其本人是分裂的父母：他 / 她并不总是意识到自己想要什么（无意识的），其欲望模棱两可、矛盾且不断变化。换个说法，主体通过异化，在分裂的父母那里获得了一个立足点：*主体将其存在之缺失存放在那个“地方”，在那里，大他者是有所缺失的*。在分离中，主体试图用他 / 她自己的存在之缺失，他 / 她尚未出现的自身或存在，来填补母亲大他者的缺失，而母亲大他者的缺失则是通过她表现出来的对

别的东西的种种欲望而显露出来的。主体试图挖掘、探索、调整和连接这两种缺失，寻找大他者的缺失的确切边界，以便用他 / 她自己来填补它。

孩子抓住了其父母言语中无法解读的东西。孩子对父母话里行间的某种东西很感兴趣。孩子试图从话里行间解读出原因：她说了这个，但她为什么要告诉我呢？她想从我这里得到什么呢？她到底想要什么呢？在拉康看来，孩子们无休止地询问为什么，这并不意味着他们对事物如何运作有着永不满足的好奇心，而是说他们关心自己的位置在哪里，他们拥有什么样的地位，他们对父母有多重要。他们关心的是如何确保（自己）有一席之地，努力成为他们父母欲望的对象，占据话里行间的那个“空间”，在那里，欲望显示出它的面目，言词被用来表达出欲望，但永远无法充分表达。

对拉康来说，缺失和欲望是共通的。孩子费尽心思，想要填补母亲的全部缺失，她的全部欲望空间；孩子想成为母亲的一切。孩子们为自己设定了任务，去挖掘母亲的欲望地点，使自己与母亲的每一个奇思妙想和一时念头保持一致。她的愿望就是他们的使命，她的欲望就是他们对自己的要求。[6] 他们的欲望诞生于对她欲望的完全服从：拉康一再说，“Le désir de l'homme, c'est le désir de l'Autre”。[7] 先留意一下其中那个作为主格所有格的 de，那么这句话就可以被翻译为“人的欲望就是大他者的欲望”“人的欲望和大他者的欲望是一样的”“人欲望大他者所欲望的”，所有这些都只表达出其中的部分意思。因为人不仅欲望大他者所欲望的东西，而且还以同样的方式欲望；换句话说，他的欲望被结构得完全就像大他者的欲望。人学会了作为一个他者去欲望，仿佛他就是那个他者。

这里提出的是一种倾向：将母亲的缺失和孩子的缺失完全重叠起来，也就是说，想要让他们的欲望完全一致（图 5.2）。

55

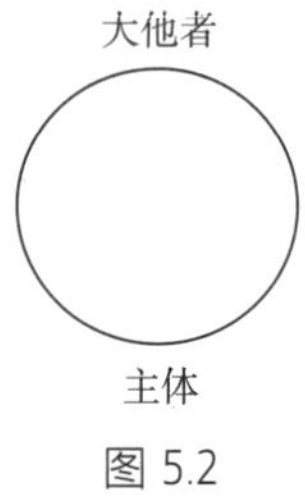

图 5.2

然而，这是一个虚构的、不可实现的时刻。因为事实是，尽管有可能，但孩子很少能够，也很少被允许（或被迫），完全独占其母亲的欲望空间。孩子很少是她唯一的兴趣所在，因此，这两种缺失永远不可能完全重叠：最起码，主体被阻止或被禁止去占有一部分欲望“空间”。

引入第三项

分离在这里可以被视为涉及主体企图使这两种缺失彻底重合，但突然遭到挫败。我们可以研究拉康在研讨班 III 和《著作集》里《论精神病一切可能疗法的一个先决问题》一文中对精神病的重新概念化，以理解这一企图是如何及为何会遭到挫败的，因为在我看来，拉康在1964年构想的分离概念在某些方面相当于他在1956年称为“父性隐喻”或“父性功能”的操作。[8]

根据拉康的观点，精神病源自孩子未能吸收一个本可以建构孩子象征世界的“原始”能指，这种失败让孩子没有被锚定在语言中，没有一个指南针，因而也无法在此基础上采取一个方向。一个精神病孩子很可能会吸收语言，但不能像神经症孩子那样出现在语言中。缺失那个基本的锚定点，其他被吸收的能指就注定要漂泊。

那个“原始”能指是通过拉康所说的父性隐喻或父性功能的运作而得到安置的。如果我们假设一个最初的孩子母亲统一体（如果不是一个时间性的时刻，也是一个逻辑时刻，即结构性的时刻），那么在西方的核心家庭中，父亲通常会做点什么来破坏这个统一体，父亲作为一个第三项介入其中，他通常被认为是外来的，甚至是不受欢迎的。倘若孩子还只是一种未分化的感觉束，缺失感觉运动协调能力和所有的自我感觉，那么他就是尚未与母亲区分开来的，而只是把母亲的身体当作他自己身体的一个延伸，与母亲处于一种“直接的、无中介的接触”。母亲可能倾向于将她的注意力几乎全部放在孩子身上，预测孩子的每一个需要，并使自己随叫随到。在这种 56
情况下，父亲或家里的其他人，或母亲的其他兴趣，可以起到一个非常具体的作用：废除母亲孩子统一体，在母亲和孩子之间创造一个必要的空间或缺口。如果母亲一点都不关注父亲或家里的其他人，不重视他 / 她，那么母亲与孩子的关系可能永远不会发展成三角关系。或者，要是父亲或家里的其他人漠不关心，默许统一体继续存在，不受破坏，那么第三项可能永远不会被引入。

拉康称这第三项为父之名或父亲的名字，不过他是用父性隐喻或父性功能来将其作用形式化的，他清楚地表明，它并非不可避免地与亲生父亲或事实上的父亲联系在一起，或者就此事而言，也不是与他们的专名联系在一起。在研讨班 IV 中，拉康甚至指出，在弗洛伊德的“小汉斯”个案中，唯一能够发挥父性功能的能指是“马”。在小汉斯的案例中，“马”显然是父亲的一个名字，但肯定不是他的“专”名。“马”代表了小汉斯的父亲，他无法发挥父性功能，因为他没有能力把儿子和妻子分开。[9]

正如第 3 章指出的，象征秩序的作用是抵消实在，将其转化为一个社会现实，即使不是被社会接受的现实，而那个发挥父性功能的名字阻隔并转化了实在的、无分化的母亲孩子统一体。它阻挡孩子与其母亲进行愉快的接触，要求孩子通过父性人物和 / 或母亲大他者更容易接受的途径来追求快乐（这里提到母亲大他者是因为只有她重视父亲，父亲才能发挥父性功能）。用弗洛伊德的话说，这与现实原则有关，而现实原则与其说否定了快乐原则的目的，不如说将这些目的引向了社会指定的途径。[10]

父性功能让一个名字得以被吸收或安置（我们将看到，这个名字还不是一个“成熟的能指”，因为它是不可移置的），这个名字中和了大他者的欲望，而拉康认为大他者的欲望对孩子来说可能非常危险，有可能吞噬或吞没孩子。研讨班 XVII 有一段引人注目的文字，拉康在那里用非常形象的话总结了他多年来一直在说的东西：

> 母亲的作用就在于她的欲望。这一点是非常重要的。她的欲望不是你可以轻易承受的，仿佛它对你来说是一个无所谓的问题。它总会引发问题。母亲是一只大鳄鱼，而你发现自己在她的嘴里。你永远不知道什么会让她突然发怒，让她双鄂紧闭。这就是母亲的欲望。
>
> 所以我试着解释，有一些东西是令人放心的。我跟你们讲的是
> 很简单的事情——其实我在即兴发挥。有一根滚棒，当然是石头做的，
> 57 它有可能在那张嘴里，撑在那里，将双颚撑开。这就是我们说的阳具。
> 它是一根可以保护你的滚棒，以防双颚突然闭上。（p. 129）

应该记住的是，我用母亲的欲望来翻译的法语原文（désir de la mère）不可避免地具有歧义，它同时意味着孩子对母亲的欲望和母亲的欲望本身。无论我们选择这两者中的哪一个，或者不管我们是否愿意将这一情况当作一个整体来看待，重点都是一样的：语言保护孩子免受潜在危险的二元处境的影响，实现的方式是用一个名字来替代母亲的欲望。

$$\frac{\text{父之名}}{\text{母亲的欲望}}$$

从字面上看，这个公式（*Écrits*，p. 200）表明，母亲的欲望指向

父亲（或者家里任何可以代表他的东西），因此，正是他的名字通过命名母亲大他者的欲望而发挥了这种保护性的父性功能。

根据索尔·克里普克（Saul Kripke）的观点，名字是一个严格的标识符；[11] 换句话说，它总是一成不变地指定同一事物。我们也许可以把一个名字称作能指，但要注意的是，它是一种不寻常的能指，一个“原始”能指。要替代或代表大他者的欲望，作为一个“成熟的”能指发挥作用，还需要往前一步：它必须成为能指辩证运动的一部分，也就是说，成为可取代的，占据一个意指位置，随着时间的推移，可以用一系列不同的能指来填补。这需要本章后面讨论的那种“进一步分离”，也只有这种进一步分离，才能让拉康以各种方式把在父性功能中起作用的象征元素称作父之名（le nom du père）、父亲的不（le non du père）或父亲的禁令、阳具（作为欲望能指），以及大他者欲望的能指 S(Ⱥ)。

$$\frac{\text{能指}}{\text{母亲的欲望}}$$

父性隐喻所隐含的替代只有通过语言才能实现，因此，只有在“第二个”能指 S_2 得到安置的情况下（一开始是父亲的名字，接着是大他者欲望的更一般的能指），母亲的欲望才能被回溯性地象征化或转化为“第一个”能指（S_1）：

$$\frac{S_2}{S_1}$$

因此，S_2 在这里是一个发挥着非常精确作用的能指：它象征化 58
了母亲大他者的欲望，将其转化为能指。由此而言，它在母亲大他者与孩子的统一体中创造了一个裂缝，使孩子有了一个可以轻松呼吸的空间，一个属于他自己的空间。正是通过语言，孩子可以试着和大他者的欲望斡旋，将其挡在门外，更加完全地将其象征化。虽然拉康在 1950 年代把这里涉及的 S_2 说成父之名，在 1960 年代说成阳具，但我们可以把它理解为用来意指（即取代、象征化或中和）大他者欲望的能指。拉康为它提出的象征符（尤其参见研讨班 VI 和 XX）是 S(Ⱥ)，它通常被读作“大他者中缺失的能指”，但由于缺失和欲望是共通的，所以它也可以被读作“大他者欲望的能指”。（后面的第 8 章将详细讨论阳具能指和 S(Ⱥ)。）

这种替代或隐喻的结果是主体本身出现了，主体不再只是一个潜在可能性，不再只是象征界中的一个占位符，等待被填满，而是一个欲望的主体。（我们将在下一章讨论替代性隐喻时看到，每一个这样的隐喻都有类似的主体化效果。）从图形上看，分离导致了主体从大他者那里被驱逐出去，而在大他者那里，他 / 她始终只是一个占位符。简而言之，这可以联系于弗洛伊德有关俄狄浦斯情结（至少对男孩而言）结果的看法，即父亲的阉割威胁——“离妈妈远一点，否则！”——最终导致孩子与母亲大他者分离。在这种情况下，从某种意义上说，孩子从大他者那里被踢出去了（图 5.3）。

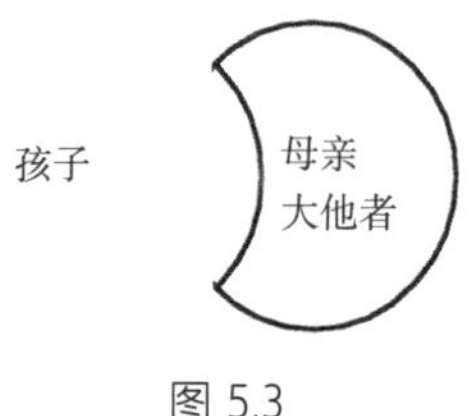

图 5.3

这个在逻辑上可辨识的时刻（通常很难在个人历史的任何特定时间点上分离出来，而且很可能需要许多这样的时刻出现，每个时刻都建立在先前的时刻上）是拉康元心理学中的一个基本时刻，他的代数学的所有关键元素——S_1、S_2、$\$$和 *a*——在这里同时出现。随着 S_2 得到安置，S_1 被回溯性地确定了，$\$$被猛抛出来，而大他者的欲望也有了一个新的角色：对象 *a*。

对象 *a*：大他者的欲望 59

在孩子试图把握大他者欲望中本质上始终无法解密的东西——拉康称之为 X、变量或（更贴切地说）未知的东西时，孩子自己的欲望得以建立起来；大他者的欲望开始作为孩子的欲望原因发挥作用。这个原因一方面是大他者对主体的欲望（基于缺失）——在这里我们遇到了拉康这句箴言“Le désir de l’homme, c’est le désir de l’Autre”的另一个意思，我们可以将其翻译为，比如，“人的欲望是要大他者欲望他”或“人欲望大他者对他的欲望”。他的欲望原因可以采取这样的形式：某人的声音或目光。但其欲望原因也起源于母亲大他者的那部分欲望，这个欲望似乎与他无关，使她远离他（身体层面或其他方面），让她把宝贵的注意力给了别人。

在某种意义上，我们可以说，孩子认为值得欲望的正是母亲的欲望性。在研讨班 VIII 上，拉康指出了阿尔喀比亚德对苏格拉底身上的“某种东西”的迷恋，柏拉图在《会饮篇》中称之为 agalma：一种珍贵的、闪闪发光的东西，拉康将其解释为苏格拉底的欲望本身，苏格拉底的欲望或欲望性。这种高价值的 agalma——激发其侦察者的欲望——在这里可以让我们用来触及拉康所说的对象 *a*，即欲望原因（我会在第 7 章详细讨论）。

拉康箴言的第二种表述，涉及人欲望着被大他者欲望，让大他者的欲望作为对象 *a* 暴露出来。孩子想要成为母亲情感的唯一对象，但她的欲望几乎总是越过了孩子：就她的欲望而言，有某种东西避开了孩子，超出了孩子的控制。孩子的欲望和她的欲望不能保持严格的同一性；她的欲望独立于孩子的欲望，因而在他们之间制造了一个裂缝，在这样一个缺口中，她的欲望，对孩子来说是无法理解的，并以一种独特的方式发挥作用。

对分离的这种粗略解释假定了，由于欲望的本质，在假想的母亲孩子统一体中出现了一个裂缝，从而导致了对象 *a* 的出现。[12] 对象 *a*

在这里可以被理解为剩余物（remainder），是在这个假想的统一体破裂时产生的，是这个统一体的最后痕迹，最后的提示物（reminder）。通过紧紧抓住这个剩余物 / 提示物，分裂的主体虽然从大他者那里被驱逐出去，却能维持完整的错觉；通过紧紧抓住对象 *a*，主体能够无视他 / 她的分裂。[13] 这就是拉康所说的幻想，他用数学型 $\$ \lozenge a$ 将其形式化，这个数学型可以被读作：分裂的主体与对象 *a* 的关系。正是在主体与对象 *a* 的复杂关系中（拉康将这种关系描述为包封—展开—
60 结合—分离 [*Écrits*, p. 280]），他 / 她获得了一种完整、圆满、充实和幸福的虚幻感觉。

分析者在跟分析家描述他们的幻想时，他们是在告诉分析家他们想要跟对象 *a* 建立怎样的关系，换句话说，他们想要以何种方式相对于大他者的欲望被定位。对象 *a* 进入他们的幻想时，是一个工具或玩物，主体想怎么样就怎么样，只要他 / 她高兴，在幻想的场景中以这样一种方式安排事物，以便从中获得最大的兴奋。

然而，鉴于主体将大他者的欲望置于最令主体兴奋的角色中，所以这种快乐可能会转变成厌恶，甚至是恐惧，没有什么可以保证对主体来说最兴奋的东西也是最快乐的。这种兴奋，无论是否与意识层面的快乐或痛苦相关联，都是法国人所说的 jouissance（享乐）。弗洛伊德在鼠人的脸上发现了它，把它解释为“对他自己没意识到的快乐所感到的惊恐”（SE X，p. 167）。而且弗洛伊德毫不含糊地指出，“患者从他们的痛苦中获得了某种满足”（p. 183）。这种快乐，这种由于性、看和 / 或暴力而引发的兴奋，无论受到良心的肯定还是否定，无论被认为是单纯的快乐还是令人厌恶，都被称为 jouissance，这就是主体在幻想中为他 / 她安排的东西。

因此，享乐逐渐替代了丧失的“母亲孩子统一体”，这种统一体也许从来就没有那么统一过，因为只有在孩子牺牲或放弃主体性的情况下，它才是统一体。我们可以想象，有一种享乐在字母之前，在象征秩序建立之前（J_1），对应于母亲和孩子无中介的关系，他们之间的实在连接；这种享乐在能指面前让步，被父性功能的运作抵消了。这种实在连接的某些部分在幻想中被重新找到（字母之后的享乐 J_2），在主体跟象征化之剩余或副产品（即对象 *a*）的关系中被重新找到（参见表 5.1）；我们将看到，对象 *a* 被当作 S_2 生产出来，回溯性地决定了 S_1，并将一个主体猛抛出来。

表 5.1

J_1 ⟶ 象征界 ⟶ J_2

这个二阶享乐取代了先前的“完整”或“圆满”，幻想则上演了这个二阶享乐，使主体超越了他 / 她的虚无，超越了他 / 她仅仅作为异化层面的一个标识的存在（existence），并提供一种存在感（a sense of being）。因此，只有通过分离所铸就的幻想，主体才能为自己搞到一点点拉康所说的“存在”（being）。existence 只有通过象 61
征秩序才能被授予（异化的主体在其中被分配到一个位置），being 则只有通过坚守实在才能被供给。

因此我们看到，分离，即一个涉及主体和大他者的两者皆不，是如何让存在得以产生的：在主体—大他者的整体中创造一个裂缝，而大他者的欲望避开了主体，可以说是一直在寻求别的东西，但主体能够恢复其中的剩余物 / 提示物，以此维持其存在，一个欲望的存在。对象 *a* 是主体的补充，是永远引起主体欲望的幻象伙伴。[14] 分离的结果是主体被分裂为自我和无意识，而大他者也相应地被分裂为缺失的大他者（Ⱥ）和对象 *a*。所有这些都是一开始没有的，但分离导致了一种交集，大他者那里的某种东西，同时也是主体认为属于自己的、对自己的存在至关重要的东西（在这种说法中指的是大他者的欲望），从大他者那里被扯走了，如今被分裂的主体保留在幻想中（图 5.4）。

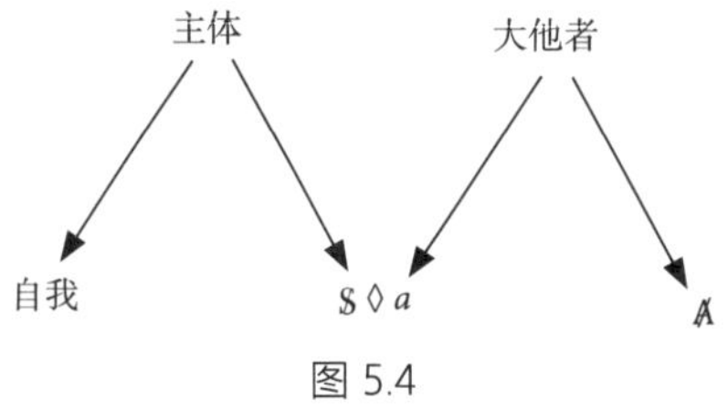

图 5.4

进一步分离：穿越幻想

1964 年后，分离概念在拉康的作品中基本消失了，在 1960 年代后期，取而代之的是和分析效果有关的更详尽的理论。到了第 14、15 期研讨班，“异化”一词开始意指 1960—1964 年所阐述的异化与分离，一个新的动力学概念出现了：穿越幻想（la traversée du fantasme），即跨越或穿越基本幻想。

从某种意义上说，这一重新表述始于拉康所阐述的这一观念：分析家必须扮演对象 *a*，即作为欲望的大他者，而非语言的大他者。分析家必须避开分析者经常赋予他/她的角色，即一个全知全能的大他者，对他们作为人的价值的终极评判者和所有真理问题的最终权威。分析家必须避免充当分析者要模仿的、试图成为的、欲望成为的大他者（欲望往往以大他者的欲望为模型），简而言之，一个可以认同的大他者，其理想是分析者可以采用的，其观点是可以变成
62 分析者自己的。相反，分析家必须努力体现欲望性，尽量不要揭露个人的好恶、理想和意见，尽量不要将自己的性格、愿望和品味等具体信息告知分析者，因为它们都提供了认同可以扎根的肥沃土壤。

有些英美传统下的分析家，他们认为神经症的解决方案在于认同分析家的理想和欲望：分析者要把分析家的强大自我当作一个模型，从而支撑他/她自己的虚弱自我，要是分析者能够充分认同分析家，那么分析就算成功结束了。在拉康精神分析中，认同分析家被

认为是一个陷阱，会导致分析者在语言的大他者和欲望的大他者中更加异化。拉康派分析家保持着他 / 她对别的东西持续不断且谜一般的欲望，目的不在于用他 / 她自己的欲望来塑造分析者的欲望，而是动摇分析者的幻想配置，改变主体与欲望原因的关系，也就是与对象 *a* 的关系。

这种对幻想的重新配置有很多意味：在分析过程中建构一个新的“基本幻想”（后者是分析者的各个幻想的基础，并构成了主体与大他者欲望的最深刻关系）；穿越第 4 章提供的分裂主体图式中的方形，去到左下角；穿越基本幻想中的位置，分裂的主体据此承担了原因的位置，换句话说，将他 / 她自己作为主体出现的创伤性原因主体化，在大他者的欲望——一个外来的、异形般的欲望——曾经一直在的地方生成（图 5.5）。

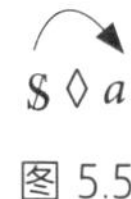

图 5.5

穿越幻想涉及主体承担一个相对于语言大他者和欲望大他者而言的新位置。一个举动出现了，用来投资或栖居在那使他 / 她作为分裂主体而存在（existence）的东西，为了成为他 / 她自己的原因。在它曾在的地方，即在大他者的话语（其中充满了大他者的欲望）曾在的地方，主体能够说“我”。不是“这件事就发生在我身上”或“他们那样对我”或“命运给我安排好了”，而是“我就是”“我做了”“我看到了”“我大声喊了”。

这种“进一步”分离包括异化的主体为了成为他 / 她自己的原因，为了在原因之处作为主体出现，而做出的在时间上矛盾的举动。外异的原因，那个把我带到这个世界的大他者的欲望，被内化了，在某种意义上，被负起了责任，被承担起来了（assumed 这个词要按照法语单词 assomption 的意思来理解），被主体化了，成为“我自己的”。[15]

如果我们把创伤看作孩子与大他者欲望的相遇——弗洛伊德的许多案例都支持这种观点（仅举一例，即小汉斯与他母亲的欲望的
63 创伤性相遇）——那么创伤就是作为孩子的原因发挥作用的，是他/她作为主体出现的原因，也是孩子相对于大他者的欲望而采取的主体位置的原因。与大他者欲望的相遇构成了一种快乐/痛苦或享乐的创伤经验，弗洛伊德将其描述为 sexual über，性的超负荷，主体的出现是对这种创伤经验的防御。[16]

穿越幻想是一个过程，主体凭借这个过程将创伤主体化，将创伤性事件放在他/她身上，并为这种享乐承担责任。

将原因主体化：一个时间性的难题

从时间上讲，这种将我放回创伤原因之中的操作是自相矛盾的。在创伤发生的那个（诸多）时刻，是否有主体必须承认并承担其责任的主体性参与呢？从某种意义上说，有。然而，主体性参与似乎是在事后引起的。这样的观点必然有悖于经典逻辑的时间轴，即结果以一种良好有序的方式跟随在原因之后。但是，分离服从于能指的运作，一句话的第一个词，其效果只有在最后一个词被听到或读到后才能显现出来，其意义只有在整句话被说出之后的语义背景下才能被回溯性地构成，其“完整”意义是一个历史产物。就像柏拉图的对话录，对刚接触哲学的学生来说具有第一层意义，随着他们加深研究，多重意义出现了，自拉康在研讨班 VIII 上的解读以来，柏拉图的《会饮篇》已经被证明还具有其他意义，并且在未来的几个世纪、几千年中，随着更多解释和重新解释的出现，它将继续被赋予新的意义。意义不是瞬间产生的，而只是事后效果：在有关事件之后。这就是在精神分析过程和理论中起作用的时间逻辑，是经典逻辑的异端。

拉康从未指出主体是按时间顺序出场的：他 / 她总是要么即将到来，就要到了；要么在后来的某个时间点上已经到了。拉康使用了模棱两可的法语完成时态来说明主体的时间状态。他举了一个例子：Deux secondes plus tard, la bombe éclatait，这个句子的意思可以是“两秒钟后，炸弹爆炸了”，也可以是“炸弹会在两秒钟后爆炸”，其中隐含着“如果，而且，或但是”*：如果引信没有被切断，它就会在两秒钟后爆炸。以下的英文措辞也暗示了类似的模棱两可：The bomb was to go off two seconds later。

涉及主体时，法语的完成时态让我们无法确定主体是否已经出
现了。[17]他 / 她那总是飞逝的存在（existence）始终悬而未决。在这里， 64
似乎没有办法真正确定主体是否已经出现。

拉康在讨论主体的时间状态时更常使用的是先将来时（也被称为将来完成时）。“等你回来的时候，我已经走了”：这样的话告诉我们，在未来的某个时刻，有些事情已经发生了，但没有指明具体时间。这种语法时态与弗洛伊德的 Nachträglichkeit 有关，即延迟行为、回溯或事后：第一个事件（E_1）发生了，但其结果要在第二个事件（E_2）发生之后才会产生。E_1 被回溯性地构成为，比如，一个创伤；换句话说，它具有了创伤（T）含义。它开始意指它先前绝对没有意指的东西；它的意义和效力已经改变了（图 5.6）。

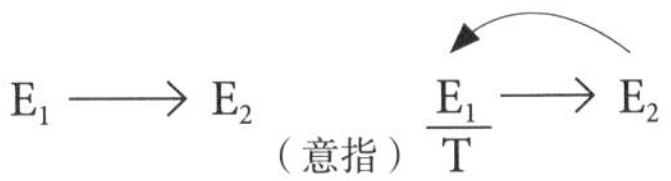

$$E_1 \longrightarrow E_2 \quad \text{（意指）} \quad \frac{E_1}{T} \longrightarrow E_2$$

图 5.6

在“等你回来的时候，我已经走了”这句话中，我的离去被回溯性地确定为在前。你不回来，就没有这种状态。创造一个之前之

* “If, and, or but”这种表达在英语中通常用于否定形式，即“no ifs, ands, or buts”，大意就是不接受反驳、理由或条件，比如，“你必须把房间收拾干净，不要找理由或借口。”反过来说，“if, and, or but”可以理解为条件、理由或借口。——译者注

后需要两个时刻。第一个时刻的意指根据之后的东西而改变。

同样，就像我们会在下面看到的，在第二个能指出现之前，第一个能指并不足以产生主体化效果（图 5.7）。两个能指之间的关系向我们证明了，一个主体已经从那里经过了，但我们无论如何都没法在时间或空间上精准定位这个主体（关于这一点，下一章会展开讨论）。

$$S_1 \longrightarrow S_2 \qquad\qquad \frac{S_1}{\$} \longrightarrow S_2$$

图 5.7

拉康在《逻辑时间与先期确定性的断言》（Logical Time and the Assertion of Anticipated Certainty）这篇文章中力图在一个非常确切的情境中用一系列明确的限制确定主体的到来。[18] 该论文所阐述的几个时刻，即看的瞬间、理解的时间和结论的时刻，后来被拉康称为分析过程本身的时刻。

65 在那篇文章详细说明的三个囚徒问题中，理解的时间对一个局外人来说是不确定的，同样，在分析中，理解所需的时间也是不确定的；换句话说，这个时间是无法提前计算的。然而，拉康将分析的结束与囚徒的结论时刻联系在一起（研讨班 XX），表明主体化的最后时刻可以通过逻辑条件和 / 或分析条件的有利组合而被迫发生。

因此，尽管看似永远被悬置在一个先将来时，但拉康还是为我们展示了一个将原因主体化的前景，就在逻辑上具体但在时间上不可计算的时刻。在某种意义上，我们可以认为异化开启了这种可能性，而这种“进一步分离”则标志着这个过程的结束。然而，我们会看到，在某些情况下，分离是可以加速的，例如，在一次分析会谈的切割或切分时刻，这既是一个逻辑时刻，又是一个时间性的时刻。

毫不奇怪，穿越幻想也可以被表述为对大他者的欲望不断增多的“能指化”（signifierization），也就是将大他者的欲望转变为能指。就主体在这种进一步分离中找到了一个与对象 *a*（大他者的欲望）有关的新位置而言，大他者的欲望就不再只是被命名了，不再只是通过父性隐喻的操作被命名了。原因被主体化时，大他者的欲望也同时被完全带入能指运动中，而正是在这一点上，正如拉康在研讨班 VI 上讨论哈姆雷特时指出的，主体最终触及了大他者欲望的能指，即 S(Ⱥ)。[19] 换句话说，虽然大他者的欲望通过分离得到了命名，但这个名字具有不变的效果，是固定的、静态的，如同物一般，而且其命名的力量是有限的，是僵化的。

在神经症中，一般来说，这个名字跟大他者的欲望是尚待充分分离的。名字不是物的死亡，能指才是。只要大他者的欲望和父亲的 *a* 名之间存在着僵硬的联系，主体就无法行动。根据拉康的观点，在莎士比亚戏剧的结尾，哈姆雷特在跟拉埃斯决斗之前，没有机会触及阳具能指，这就是为什么他没有能力采取任何行动。只有在决斗中，他才能够分辨出“国王背后的阳具”，才能意识到国王只不过是阳具（阳具是欲望能指，[20] 即大他者欲望的能指）的一个代表，可以被击倒而不至于让一切陷入困境。在哈姆雷特最终能够将国王和阳具分开之前（“国王什么都不是”），行动是不可能的，因为向国王复仇将有可能使哈姆雷特的整个世界崩塌。只有在国王（王后欲望的对象）被能指化时，一种超越国王的力量才能被发现，一种合法性或权威，并非体现在国王一个人身上，而是存在于象征秩序之中，在国王之外，在国王之上。

若要让主体化发生，也就是说，如果主体要成为大他者的欲望，66
让能指自行发展，那么大他者欲望的命名必须被启动——从母亲的伴侣，到老师，到学校，到警察，到民法，到宗教，到道德法则，等等——并且让位于大他者欲望的能指。在这个意义上，穿越幻想意味着与语言本身相分离，意味着主体——他会成为原因——跟他 /

她自己有关他 / 她与大他者欲望的问题的话语相分离，这种问题也许是，比如，无法处理在大他者身上发现的缺失，无法成功地跟大他者保持适当的距离和关系，等等。

神经症在话语中得到维持，我们在拉康的穿越幻想这一概念中仿佛看到了一种超越神经症，[21] 在这种超越神经症中，主体能够行动（作为原因，作为欲望性），并且至少暂时脱离话语，从话语中分裂出来：从大他者的重压中解放出来。这不是拉康在其早期论文《精神分析中的攻击性》（“Aggressivity in Psychoanalysis”，收录于 *Écrits*）中提到的精神病的自由；这不是字母“之前”的自由，而是字母“之后”的自由。

分析情境中的异化、分离与穿越幻想

暂时想象一下，一位分析者躺在分析家的沙发上，谈论他 / 她前一天晚上做的梦，用他 / 她的话语填满房间，希望能够引起分析家的兴趣，让分析家满意，他 / 她因此处于幻想模式中（$\$ \lozenge a$），突然之间，分析家（而不是分析者的话语所指向的知识大他者）说出了一个词，打断了分析者的话语，这个词是分析者原本很快带过的，或者是分析者觉得不重要的，对他 / 她自己来说是无趣的，或者认为对分析家来说是无趣的。出于转移之爱，分析者常常调整他们的话语，希望说出他们的分析家想让他们说的话，说出他们认为他们的分析家想听的话，直到这样的打断出现，无论是用咳嗽、咕哝、一个词，还是切断会谈来打断，在此之前，他们可以继续相信他们正在达成他们的目的。这样的打断往往会让分析者感到惊讶，突然让他们回过神来，发现他们并不知道分析家想要什么或者说的是什么意思，分析家在他们的话语中寻找的不是分析者意在表达的，而是别的东西，除此之外的东西，更多东西。

正是从这个意义上说，拉康派分析家“标点”和“切分”[22]分析
者话语的做法有助于在那里切断分析者，使分析者面对分析家的欲
望之谜。正是由于这种欲望始终是谜，从来没有准确出现在分析者
期望的地方——分析者花了相当大的精力去猜测这种欲望——分析
者的幻想才会在分析情境中被反复动摇。[23]大他者的欲望，以对象 *a*
为幌子，从来没有准确出现在分析者认为的地方，或他 / 她在幻想中 67
想要它出现的地方。分析家充当一个假的或虚幻的对象 *a*，充当对象
a 的替身或假相，在$\$$和 *a* 之间引入一个更大的缺口，破坏被幻想化
的关系，即 ◊。分析家使这种关系无法维持，并诱发其中的变化。

分析情境总是涉及异化与分离，分析者异化了自己，因为他 / 她试图说得连贯，换句话说，试图说得让分析家觉得“有意义”，在这种情况下，分析者把分析家当成所有意义的场所，当成知道所有言语意义的大他者。在试图说得有意义的过程中，分析者在他 / 她所说的话后面溜走或消逝了。由于语言的本质，这些词相比于分析者在选择它们时有意识地想要说的，总是且不可避免地表达得过多或不够。意义总是模棱两可的、多重的，背叛了言说者想隐藏的，隐藏了言说者想表达的。

这种想要说得有意义的企图将分析者置于意义的大他者辖域：分析者消失在话语背后，而话语的“真正意义”只能由大他者（无论是父母、分析家还是神）来决定或评判。这种异化是不可避免的，而且在拉康精神分析中并没有受到谴责（不像马克思主义者和批评理论家所理解的异化）。

尽管如此，但分析家切不可无限培养这种异化。虽然分析家在跟神经症主体的工作中，试图让分析者与大他者的关系成为焦点，在这个过程中扫清来自分析者跟像他 / 她一样的其他人的想象关系的干扰（参见第 7 章），但这绝不是这个过程的终点，如果任其发展，这可能会导致一种类似美国自我心理学所推崇的解决方案：让分析

者认同作为大他者的分析家。

拉康派分析家采用的是一种分离的话语，与分析者采用的话语截然不同。分析家要是向分析者提供一些类似于意义的东西，其目的也是通过讲一些模棱两可的话，同时在多个层次上言说，使用那些会导向许多不同方向的言词，以便能够炸开这个矩阵：“分析家提供分析者话语的意义。”通过暗示几个连续的意义（如果不是一个永无止境的连续意义全景的话），意义的辖域本身就被问题化了。随着分析者试图揣摩分析家神谕般的言语，[24]他 / 她的多义词，或他 / 她在那个确切时刻结束会谈的原因是什么意思，分析者就与意义分离了，直面分析家的欲望之谜。这个谜对分析者跟大他者的欲望根
68 深蒂固的幻想关系有影响。自由联想的基本规则要求分析者试着进一步表述、用言词表述、象征化和能指化他 / 她跟大他者欲望的关系，分析家的行动则在更大程度上将主体和他 / 她被要求锻造的相关话语分离。

一个人是一个特定命运的主体，这个命运不是他选择的，但无论它看起来是多么随机或偶然，他都必须将它主体化；在弗洛伊德看来，他必须成为其主体。从某种意义上说，原初压抑是在他 / 她的世界开始时掷出的骰子，它创造了一个分裂，并使结构运转起来。一个人必须接受这种随机的抛掷，即他 / 她父母欲望的特殊配置，并以某种方式成为其主体。Wo Es war, soll Ich werden。在外异的力量曾经主导之处，即在语言的大他者和欲望的大他者曾经主导之处，我必须生成。我必须将那个他者性（otherness）主体化。

正是由于这个原因，我们才可以说拉康式主体是有伦理动机的，其基础是拉康作品中经常重复的这个弗洛伊德式强制令。弗洛伊德的强制令本质上是矛盾的，它要求我们把我放（回到）原因中去，成为我们自己的原因；但拉康并没有不理会这个矛盾，而是试图把其中隐含的运动理论化，并寻找各种技术去诱发这个运动。这个我

并非早就在无意识中了。它也许会被预设在每一个地方，但它必须被造就才行。从某种意义上说，这个我可能一直都在那里，但根本的临床任务在于，使其出现在它曾在的地方。

注 释

1 我在这里的用词是“孩子”而不是“主体”，因此就没有预设孩子这边是有主体性的，主体性是异化与分离带来的结果。“孩子”这个词的不足之处在于，它暗示了一个严格的发展阶段，这一点我会在后面说明。

2 参见《关于两个精神运作原则的构想》（“Formulations on the Two Principles of Mental Functioning”[1911], SE XII. p. 224）。同样的表达也可见于鼠人个案（SE X）。

3 关于拉康是如何将异化与分离形式化的，可参考我的文章《异化与分离：拉康欲望辩证法的逻辑时刻》，该文载于 *Newsletter of the Freudian Field* 4 (1990)。

4 就像集合论中的 Ø 被赋予的地位。

5 主体被要求承担或者主体化那个名字，让那个名字成为他 / 她自己的；我们可以看到很多人在这方面频繁失败，比如有很多人经常更换他们的名字（不是出于政治目的或商业目的）。

6 在研讨班 IX 上，拉康用两个缠在一起的圆环说明了要求和欲望的纠缠（图 5.8），其中一个圆环（要求圆环）的管状表面上画的圆与另一个圆环（欲望圆环）的中心空隙上的最小圆相吻合。

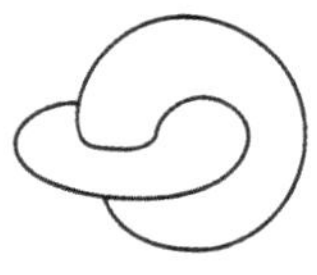

图 5.8

7 例如，可参见研讨班 XI, p. 38。

8 “父性功能”（paternal function）这个表达可见于弗洛伊德的《女性性欲》（“Female Sexuality,” SE XXI）。

9 在单亲家庭中，一个（过往或当前的）恋人，或者甚至一个朋友或亲属，有时也可以发挥父亲的作用，意指那位家长的越过了孩子的欲望。我们当然还可以设想，同性恋夫妇中的一方也可以发挥这个作用，其中一方主要照看孩子，另一方作为第三者介入其中。在“异性恋”夫妇中，有的可能是生理男性承担母性功能，生理女性代表法则，但很明显，社会规范在当前并没有促进这种角色交换在取代父之名或父性功能方面的有效性。

10 在这里，很明显我把弗洛伊德的现实概念转译为一个社会决定的现实，一个社会建构的现实。

11 可参阅拉康在研讨班 XXI 上讨论过的《命名与必然性》（*Naming and Necessity*, Cambridge: Harvard University Press, 1972）。

12 对此，有些人可能禁不住想到父亲在母亲孩子二元关系破裂中的作用。我提到过第三个元素的引入，但那个元素实际上总是已经在那里了，结构了看上去私密的最初关系。幼儿体验到来自外部的入侵，这种入侵将孩子从跟母亲的完全交集中驱逐出去，阻碍了一种完全的重合。这种入侵可以说是受到父亲、父亲的名字或者阳具所影响的。

侵入的形式可能是禁止孩子对母亲的垄断权，迫使孩子的兴趣投向母亲之外，以寻找这种禁止是怎么来的，即母亲迷恋的是什么——她的男朋友、情人、丈夫、家人、邻居、国家、法律、宗教、上帝：某种可能是完全无法定义的却又在本质上是迷人的东西。

13 拉康把这称作“荒谬的完整［感］”，可参见研讨班 XII，1965.6.16。

14 如果我们把大他者看作一个条状物，比如一张纸，其两端是直接接在一起的，那么我们就可以把主体看作一个经过弯曲的大他者（图 5.9）。第一个条状物所创造的洞或者缺失可以用一个简单的圆来盖住；但第二个条状物所创造的洞或缺失要用一个更加复杂的拓扑面来盖住，用一个“内八”（inner eight）来盖住（参见研讨班 XI, p. 156）。

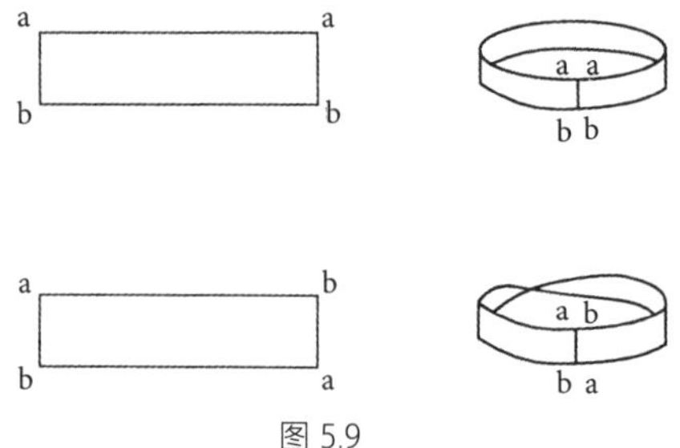

图 5.9

15 分析必然涉及“这种将作为主体的自我重新配置在我为大他者的欲望而成为的 *a* 中”（研讨班 XII，1965.6.16）。

16 Sexual über 通常被翻译为“性欲过剩”（surplus of sexuality）；例如，可参见 SE I, p. 230。至于弗洛伊德是如何看待孩子对于他和那个留意其需要的外人的性相遇的，可参阅本书第 7 章。

17 因此，英语需要将过去式和不定式结合起来，以达到同样的效果。关于法语的完成时，可参见 *Écrits* 1966, p. 840，英文版可参见布鲁斯·芬克翻译的《无意识的位置》（Position of the Unconscious），该文收录于布鲁斯·芬克、理查德·费尔德斯坦和梅尔·贾努斯合编的《阅读研讨班 XI：拉康精神分析的四个基本概念》（*Reading Seminar XI: Lacan's Four Fundamental Concepts of Psychoanalysis*, Albany: SUNY Press, 1995）。

18 *Écrits*, 1996；布鲁斯·芬克和马克·西尔弗（Marc Silver）翻译的英文版可参见 *Newsletter of the Freudian Field* 2 (1988)。对这篇文章的详细分析，可参见我的论文《逻辑时间与主体性的猛抛》（Logical Time and the Precipitation of Subjectivity），该文收录于布鲁斯·芬克、理查德·费尔德斯坦和梅尔·贾努斯合编的《阅读研讨班 I 和 II：拉康的回到弗洛伊德》（*Reading Seminars I & II: Lacan's Return to Freud*, Albany: SUNY Press, 1995）。

19 关于拉康对哈姆雷特的讨论，英文版可参考 *Yale French Studies* 55/56 (1977): 11-5。也可参见我的文章《同拉康阅读〈哈姆雷特〉》（Reading *Hamlet* with Lacan），该文收录于理查德·费尔德斯坦和威利·阿波罗（Willy Apollon）合编的《拉康、政治、美学》（*Lacan, Politics, Aesthetics*, Albany: SUNY Press, 1995）。

20 *Écrits*, p. 289；阳具或阳具能指将在第 8 章讨论。

21 当然，我们可以依据拉康 1964 年表述的异化与分离来定位我在这里所说的分离与“进一步分离”。与其说神经症主体需要进一步分离，即需要穿越幻想，拉康在 1950 年代后期和 1960 年代早期反而说，神经症主体混淆了“大他者的缺失 [即欲望] 和大他者的要求……大他者的要求在神经症主体的幻想中具有对象的功能”（*Écrits*, p. 321）。这里的观点是，在神经症的幻想（$◊D 而不是$◊*a*）中，主体把大他者的要求，而不是把大他者的欲望当作其“伴侣”；大他者的要求是静态不变的，永远围绕着同一个东西（爱）转，而大他者的欲望本质上是运动的，永远在寻求别的东西。这基本上意味着，主体没有完全触及第三项，触及母亲孩子二元关系之外的点。就此而言，我们可以把分离理解成，在神经症的幻想中，大他者的要求被大他者的欲望（对象 *a*）取代了。在被删节的幻想（$◊D）中，神经症主体可能已经形成了其存在，但凭借分离，他 / 她可以实现更大的主体性。

22 我更喜欢用 scanding 这个新词，即 scansion 的动词形式，因为 scanning 这个比较常用的词有很不一样的内涵，用在这里的话，可能会带来很大的困惑，scanning 指的是快速扫一眼，快速浏览一遍，给身体扫描出一张超薄的片子，或者将文本和图片以数码形式传到电脑上。所有这些意思都有别于拉康的想法，即切割、打标点或者打断（针对的通常是分析者的话语或者分析会谈）。

23 关于这一点，可参见研讨班 XI 的第 17 和 18 章。

24 关于分析性解释的神谕性质，可参阅研讨班 XVIII，1971.1.13 以及 *Écrits*, p. 13。

6

隐喻与主体性的猛抛

在上一章所描述的主体性构成的三个时刻，可以被图解为三种替代或替代性隐喻。在异化中，大他者支配或取代了主体；在分离中，作为大他者欲望的对象 *a* 脱颖而出，优先于或征服了主体；在穿越幻想中，主体将其存在（existence）的原因（大他者的欲望：对象 *a*）主体化，并以一种没有对象的纯粹欲望为特征：欲望性（desirousness）。

$$\frac{\text{大他者}}{\$} \qquad \frac{\text{对象 } a}{\$} \qquad \frac{\$}{\text{对象 } a}$$

由此而言，我们可以把构成主体的这三个基本时刻看作三个隐喻化时刻；在拉康的替代性隐喻中，用一个东西抵消另一个东西是拉康的元心理学的根源。我们可以认为这里的主体是由一个隐喻（或一系列隐喻）产生的。

但是，隐喻通常被理解为会产生新的意义（meaning），换句话说，产生新的意指（signification），而不是新的或根本不同的主体。我在本书中的一个主要论点是，精神分析的主体基本上有两个面相：作为*沉淀物*（precipitate）的主体和作为*缺口*（breach）的主体。在第一种情况中，主体不过是由一个能指替代另一个能指或一个能指对另一个能指（或一个被象征化事件对另一个事件）的回溯效应所决定的意义之沉淀，与拉康对主体的“定义”相对应，即“一个能指向另一个能指所代表的东西”。[1] 在第二种情况中，主体是在实在界中创造出一个缺口的东西，因为它在两个能指之间建立连接，主体（这一次是作为猛抛 [precipitation]，而不是沉淀物）不过就是那个缺口。

因此，主体有这么一个方面：它几乎完全是一个所指或意指，即阉割的主体（一个在意义中、在“僵死”的意义中被异化的主体，或者被其占据或吸收的主体）；它也有另一个方面：它构成了两个能指之间的缺口（如同从一个能指飞向另一个能指的火花，在它们之间建立一个连接）。这种双重的主体概念很贴切地体现在“主体性的猛抛”（precipitation of subjectivity）[*]这一表述中，在《逻辑时间与先期确定性的断言》（1946）这样的早期作品中，我们发现主体既是沉淀物，又是“迅猛的移动”（headlong movement）。[2]

70 作为迅猛的移动或猛抛，主体在两个能指之间涌现，如同“隐喻的创造性火花……闪现在两个能指之间”。[3]换句话说，隐喻的创造性火花*就是*主体；隐喻创造了主体。每一个隐喻的效果都是主体性的效果（反之亦然）。没有主体性的参与就没有隐喻，没有隐喻化就没有主体化。

作为隐喻的创造性火花，主体没有永久性或持存性；它作为两个能指之间闪现的火花而出现。然而，作为被带入这个世界的新意义的结果，主体——在前面列出的前两个隐喻图式中横杠之下的分裂主体——仍然是被固着或被征服的，并因此获得了一种永久性。主体的症状性固着有一个隐喻结构，即一个无意义的能指代表了主体，或者凌驾于主体：$S_1/\$$。

我们可以暂时认为症状具有这样一种替代性的结构，在其中，作为意义的主体在其被征服的状态中无限期地持续存在，直到新的隐喻出现。由此而言，在拉康的理论中，分析可以被看作要制造新

* precipitation 这个名词既有“沉淀 / 析出”之意，也有“仓促”的意思。而 precipitate 虽然有多重意思，却是相对于其词性而言的，作为名词，它的意思是“沉淀物 / 析出物”；作为动词，它的意思是“猛然促成”；另外它也可以作为形容词使用，通常用来形容行动，比如“未经思考的”行动、“仓促的”行动。——译者注

的隐喻。因为每一个新的隐喻都会带来主体性的猛抛，从而改变主体的位置。鉴于症状本身就是一个隐喻，所以在分析过程中创造一个新的隐喻，并不意味着消解所有症状，而是重构症状，创造一个新的症状，或者修改一个相对于症状而言的主体位置。分析的结束可以被看作上述第三个隐喻（$\$/a$）所显示的替代效果，即主体承担了大他者的位置和大他者的欲望（对象 a）的位置，不再因此被征服或被固着在那里。

所　指

> [你]千万不要绞尽脑汁，试图通过与你已经熟悉的类似事物进行对照来理解它；你必须在其中认出一个根本性的新事实。
>
> ——弗洛伊德，《精神分析引论》

一个新的隐喻产生了新的意义。它改变了作为意义的主体。但在拉康的图式中，意义是什么呢？隐喻所创造的，隐喻所影响或修改的，到底是什么呢？

所指如果不是我们通常所说的思想或观念，又是什么呢？思想如果不是能指的特定组合，如果不是以一种特殊的方式串联起来的 71
能指，又是什么呢？在你“领会”某人所言之意时，除了将该语句置于其他语句、思想、措辞的语境下，还发生了什么呢？理解意味着将一个能指配置置于或嵌入另一个能指配置中。在大多数情况下，就像人们可能欲望的那样，它是一个非意识过程，不需要主体这边的任何行动：在那些已经“被吸收”的思想之间存在着各种联系网络，事物则在其中就位。

根据拉康的观点，某些东西在被装配到预先存在的（能指）链中时，就说得通了。它也许给这个链条增加了什么东西，但没有从根本上改变链条或动摇链条。

另一方面，隐喻则带来了新的思想配置，建立了新的组合或排列，在意指链中建立了新的秩序，整顿了旧秩序。能指之间的连接被明确改变了。这种修改若不牵涉主体，就不可能发生。

如同我在上面所说的，正是由于理解所涉及的不过就是将一个能指配置置于另一个能指配置之中，所以拉康才如此坚持拒绝理解，坚持要奋力推迟理解，因为在理解的过程中，一切重回现状，回到已知之物的层面。拉康的写作本身充斥着过分的、荒谬的和混合的隐喻，这正是为了让人从理解过程所固有的还原倾向中惊醒过来。与某些德国思想家对这一过程的高度关注相反，[4] 在拉康的框架中，“verstehen”可能被翻译为“to assimilate”（同化、吸收）。因此，就拉康的主张而言，其要点在于，意义是想象的（意义是你想象你已经理解的东西）。通过同化某种东西，你有一种作为某人的感觉，或者你把自己想象成某人（一个自我），这个人完成了某项艰巨的任务；你把自己想象成一个思想者。另一方面，“真正的理解”——也许可以用法语表达为“se saisir de quelque chose”，强调落在反身性上——实际上是一个超越象征秩序自动运作的过程，涉及象征界对实在界的入侵：能指在实在中带来新的东西，或者把更多的实在排到象征中。

当然，“真正的理解”是一个错误的说法，因为理解恰恰是短路的、不必要的、与这个过程无关的。真正的意味在于，有些东西改变了，这也是拉康派精神分析的重点：在象征界与实在界的边界上发生了一些事情，这些事情与理解无关，和人们通常理解的不同。因此，在分析过程中，“洞察力”这个词是无关紧要的：分析者的主观挫
72 败感，即不理解正在发生什么、分析过程应当如何运作、其神经症的真正根源是什么等，丝毫不妨碍精神分析的功效。弗洛伊德偶尔会说，在分析过程中取得最大成效的分析者往往不怎么能回想起分析过程，也不理解分析过程中发生了什么。

精神分析主体的两个面相

精神分析主体的两个面相（意义之沉淀和缺口）在某些方面对应于第 4 章讨论的意义与存在（being）之间的分裂。然而，这种分裂不是在无意识意义和虚假的自我存在之间，而是在无意识意义和一种“缺口中的存在”（being-in-the-breach）之间，或者，正如拉康在某一刻所说的，是在无意识意义和“实在中的主体”之间。[5]

作为所指的主体

实在中的主体不是分析者所说的那个能力有限的人，那个不能在不同的行动路线之间做出决定的人，那个臣服于大他者的奇思妙想，受其朋友、恋人、制度环境、文化宗教教养等摆布的人。借用弗洛伊德和拉康的一个非常模棱两可的概念（将在第 8 章被详细解释）来说，这个人就是我们所说的“被阉割”的主体。阉割概念在精神分析和主流用法中涵盖了大量的内容，我在这里将只以一种非常精确的方式使用它：指的是主体被大他者异化和在大他者中异化，与大他者分离。

被阉割的主体是一个在语言中出现的主体。被阉割得“不充分”或“不够”的主体对应于一个尚未完成分离的主体——依照拉康 1960 年代早期的用词，这是一个在幻想中“错”把大他者的要求（D）当作大他者的欲望（*a*）的主体（他 / 她的幻想对应于$ ◊ D 而不是 $ ◊ *a*）。[6]这个主体拒绝“将自己的阉割牺牲给大他者享乐”（*Écrits*, p. 323），没有经历过被称为穿越幻想的进一步分离；因为如果要将原因主体化，就必须牺牲、放弃或交出阉割。这个主体必须放弃他或她臣服于大他者的（遭到阉割的）、多少是很舒适的、痛苦得自满的不幸位置，以便承担起作为原因的大他者欲望。因此，穿越幻想涉及超越阉割，涉及一个超越神经症的乌托邦时刻。

73 因此，被阉割的主体是一个还没有将大他者的欲望主体化的主体，仍然受困于他 / 她对大他者的症状性屈服，还从中得到了“继发获益”。这个主体可以用本章开头提出的前两个隐喻来描述，但不能用第三个隐喻来描述。症状可以被理解为与主体有关的信息，这些信息是给大他者的，在主体能够与那个让其信息和存在具有意义的场所 / 目的地分离之前，他 / 她仍然是遭到阉割的。

在拉康派的语境中，阉割显然与生物器官或对其的威胁无关。然而，在特定的情况下，这种威胁可能有助于让男孩不再依恋他的母亲大他者，即其快乐的首选对象，但似乎无法引发超越阉割所需的进一步分离。[7]

一种存在（being）是通过第一种分离实现的：由幻想提供的。然而，拉康又一次谈到了神经症主体在其幻想中的“消失”（aphanisis）或消逝，因为对象原因抢走了风头。对象 *a* 走到前台，在幻想中扮演主角，而主体因此黯然失色。

因此，虚假的自我存在和幻想中提供的难以找到的存在，一个接着一个，都被拉康拒绝了，他认为它们都是缺失的：两者都无法使主体超越神经症。在这两种情况下，主体仍然遭到阉割，臣服于大他者。然而，拉康仍然坚持这种观点：有一种存在超越了神经症。[8]

被阉割的主体是被代表的主体。被阉割的主体总是向大他者展示自己，希望赢得大他者的注意和承认，它越是展示自己，就越是不可避免地遭到阉割，因为它被大他者代表，在大他者中被代表。被阉割的主体是被划杠的主体，是横杠之下的主体：它是每一个向大他者有所意指的尝试和意图的产物。这个“主体由信息构成”（*Écrits*, p. 305），而这则信息是主体以颠倒的形式从大他者那里接收到的。

为了理解这个被划杠的主体，我们需要更仔细地研究意义制作过程，而意义是一个能指（S_2）对另一个能指（S_1）产生的效果。

能指，一元的和二元的

主体透过分离而就位，这与弗洛伊德的原初压抑概念有关。根据弗洛伊德的观点，无意识包含了 Vorstellungsrepräsentanzen，这个词的字面意思是“表象或观念的代表”，但在英语中通常被译为“观念代表”。它们是冲动（Triebe）的精神代表。在弗洛伊德看来，受到压抑的正是这种代表（而不是知觉或情感）[9]。但弗洛伊德从未真正确定这些代表的地位。他写道，无意识是通过“一个*原初压抑*，即压抑的第一阶段——它包括冲动的精神（观念）代表，后者 74
被拒绝进入意识——”而被构成的。[10] 原初压抑创造了无意识的*核心*（nucleus），其他（表象）代表与之建立连接，最终可能导致它们被卷入无意识。

拉康提议我们把这些代表等同于能指，即在观念（表象或思想）层面上代表冲动的言词（即充当冲动的代表）。能指是允许冲动被代表的东西：作为语言存在*而被呈现给我们*。从 Vorstellungsrepräsentanzen 与能指的这个等式出发，[11] 拉康将压抑概念化为让无意识得以产生的东西，其基础是一对结合的能指：“一元能指”（拉康将其写作 S_1）和“二元能指”（S_2）（研讨班 XI，p. 219）。二元能指是在原初压抑中遭到压抑的东西。

所有其他能指为其代表一个主体的能指

大他者的欲望的能指，即父之名，是被原初压抑的二元能指。

这个能指是非常独特的：它是所有其他能指为其代表一个主体的能指。缺了这个能指，其他的能指就根本代表不了什么。这个观点在《主体的颠覆与欲望的辩证法》（*Écrits*）中得到了非常明确的阐述，我将在这里尝试把它呈现出来。

我们在上一章看到，拉康假设了一个原始能指，它要么在，要么不在。如果它不在，我们就会说到除权（foreclosure），从而说到精神病，在这种情况下，没有主体存在（existence）的可能性——那个原始能指是主体性的必要条件。

因此，父之名是我们的直布罗陀巨岩*。拉康说它是一个能指，但它显然与几乎所有其他能指都不一样。如果一种语言中的一个词过时了，其他相关的词往往会取而代之；换句话说，它们会有引申的意思，囊括了那些已经消失的词的意思。相反，父之名既不可替代，也讲不出来。

在精神病中，这个名字在母亲和孩子之间架设的屏障没有足够坚实地建立起来。父性人物并没有成功地限制孩子与母亲的接触；能指无法中和孩子的享乐，而这种享乐侵入了孩子的生活，压倒并
75 侵扰了他 / 她。不同形式的精神病与享乐侵入病人的不同方式有关：在精神分裂症中，享乐侵入身体；在偏执狂中，享乐侵入大他者的场所。[12]

父之名在精神病中未发挥作用。

回到神经症的情况，我们看到，就父之名而言，所有其他能指都代表了一个主体。神经症主体使用的每一个能指（S′、S″、S‴ 等）都以某种方式与父之名连接在一起（图 6.1），因此神经症主体或多或少与其所讲出的或听到的每一个词都有牵连。没有什么是清白的：即便是他 / 她所谓的“空白言语”，也蕴含着一个相对于大他者的主体位置，而每一个词都以某种方式促成了这种位置的形成。

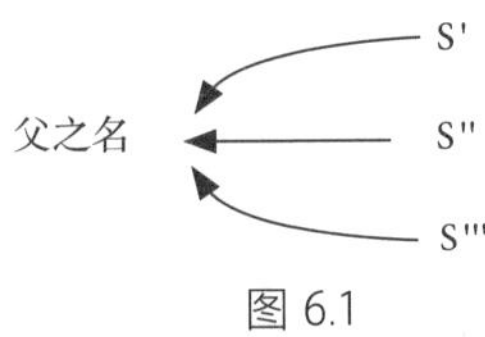

图 6.1

* 一个全球知名的景点，高达 426 米，据说无论你走到哪里，都能看见这块巨石。——译者注

揭示能指在神经症中的基本作用时，我们不断地被引回精神病的情况。我们可以像拉康那样，把这些“其他”能指中的每一个都称作一个 S_2。[13] 在 1960 年代末和 1970 年代，S_1 被赋予了“主人能指”的角色，这个非意义的能指全无意义，它只有通过各个 S_2 的作用才能被带入语言的运动中——换句话说，被“辩证化”（dialectized），这个术语我将在下面解释。

根据拉康后来的用法，“父之名”因此似乎与主人能指 S_1 相关联。如果 S_1 不在其位，每个 S_2 就会以某种方式松开。众多 S_2 本身也是有关系的；它们可能被一个精神病主体以完全寻常的方式串在一起，但似乎无论如何都影响不到他 / 她；它们在某种程度上独立于他 / 她。一个神经症主体听到一个不寻常的词，比如，antidisestablishmentarianism（反政教分离运动），可能会想起他第一次听到这个词的时间，他是从谁那里学到这个词的，等等；而一个精神病主体可能会专注于其严格的语音或音调方面。他可能凭空看出意义，或者在几乎所有的东西中找到纯粹个人的意义。词被当作物，被当作实在的对象。

对一个神经症主体来说，每一个 S_2 都与 S_1 有单独的连接。S_1 不是主体，S_2 也不是。主体是一个能指向另一个能指代表的东西。在这里，表象应当包括什么呢？ S_2 向 S_1 代表主体，也就是说，S_2 回溯性地赋予 S_1 意义，这是这个 S_1 一开始没有的意义（图 6.2）。拉康在提出他自己版本的索绪尔式符号时，这个意义被写作 s（用的是小写），在图 6.3 所示的能指回溯效应的更完整版本中，这个意义被 $\cancel{S}$ 取代了（例如，参见研讨班 XVII）。这个主体（$\cancel{S}$）只是一系列的或 76
一群意义。如果主体由所有 S_2 与 S_1 之间的关系所产生的整套意义组成，那么主体似乎是一种由大他者提供的意义之沉淀（主体的所述只有在大他者那里才有意义，或者是被大他者赋予意义的）。

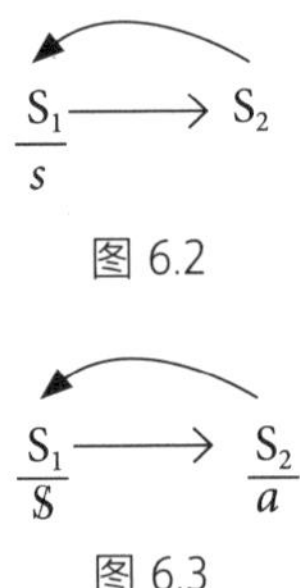

图 6.2

图 6.3

在某种意义上，作为意义的主体，从一个能指对另一个能指的效应中沉淀出来，对应于被意义遮蔽的主体，意义总是处在大他者的领域中。作为意义（无意识的意义或大他者中的意义）的主体，可以被置于分裂主体的图式上（图 6.4）。在右下角，无意识的意义被创造出来，但主体被剥夺了存在（being）。

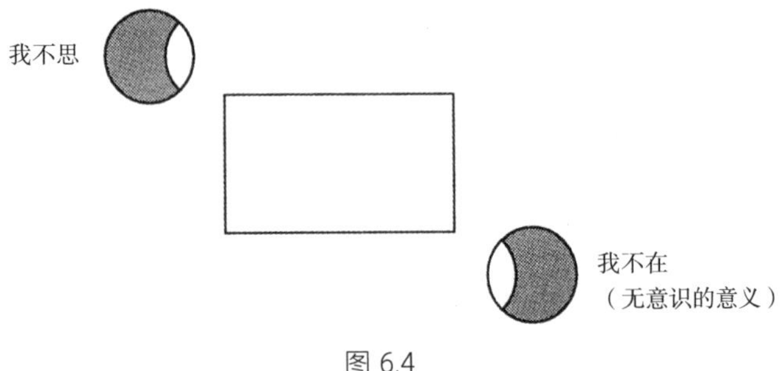

图 6.4

77 作为缺口的主体

虽然在这样的解释中，似乎压根没有主体性什么事，但这个主体还是在 S_1 和 S_2 之间的连接之锻造中得以实现。主体不只是意义的沉淀（在下面的数学型中的横杠之下），

$$\frac{S_1}{s} \longrightarrow S_2$$

也是对能指连接的锻造。弗洛伊德在他的《科学心理学大纲》[14]中，对神经元之间形成的路径的用词是Bahnung（在英译本中被蹩脚地译为facilitation[助长、增强、简易化]），拉康则将其翻译为frayage，即一种缺口或开辟（道路）。他认为弗洛伊德想的是一种突破，这种突破在所谓的概念性记忆之间建立了一种连接，他很快就将这些神经元连接与能指连接联系起来。这个主体是能指之间形成的路径；换句话说，在某种意义上，这个主体是将它们彼此连接在一起的东西。

到拉康阐述四大话语时（研讨班 XVII），S_1 已经成为一个位置性的概念。不存在什么单一独特的 S_1；S_1 指的只是一个与话语的其他部分相隔离的能指（或者，就像弗洛伊德在《梦的解析》中所说，它跟人有意识思想的“精神链”被切断了）。[15] 在分析中，一个 S_1 常常可以通过这样一种事实而被识别出来，即分析者一再撞上某个词；比如，它可能是“死”这个词，或者任何一个对分析者而言似乎难以琢磨的词，这个词好像总是中断联想，而不是打开其他可能性。在这里，分析者在某种意义上遇到了完全不透明的意义；他 / 她很可能知道这些词在他 / 她的母语中有什么意义，但仍然不知道它们对他 / 她来说有什么个人意义，它们特殊的、个人化的意义，具有某种主体性含义。这里的主体被一个没有意义的主人能指遮盖。

$$\frac{S_1}{\$}$$

在这个意义上，主人能指是无意义的。

主体性的猛抛：将主人能指辩证化

分析的目标之一是“辩证化”这些孤立的词，这些言词阻止了病人联想的流动，冻结了主体，或者说，消灭了他 / 她。拉康用“辩

78 证化”来表示我们在某种意义上为这个 S_1 引入一个外部，也就是说，在它和另一个能指 S_2 之间建立一种对立。如果我们能把这个 S_1 带入与另一个能指的某种关系中，那么作为一个征服了主体的主人能指，其地位改变了。在这个 S_1 和另一个语言元素之间，一座桥梁得以建立，并且产生了一种丧失：

$$\frac{S_1}{\$} \longrightarrow \frac{S_2}{a}$$

（我不会在这里讨论“丧失”——对象a——的复杂性；参见第7章）。简单来说，分析者不再卡在他/她联想的那个特定点上；在连续几个月断断续续地卡在同一个词上之后，它开始塌下。那个主人能指对主体而言的一个意义被创造出来，而主体在意义和存在（being）之间再次被分裂，

$$\text{意义}\quad \frac{S_1}{\$} \xrightarrow{S} \frac{S_2}{a} \quad\text{存在}$$

它在S_1和S_2之间的连接之锻造中瞬间出现。在一个S_1和另一个意指元素之间制造对立，使主体性的位置得以产生。请注意，在这里，对立出现在那个已经在S_1和S_2之间的搭桥中——在某种程度上，是沿着那个箭头[16]——出现过的主体与被划杠的或被异化的意义主体$\$$（被降格到横杠之下的位置）之间。

每一个孤立的 S_1 在出现时都是无意义的。与 $S(\not{A})$ 不同的是，S_1 并非讲不出来。它不是什么神秘的隐藏能指，终有一天会从深处涌现出来；它很可能是分析者在生活中每天都在使用的一个词或名字。然而，当它出现在一个似乎与分析者有关的语境中时，它在非意义的领域坚持着，尽管分析者不知道是怎么回事。当然，无意义也可能采取其他形式：它可能出现在难以理解的含糊言词中，没有任何

意义可以赋予它，因为所产生的声音在文字游戏中什么也表示不了。

无论如何，拉康强调了无意义的重要性，这种强调跟分析的目的有关：将那些在分析治疗过程中作为孤立的主人能指而出现的能指辩证化。自闭症也许可以被看作这样一种情况：主人能指只有一个或很少几个，而且几乎不可能被辩证化。在神经症中，通常有整个一系列的主人能指，它们在治疗过程中表现出来，并引起我们的注意，因为它们是停顿点或某种死胡同。分析正是要把这些死胡同变成直通之路。主体出现在给僵局清除障碍的过程中，从而创造一 79
个出口。从某种意义上说，这个主体是这样一种分裂：将该障碍物分割成两个独立的部分，即 S_1 和 S_2（图 6.5）。

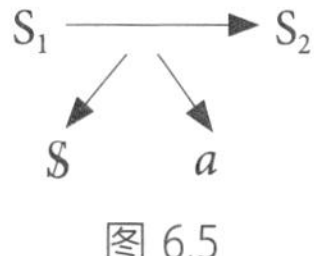

图 6.5

讨论至此，我至少提供了四种单独的方式来理解精神分析所要实现的目标：辩证化主人能指、主体性的猛抛、创造新隐喻，以及将原因主体化或“承担”起来。目前已经熟悉拉康非常多价的“代数”的读者，无疑已经准备好听到，它们都是一样的，也就是说，它们都是描述同一基本目标的部分方式。一个主人能指被辩证化时，隐喻化就发生了，主体就被猛然抛出，而且这个主体相对于原因承担了一个新位置。它们都属于分离过程和被拉康称为穿越幻想的进一步分离的过程。

分离最终是对神经症主体的分析工作的重中之重。除了神经症主体呈现出的所有症状——无论是心身性的还是“纯粹”精神性的，都源于对父母、亲属等的认同，而且显然必须得到修通——同神经症主体的工作有很大一部分是围绕着完成分离进行的。虽然弗洛伊德指出，分析进行到足够深入时，总是会遇到难以逾越的“阉割之石”

（rock of castration），[17]但拉康认为分离可以使主体超越这一点。将一个人的命运主体化——此命运就是将一个人带到这个世界的外异原因（大他者的欲望）——异化就可以被超越。据我所知，作为拉康作品中的某种乌托邦时刻，这个超越阉割的通道在拉康后来的作品中从未被放弃过，不像其他乌托邦时刻（如充实言语），后者在“拉康反拉康”（晚期拉康反早期拉康）的常见事例中遭到了含蓄批判。因此，它代表了拉康反驳或超越弗洛伊德的一块奠基石。[18]

注 释

1 拉康在其作品中一再重复这句话；例如，可参见研讨班 XI，p. 207。

2 该文载于 *Newsletter of the Freudian Field* 2 (1988)。

3 *Écrits*, p. 157.

4 比如马克斯·韦伯（Max Weber）；也可考虑批判理论家约翰·奥尼尔（John O'Neill）的著作《一起理解》（*Making Sense Together*, New York: Harper and Row, 1974），这和拉康派视角完全不同，因为交流在本质上是误解。关于 verstehen，可参阅研讨班 III, p. 216。

5 *Écrits* 1966, p. 835；英文版可参见布鲁斯·芬克翻译的《无意识的位置》，该文收录于布鲁斯·芬克、理查德·费尔德斯坦和梅尔·贾努斯合编的《阅读研讨班 XI：拉康精神分析的四个基本概念》（*Reading Seminar XI: Lacan's Four Fundamental Concepts of Psychoanalysis*, Albany: SUNY Press, 1995）。

6 关于神经症中的要求替代欲望，可参见本书第 5 章注释 23。

7 它们也可以将那提供快乐刺激的器官和用来描述它的象征符分开，换句话说，将享乐与致命字母分开。

8 考虑一下他对阿尔喀比亚德的说法：“阿尔喀比亚德当然不是一个神经症主体。”可参见 *Écrits*, p. 323。

9 弗洛伊德把罪疚当作一个例外，他谈到过无意识的罪疚感。不过，说有些无意识的想法与罪疚感有关可能要更加前后一致。尤其参见《压抑》（“Repression,” SE XIV）。

10 SE XIV, p. 148，译文有所修改；全集标准版中的 Trieb 通常被当作 Instinkt（本能），但拉康把它翻译成法语中的 pulsion，以及英语中的 drive（比如“死亡冲动”）。

11 拉康的这种做法含蓄地剔除了弗洛伊德思考中的一个始终和古代宇宙观相连的元素：同心球的概念，即一个球体被嵌在另一个球体里面。拉康把弗洛伊德使用的术语 Vorstellungsrepräsentanz 翻译成 représentant de la représentation，即表象代表。弗洛伊德的用词暗指了，首先有一层思想（无疑最接近现实，现象或者物自体）；其次还有一层与之相关的观念代表。这意味着，我们不知何故可以自己思考或表示某些东西，而不需要借助于代表，这很纯粹直接，从语言学的角度来看，这种内涵显然很荒谬。也许我们最好是依据能指（代表）和所指（表象）之间的区分来理解弗洛伊德使用的这个术语，但这还是暗示了两者之间存在某种根本的区别，仿佛不知道怎么回事，所指不是由能指构成的。

若是把 Vorstellungsrepräsentanz 翻译成冲动的精神代表，情况似乎就更加清晰了，因为我们不认为冲动是由言词或者能指本身构成的，而是把冲动当作跨越了心身鸿沟或心身连续统的东西。不过，拉康强调，冲动并非与语言无关：和“本能”不同，冲动在某种意义上被嵌在语言中。但是，若在其他情况下使用 Vorstellungsrepräsentanz 这个词，那它可能是什么的精神代表呢？在我看来，冲动、本能以及它们的代表，都还有待更加清晰的阐述。

12 关于精神病，若想了解更加详细的讨论（例如父性隐喻的失败以及由此产生的后果），可参阅我的《拉康精神分析临床导论》（*A Clinical Introduction to Lacanian Psychoanalysis*, Cambridge: Harvard University Press, 1996）。

13 在 1960 年代，拉康说，遭到原初压抑的是 S_2，因为他推断，没有两个能指，就没有压抑，因此也没有主体性。直到第二个出现，第一个才能作为一个能指运作（产生意义）。不过，S_1 的确切地位在他这个阶段的作品中似乎是不明确的；如我在第 5 章提到的，它似乎与母亲的欲望相关。

14 SE I, pp. 295-387.

15 例如，可参见 SE IV, p. 101。在研讨班 XI 中，S_1 和 S_2 是在讨论原初压抑时引入的，S_1 指的是母亲的欲望，S_2 则指的是父之名，经由父性隐喻的运作，父之名遭到了原初压抑。到了研讨班 XVII，基本上任何一个能指都可以时不时地扮演主人能指（S_1）的角色，而父之名可能被视为众多 S_1 中的一个，而不是 S_2，后者“只是普通的能指”。

16 请注意，这是我自己的标记：拉康从未把主体定位在 S_1 和 S_2 之间的箭头上。

17 参见《可终止与不可终止的分析》（“Analysis Terminable and Interminable,” SE XXIII）的最后一页。

18 关于“超越阉割”，更加精练的表述可参见拉康论性差异的著作，即研讨班 XVIII、XIX、XX 和 XXI。在第 8 章，我将指出，就男人和女人而言，存在着不一样的超越阉割的路径。

第3部分

拉康式对象：爱、欲望、享乐

7

对象（a）：欲望原因

就对象 *a* 而言，拉康认为这是他对精神分析做出的最重大贡献。[1] 在拉康的著作中，鲜有概念得到如此广泛的阐述，从 1950 年代到 1970 年代得到如此重大的修订，从如此多的不同角度进行研究，并且需要我们多番修改关于欲望、转移和科学的通常思维方式。在拉康的作品中，很少有概念有如此多的化身：小他者、小神像（agalma）、黄金数字、弗洛伊德式原物、实在、反常、欲望原因、剩余享乐、语言的物质性、分析家的欲望、逻辑一致性、大他者的欲望、假相/假冒、丧失的对象等。拉康的作品有数千页是关于这一概念的发展的，其中大部分尚未出版，[2] 我不可能有望为对象 *a* 提出一个解释，以充分说明或涵盖拉康的所有注解。此外，他的许多阐述涉及代数学、拓扑学和逻辑学构想，它们需要大量的评论，而大多数读者对此并不感兴趣。[3] 虽然长篇研究是值得的，[4] 但我在这里将只谈我认为拉康对精神分析最重要贡献的一些最突出方面。

在本书的前几章，我不得不在一些不同的语境中引入对象 *a*，以解释主体的出现和在大他者中的相应变化。正如可以预料的那样，拉康的对象和主体概念经历了同时期的修订，如果不同时考虑这两个概念，我们就无法在任何特定的时间点上把握拉康的理论。在第 3 章，我把对象 *a* 称为象征化的残留物——在象征化之后或尽管有象征化，剩下的、坚持着的和外－在的实在（R_2）——创伤性的原因，它打断了法则的顺畅运作和意指链的自动展开。在第 5 章，我讨论了对象 *a*，把它当作假想的母亲孩子统一体的最后提示物或剩余物——主体在幻想中依附于它以获得完整感——当作大他者的欲望，享乐的对象，孩子在分离中携带的母亲大他者的“一部分”，以及主体存在（existence）的外异的、决定性的原因，而他 / 她必须在分析中成为该原因，或将之主体化。在第 6 章，我在弗洛伊德的丧失对象的语境中简要提到了对象 *a*，把它当作主体的存在（being），以及将一个主人能指辩证化之后的产物。

84 要“全面思考”所有这些谈论对象 *a* 的方式，读者承担的任务并不容易，我希望本章能部分地扭转这一点。然而，正如本书第 2 部分，把拉康关于主体的所有表述放在一起思考，总是不太可能的，要调和他关于对象的所有表述也并不轻松。毫无疑问，这也使这个概念在进一步的思考中能够结出很多果实，但这让那些想要系统化的人感到恼怒，让“有科学头脑的人”觉得很讨厌。一个这么多价的概念，在将精神分析构造为一个重要的话语，更不用说构造为一门科学方面，能有什么价值？我将在第 10 章讨论精神分析和科学的关系。

在这里，我们回退几步，从想象、象征和实在的角度来考虑对象的概念。这将为拉康的对象概念从 1930 年代开始的演变提供一些视角。

“对象关系”

想象的对象，想象的关系

最重要的想象对象是自我。正如我在第 4 章第 1 节解释的那样，自我是一个想象产物，[5] 是个体自身的身体形象和由其他人反射回来的自身形象的结晶或沉淀。与弗洛伊德不同，拉康坚持认为这种结晶并不构成一个代理，反而是一个对象。该对象就像其他对象一样，被投注或投资力比多，而且因此，幼儿“自己”的自我不一定比幼儿所处环境中的其他对象（或自我）更受投注。若是从这种想象层面去理解，该对象就是力比多导向或撤回的对象，我们在弗洛伊德的著作中发现的爱的对象也是如此。

由于自我固有的外异特性和类对象的本质，在 1950 年代早期，拉康将它称作一个他者（法文用词是 autre），因此他将自我简写为 *a*，通常标以斜体，表示它是想象的（与拉康的排字惯例保持一致）。一个人自己的自我被写作 *a*，另一个人的自我则是 *a′*。这种写法凸显了它们的相似性。

“想象关系”不是虚假的关系——虚假的关系指的是实际上不存在的关系——而是自我之间的关系，在这种关系中，一切都只依据一个对立来上演：相同或相异。想象关系涉及你出于各种各样的理由认为和你自己相似的其他人。这种相似可能是因为你俩长得非常像，身型年龄相仿，以及其他诸如此类的原因。在幼儿的情况中， 85
通常是家里的、亲戚家的或朋友圈子里的那个孩子，在身型、年龄、兴趣和能力上与幼儿有最深的类同关系，两人和父母某一方或权威人物有相似的关系（图 7.1）。因此，对于谁是相似的和谁不是，其中的决定因素还涉及象征的成分。[6]

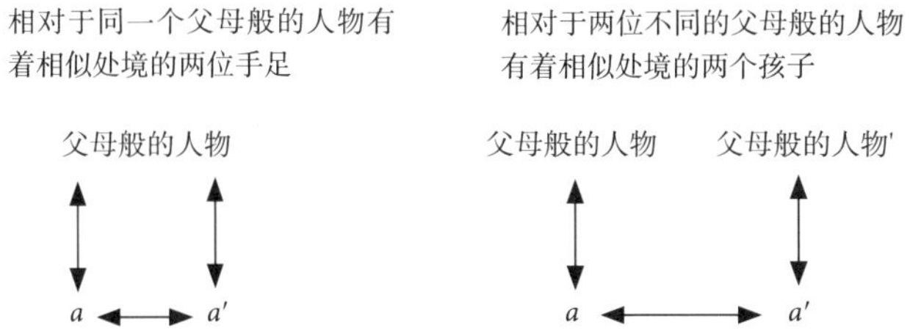

相对于同一个父母般的人物有着相似处境的两位手足

父母般的人物

a ⟷ *a′*

相对于两位不同的父母般的人物有着相似处境的两个孩子

父母般的人物　　父母般的人物′

a ⟷ *a′*

图 7.1

相同（爱），相异（恨）

与相同和相异这种主要的想象对立相对应，想象关系有两种显著特征：爱（认同）与恨（竞争）。因为他者和我相像，所以我爱且认同他/她，对其喜悦和疼痛感同身受。在同卵双胞胎的情况中，我们常常会发现，其中一人对另一人的自我的投注几乎就等同于对自己的自我的投注。在许多关系亲密的家庭中也是如此，尽管程度较轻，但孩子们很团结。在这种情况下，我们看到了爱邻如己这条《圣经》戒律的罕见执行。就我爱我自己而言，和我相像的另一个自我是同样值得爱的。

在某种程度上，这也解释了这种亲密认同的反面：由小差异（la petite différence）引发的张力。相异会不可避免地在哪怕是最相似的双胞胎之间蔓延，不管这是因为父母的区别对待，还是因为样貌随着时间的改变，而且关系的开端越亲密，对小差异的愤怒就可能越大。

在那些涉及恨的想象关系中，手足竞争最著名。虽然很小的孩子通常不会质疑他们对父母的从属——觉察到父母和他们自己之间的明显差异——但他们经常在很小的时候，就为他们在兄弟姐妹中的排行和地位展开竞争。孩子通常认为他们的手足跟他们同属一类，而且不能容忍父母某一方给予除他们自己以外的哪个人过分优待、双重标准等。他们因其手足夺走了他们自己在家中的特殊地位、偷取大家的关注，以及在父母重视的活动上表现得比他们好，而憎恨其手足。这同一类竞争通常会波及同学、表亲、邻里朋友等人。这
86 类关系中的竞争经常围绕着身份象征，而且还暗含了所有类型的其他象征元素和语言元素。这种关系的区别性特征是，双方都认为对方和自己多少是相同的——忽略年龄上的些微差异、成绩水平、社会成就等，而且非常轻易就能想象他们自己站在别人的角度上，竞争和嫉妒就产生于这样的比较。

那些让我们觉得和我们自己相像的人，通常处在一段类似的和大他者的关系中。而且由于大他者泛化了——从我们的父母到学校大他者、法律、宗教、上帝、传统等——所以想象关系不单是莫名其妙就会长大的童年早期的特征。这样的关系在我们一生中都很重要。

在 1950 年代早期到中期，他者、*a*，是拉康式对象，而且在拉康作品的视野中，没有其他对象。到了研讨班 VII，拉康研究原物（das Ding）；研讨班 VIII，他把 agalma（小神像）从柏拉图的《会饮篇》中提取出来；研讨班 IX，拉康开始概念化一个全然不同类型的对象：一个实在的对象，即欲望原因。从那时起，拉康基本上把他所有的兴趣都投到了实在的对象上，但绝没有废除那被置于想象层面的对象的重要性。例如，考虑一下分析情境。

在分析中，分析家经常被分析者（尤其是在分析之初）当作想象他者的替身；这可见于分析者的这种企图：把分析家当作跟分析者相似的人，在文化水平、兴趣、精神分析取向、宗教或任何你能想到的方面相似的人。在我自己的实践中，非常普遍的是，分析者在两三次会谈之内就提到，我们各自的书架上有同样的书，暗指我们的关注点和视角一样。这种寻找相似之处的企图，将我等同于一个小他者的企图，可能首先会引起爱，但最终会导致竞争：分析者也许一开始把我当作一个跟他相似的人，但后来寻找他的不同之处，也就是他更胜一筹或落于下风的方面。

这个竞争层面是拉康认为大多数美国分析家所谓的“反转移”所在的层面：在这个层面，分析家陷入同样的比较游戏，将自己和分析者放在一起比较，依照自己的话语衡量分析者的话语。“对于分析情境中或其他地方正在发生什么，他们的理解是领先于我，还是落后于我？他们听从我的愿望吗？我控制住场面了吗？我占据上风吗？这个人是怎么弄得我神经紧张，让我感觉自己很糟糕的？”拉康不是说反转移感受不存在，而是说这些感受向来且不可避免地被置于想象层面，因此分析家必须将它们放在一边。分析家一定不要将它们揭露给分析者，因为那会将分析家和分析者放置在同一个层面，彼此都是对方的想象他者，都能有类似的感受、困扰、不安等。这样的定位会阻碍分析者将分析家置于某种大他者角色中。

87 大他者作为对象，象征关系

所有这些瞄准的都是**别的人**——但是，其中大多数都是史前的、不会被遗忘的其他人，从来不是后来者可以相提并论的。

—— 弗洛伊德，SE I, p. 239

象征关系是跟大他者的关系，即作为语言、知识、律法、事业、学术界、权威、道德、理想等的大他者；还是跟大他者指定的（或者更直白地说，要求的）对象的关系，这些对象也就是分数、文凭、成功、结婚生子——在神经症中，所有这些对象通常都跟焦虑联系在一起。不过，在分析情境中的象征关系层面，唯一真正重要的“对象”（如果笼统而言，它可以说得上是一个对象的话）是作为大他者的分析家，作为大他者的替身或代表的分析家。[7]

1950 年代早期到中期，拉康的著作有一个特色，即分析设置是两层（想象的和象征的）模式的，而分析神经症主体时的目标便是消除想象关系在象征关系中的干扰，换句话说，是剔除想象的兴趣，让分析者直面自己跟大他者的问题。比如在同性恋神经症主体的情况中，除了别的以外，这一般还涉及修通并因此驱散分析者对同性的想象认同（图 7.2）。

在拉康著作的这个早期阶段，主体是由一种相对于这个大他者采取的立场所构成的，在这种症状性的立场中，主体试图维持自己和大他者的“适当”距离，从不完全迎合大他者的要求，但也从不彻底挫败这些要求；从不靠得太近，以免实现了大他者所宣扬的那

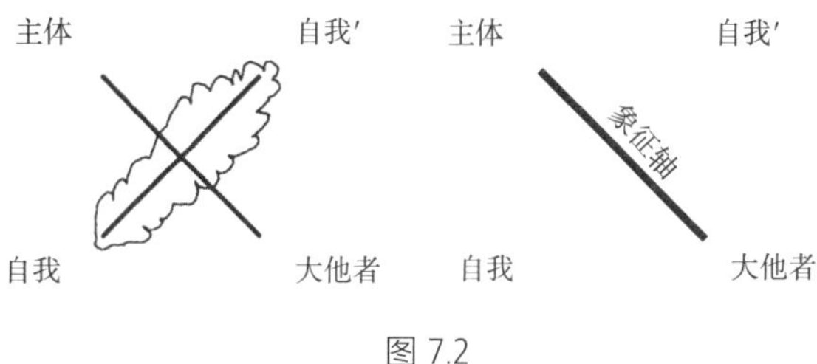

图 7.2

些目标，但也从不离得太远。

分析家常常被他们的分析者放到大他者的位置上。对此，拉康是这么构想的，他说，分析家被分析者视为假设知道的主体：在心理问题产生时，症状出现时，以及其他诸如此类的情况下，知道问题何在。在西方社会，分析家常常被假定为拥有这样的知识，甚至有些一生中从未向哪个分析家咨询过的人也这样认为。这种假设与 88
精神分析在当今世界的某些地区中的社会功能有关。

但是，分析家要是同意扮演假设知道的主体，并且掉入陷阱，真的认为自己知道那些从来都不能提前得知而只能在分析过程中建构的事情，那么问题就出现了。这个分析家因此陷入了一种虚假的掌控感之中，乃至跟分析者建立了一种想象的关系。对很多人来说，分析承担了以前的忏悔功能；而对另一些人来说，分析承担的则是祷告 / 赎罪的功能，这把分析家放在了类似上帝的、无所不知的大他者位置上，他适合深思所有关于正常异常、对错、善恶的问题。分析者假设分析家对分析者本人的症状、欲望、幻想和快乐有着惊人的了解，而拉康一度将这种假设等同为转移的动力（把知识投射给另一个人，这种投射会引发爱，转移之爱）。[8] 但是，虽然所有这些因素都为分析家预先安排了大他者的角色，可分析家切勿掉入陷阱，乃至在那个位置上提供解释。

当然，弗洛伊德起初就是这么做的：有好几年，他跟分析者解释他的无意识、压抑和症状构形等理论，并在此基础上解释分析者跟他说的话，试图博得他们的同意或相信。[9] 庆幸的是，如果那种反应没有如期而至，他也并不会太担心；而且他渐渐放弃了把自己所想的一切——他用来理解分析情境的全部方式——解释给分析者听这种做法。因为，在分析情境中拥护一种理论，很可能会导致分析者寻找途径提出异议（弗洛伊德在《梦的解析》中讨论的那个屠夫之妻就是这样做的，她宣称自己做的那个梦驳斥了弗洛伊德的理论，即每个梦都是一个愿望的满足），[10] 想出一个比分析家的理论要更好的理论，从而把分析家从假设知道的主体的位置上拉下来，把分析家推到一个类似于分析者的普通人的位置上，这个普通人并不总是对的，而且结果甚至可能是一个比分析者还要蠢的人。

并不是说分析家要不惜一切代价地留在那个假设知道的主体的位置上——恰好相反。但若明白无误地表现得就像自己是这样一个主体，往往会导致分析者发展出竞争的想象关系，这可能是分析家和分析者之间最糟糕的关系。这是陷阱之一。陷阱之二是，分析家要是相信自己真的拥有那被假设的知识，就必然会表现得好像他们是在讲台上课一样，去传递解释，而他们提供的解释，对他们的分析者来说，即使不是毫无用处，也收效甚微，其作用只是让分析者更加依赖分析家。因为，若是用建议或解释，用自己对分析者症状的“理解”，来回应分析者的要求，分析家就给出了自己拥有的东西（“知识”），而不是给出自己没有的东西（缺失，换句话说，就是欲望），而且还鼓励了分析者提要求，而不是让他们欲望起来；鼓励了他们继续被异化，而不是分离。

89 在分析情境之中，分析家切不可认为自己是知识的代表，反而必须把分析者的无意识当作知识的代表。无意识在通过打断、口误、引人误解的言语、过失、忘记了会谈、搞错了费用而讲话或展现出来时，分析家务必要把它当作终极权威、大他者、假设知道的主体。

尽管如此，但在一开始，分析者把分析家放在被要求的大他者的位置上，[11] 换句话说，分析者总是把自己对知识、帮助、营养、认可、关注、感情、赞同和反对的要求发送给大他者（通常是父母大他者）。根据拉康的观点，所有这样的要求归结起来都是同一回事：对爱的要求。[12] 除了一个人构想的以上所有那些具体要求之外，他寻求的总是爱。

有些分析家（比如温尼科特）认为，扮演分析者的母亲是分析家的职责所在，因为分析者的神经症表明他“缺乏养育”。根据他们的观点，分析家必须得试着做一个“足够好的母亲”，补偿分析者在成长中缺失的关注、赞同、反对、爱和纪律。分析家必须得是一个完美的爱的对象，既不是令人窒息的，也不是缺席的。根据拉康的观点，问题在于，这使分析者比以往更加依赖分析家，而且分析者的欲望（表达在其幻想中时）慢慢地完全围绕着分析家的要求（$◇ D），即要求分析者好起来，做梦，做白日梦，反思或者分析家要求的任何事情，或者分析者认为分析家在要求的事情。

分析家向来对他们的分析者有所要求，比如约定的时间、会谈频次、付费和讲话（比如，要分析者说出他想到的任何东西）这些方面；但当分析家被放在父母大他者的位置上时，这样的要求就会被解读为爱的标志，而这反过来会助长分析者的要求，把分析者固着在一个爱的对象上。因为，（与要求相关联的）爱有一个对象。[13] 弗洛伊德说到“对象选择”时，指的是主体对同一类爱恋对象的重复要求，或者与一个爱恋对象同种类型的关系。而且，拉康在他早期作品中说到“欲望的”或“欲望中的”对象时（尤其参见研讨班 VI），这样的对象明显指的是爱的对象，换句话说，这个对象是主体对爱的要求的接收者。

要求 ⟶ 对象

在 1950 年代早期到中期，拉康认为分析涉及逐步驱散分析者的想象关系，逐步聚焦在分析者的象征关系上，也就是聚焦在分析者与大他者的关系上。在他理论的这个时期，分析最终包含了“修改”主体相对于大他者的位置，而这个大他者不是由分析家体现的。在这一时期，拉康认为，这样的重构引出了一种成熟的欲望，这种欲
90 望挣脱了大他者的支配。但是，拉康后来逐渐看到，在那种层面上展开的一段分析，还不足以构成欲望的主体，并且让分析者陷在了要求的层面，依赖于大他者的要求。在研讨班 I 中，拉康已经将（作为语言、传统等的）大他者放在分析家和分析者之间，[14] 但是，分析家偏离中心的角色在那里没有被指明。在这一点上，拉康所强调的都是分析者与大他者的关系，而且，就像我们已经看到的那样，分析家要是不通过承担某种其他位置而真的放弃大他者的角色，那么分析者就会始终困在要求的层面，就会被大他者的要求套牢，不能真正地去欲望。

在检视分析家作为分析者的对象的各种角色（小他者 a' 或大他者 A）时，我们已经看到，分析家一定要避开想象的陷阱（认为自己类似于分析者，不管在很多方面是否确实如此），一定不要在无所不知的大他者位置上提出解释。那分析家要把自己置于何处呢？分析家若既不做想象的竞争对手，也不做大他者的代表，那他 / 她还能是什么类型的对象呢？留给分析家的还能是什么角色呢？在分析者的心理经济学中，分析家扮演的是什么角色呢？正是拉康对欲望本质的阐述，使他能够回答这些问题。让我们直接跳到他在欲望方面的论断吧。

实在的对象，与实在相遇

欲望既不是对满足的渴望，也不是对爱的要求，而是源自后一个减去前一个得到的差值——是它们之分裂的特有现象。

——拉康，《著作集》，第 287 页

Je te demande de refuser ce que je t'offre parce que ce n'est pas ça![15]

——拉康

不能因为别人向你要某样东西，就认为那真的是他们想要你给的。[16]

——拉康，研讨班 XIII，1966.3.23

欲望，严格来说，没有对象。欲望在本质上是对别的东西持续不断的搜寻，而且没有可指明的对象能够满足欲望，换句话说，熄灭欲望。欲望基本上陷在一个能指往下一个能指的辩证运动中，而且直接对立于固着。欲望寻求的不是满足，而是其自身的延续和推进：更多欲望，更大的欲望！欲望只希望继续欲望下去。因此，根 91
据拉康的观点，欲望绝不是大众口中的那个欲望，因为欲望与要求有着严格的区分。

欲望所涉及的唯一对象是引起（cause）欲望的“对象”（如果我们还能把它称作对象的话）。欲望本身没有“对象”。[17]它有一个原因（cause），一个使它得以形成的原因，拉康将这个原因起名为对象（a），欲望的原因。给对象打上括号——在拉康为《论〈失窃的信〉的研讨班》（*Écrits* 1966）所写的后记（被称作“连环套”[Suite]）中，可以非常明显地看到这一点——标志着对象从想象辖域转向实在辖域：拉康写的不再是对象 *a*（其中的 *a* 被标以斜体），而是对象（a）。说到原因时，还保留“对象”一词，无疑在很多方面是非常误导人的，但是，拉康在改变其意义的同时，保留了这个词，从而在某种意义上力图先发制人地讨论：在精神分析理论中，被冠以“对象”之名的东西通常指的是什么；他含蓄地指出，这只是次要的。[18]

对象（a）作为欲望的原因是引发欲望的东西：它是欲望产生的原因，是欲望采取特殊形式的原因，还是其之所以强烈的原因。用图来说，就是：

原因 ⟶ 欲望 ⟶ 从一个对象到下一个对象的换喻式滑动[19]

我们暂且退一步说。在一个孩子那里激起欲望的东西是大他者的欲望，而不是大他者的要求，甚至也不是大他者对这个或那个特定的事物或人的欲望。大他者的欲望，当它落在特定的对象和人身上时，为孩子的欲望指明了方向，但不引起孩子的欲望。正是作为纯粹欲望性的大他者欲望——表现在大他者投向某物或某人的目光之中，但区别于那个物或人——引起了孩子的欲望。激发孩子欲望的东西，与其说是那个被看的对象，倒不如说是看本身，比如，表现在看这种动作本身之中的欲望。

关于他们的“对象选择”，除了分析者向其分析家提到的，在该选择中扮演了某个角色的各种性质或属性——发色、眼睛的颜色，诸如此类——分析者还常常会叙述某些极其难以把握或难以用言语表达的东西：一个男人看向一个女人的某种方式，也许被那个女人归结为她实际上想从男人那里要的一切。（不是她说她想从一个男人那里得到的东西，用有关需要的典型的美国式话语来说，“我需要感情、支持和鼓励”。因为那都是有意识的自我话语：货真价实的大他者话语，社会的美国大他者的话语。）那种特别的看，那种——举例来说——粗鲁的、眼睛都不眨一下的看，也许是那实际上引起她欲望的东西，在她身上激发出来的这种欲望，是自我所维护的所有那些优秀的品质无法掐灭的：一个体贴的男人，一个好父亲，一个优秀的维持家庭生计的人，诸如此类。对她来说，正是那引发欲望的看决定了弗洛伊德所说的“对象选择”，以及我要说的同伴选择（the choice of companions）。因为那种看，在被找到的时候，是
92 和某个人联系在一起的，是和一个“个体”联系在一起的。那个个体被当作主体的同伴，有望最有可能保持那种激发欲望的看。

作为原因的对象 ⟶ 欲望 ⟶ 同伴

目光/看（a）　　　　$

声音（a）

但是重点在于，对欲望而言，这个同伴（带有其自身所有的个性、癖好、区别性的品质等）相对于原因而言，没有多大的价值。这个女人也许更感兴趣的不是她的同伴，而是她同伴投向她的那种看的能力；如果他因为他们关系变糟而不再能够这样，那么她很可能会另觅他人，想要重新将自己置于一段会激发欲望的关系中，即跟某种类型的看的关系中。

在某些男人那里，一个女人的声音极为重要；与其说是她所说的话，不如说是她说话的方式，她声音的腔调和音色，激起了他们的欲望。若一个男人找到了这样一个人：这个人的声音就像他母亲的声音那样，以同样的方式表达了欲望；那么他可能会，比如，不顾别人的意见、社会压力和道德习俗，放弃搜寻具有某类特质的女人，即他被教导着去寻找的那种女人。

这不一定像大众认为的那样是因为爱，而是因为欲望——是为了能够维持一个欲望主体的位置。

请注意，我迄今举出的两个关于对象（a）的例子，是在声音中和在目光中显现出来的大他者的欲望，这两者都不引人注意：你看不到它们本身，它们没有镜像，而且非常难以象征化，难以形式化。它们属于拉康所说的实在辖域，并且抵抗想象化和象征化。但它们和主体最为重要的苦与乐、兴奋与失望、激动与骇人的经验紧密相关。它们抵抗分析行动——包括言语，用语言表达，试图说出问题所在，把它讲出来——而且跟那定义了主体特有的存在的享乐相关。

实在本质上是抵抗象征化的，因此也抵抗象征秩序的辩证特征，在这种辩证中，一个事物可以用来替代另一个事物。并非一切都是可替代的；有些东西是不可交换的，因为它们无法被“能指化”。它们是在别处找不到的，因为它们具有类似原物的（Thing-like）性质，要求主体一再回到它们那里。

拉康派精神分析所接受的挑战在于，发明一些方法，以击中实在，扰乱实在所导致的重复，将孤立的原物辩证化，并且撼动基本幻想，而在基本幻想中，主体在跟原因的关系中构成自身。

93 丧失的对象

拉康明确承认他受惠于一些精神分析家，这些人在他提出对象（a）概念的道路上有助于他：卡尔·亚伯拉罕、梅兰妮·克莱因（“部分对象”）和唐纳德·温尼科特（“过渡性对象”）。[20] 不过，很明显，他能构想出“丧失的对象”这个概念，最主要的还得归功于弗洛伊德。然而，和通常的情况一样，拉康的“丧失的对象”远远超出了我们能在弗洛伊德的作品中“寻找到”的东西。根据语境来看，弗洛伊德从未声称对象不可阻挡地或不可挽回地丧失了，他也从未声称，“重新发现”或“重新找到”一个对象意味着该对象总是已然丧失了。

例如，考虑一下弗洛伊德在《否定》（Negation）一文中所说的话：

> 经验告诉我们，重要的是，不仅要让一个物 [ein Ding]（提供满足的对象）拥有“好”这一属性——因此值得被纳入自我——还要让它在外部世界中存在，在需要时可以抓住。为了理解这向前一步 [从简单的“好”或“坏”的属性判断到存在判断]，我们必须回想一下，所有的表象 [精神形象] 都来自感知，并且是对这些感知的重复。因此，从一开始，一个表象的存在就担保了那被代表 [在头脑中想象或描绘] 之物的现实 [在外部世界中的存在]。主观和客观之间的对立一开始

> 是不存在的。它只是由这样一个事实构成的，即思想有能力通过在一个表象中重现曾经被感知的东西，来使其再次呈现，而外部的对象不再需要在场。因此，现实检验的首要且最直接的目的，不是在真实的感知中找到一个与［头脑中］被代表之物相对应的对象，而是重新找到这样一个对象——使自己相信它依然在那里……现实检验机制的基本前提显然是，曾经提供过真实满足的对象应该（将会是）已经丧失了。（SE XIX, pp. 237-38, 译文有所修改）

弗洛伊德在这段话中并没有声称，对象就其本质而言，在任何绝对意义上都是丧失的。一个对象在一开始是被遇到的，而不是孩子主动寻找的，因为在这种相遇发生之后，孩子才会去寻找一个对象。之后，与满足经验相关的记忆被唤回脑海（可以说是，被重新激活，或者被重新投注），满足可能要么是幻觉式的（原初过程），要么是在“外部”世界中找到的（次级过程）。因此，没有最初的Objektfindung，只有Wiederzufindung，也就是说，没有刻意去寻找一个对象，有的只是在“外部”世界重新找到一个对象，这个对象对应于一个人与曾经偶然遇到（τύχη）的满足经验有关的记忆。相反，动物被引导着去寻找本能（作为一种被印刻的、预先铭写的、编码的知识）指引它们去寻找的东西。[21] 而人类由于缺乏这种天生的知识， 94
不知道什么会带来满足，因此必须首先通过幸运之神的眷顾与它相遇，然后才能发起行动，重复这种满足经验。

同样，当弗洛伊德在《性学三论》中说，“找到一个对象，实际上是重新找到它”（SE VII, p. 222）时，他指的是这样一个事实：潜伏期后的对象选择重复了孩子的首次对象选择：乳房。在这里，最初遇到的对象也是在后来的某个时间点上被重新找到的。

尽管如此，弗洛伊德的语言非常引人联想，拉康对弗洛伊德的文本进行了某种塔木德式的解读（他自己在研讨班 VII 第 58 页中就是这么说的），他更重视弗洛伊德文本中的字母，而不是其相当显而易见的意义。如果严格来说，这个对象从未被发现，这也许是因为它本质上是幻象性的，而不是对应于一个被记住的满足经验。本来就从未有过这样的对象："丧失的对象"从来就不在（was）；它只是在事后被建构为丧失的，因为主体除了在幻想或梦中生活之外，无法在其他地方找到它。以弗洛伊德的文本作为跳板，这个对象可以被看作总是已然丧失的。[22]

我们还可以用另一种方式来描述这个丧失的对象。在最初的满足经验中，乳房根本就没有被当作一个对象，更不用说被当作一个不属于幼儿身体一部分且在很大程度上超出了幼儿控制的对象。它只是事后构成的，即在母亲缺席或拒绝养护幼儿时，幼儿多次徒劳重复首次满足经验之后构成的。正是由于乳房的缺位，因此未能获得满足，才导致它成了一个对象，一个与孩子分离且不受孩子控制的对象。一旦对象得以构成（即象征化，虽然孩子可能还不能用别人可以理解的方式言说），孩子就再也找不到首次体验到的乳房了，即跟他 / 她的嘴唇、舌头和嘴巴或跟他 / 她自己尚未分离的乳房。一旦对象得以构成，这种"原初状态"——在这种状态下，幼儿和乳房或主体和对象没有任何区分（因为只有当缺失的乳房成了对象时，主体才会出现，并且是作为与该对象的关系出现的）——就永远无法重新被体验到，因此第一次提供的满足也永远无法被重复。[23] 一种单纯永远丧失了，而且此后实际找到的乳房绝不是那个。对象（a）是构成对象过程中的遗留物，是逃避象征化掌控的废料。[24] 它是一个提示物，提示我们还有别的东西，某种东西也许丧失了，也许还没有被找到。

这就是我在第 5 章所说的对象（a）：它是假想的母亲孩子统一体丧失后的提示物 / 剩余物。

弗洛伊德式原物

拉康式对象的其他方面也以类似的方式“衍生”自弗洛伊德的作品。Das Ding（原物）在上面引用的《否定》一文的段落中已经出现了，拉康在研讨班 VII 中根据弗洛伊德的《科学心理学大纲》广泛讨论了这个词。在那里，弗洛伊德用神经元术语将“原物”描述为，比如，在幼儿对乳房的各种感知中保持不变的东西：“神经元丛”中的一个神经元（“神经元 *a*”，弗洛伊德在手稿中贴切地如是说），对应于“知觉丛的恒定部分”（SE I, p. 328）。而可变的（“神经元 *b*”）则与其他神经元（其他特定知觉的记忆所在地）发生关联，与它们建立连接。拉康把弗洛伊德的神经元“翻译”为能指，并把神经元之间所谓的辟路（Bahnungen，缺口）翻译成能指之间的衔接或连接（研讨班 VII，p. 39），在这种翻译中，我们发现有些东西（神经元 *a*）始终与意指链的其他部分是隔开或切断的，虽然链条必然围绕着它打转：原物，别名对象（a）。

弗洛伊德把他的描述延伸到别处：人类、同类生物或邻近的人（Nebenmensch），他们是最初照顾无助幼儿的人。“同类生物的复合体分为两部分。其中一部分给人的印象是一个恒定的结构，并保持为一个连贯的‘物’”（SE I, p. 331）。鉴于那个恒定的部分始终与其他神经元——换句话说，能指——的联想性连接是切断的，拉康就可以这样继续他的“翻译”：“原物从一开始就是我所说的非所指 [或超越所指: hors-signifié] 的东西。主体跟这种非所指保持距离，同样要保持距离的还有跟它的情感关系，主体在一种以原初情感为特征、先于任何压抑的关系中构成自身”（研讨班 VII，p. 54）。

在这里，原物是作为大他者（或“大他者丛”）里面的非所指和不可意指化的对象而出现的——在大他者之中却又超出大他者。[25] 它是主体要保持距离的对象，这距离既不会太近也不会太远。主体是作为对它的防御而出现的——防御与之相关的快乐 / 痛苦的原初经验。主体与它的关系以一种原初情感为特征，无论是反感、恶心或厌恶，比如在癔症中；还是一种被压倒[26]的感觉，导致逃避，比如在强迫症中。事实上，这些不同的“原初情感”，即幼儿对自己在跟一个同类（父母大他者）的关系中遭遇的“原物”（对象 *a*）所采取的原初立场，构成了区分癔症与强迫症的结构性诊断标准。特别是在弗洛伊德写给弗里斯的信中，我们可以看到，癔症被定义为一种特殊情感反应，回应了自己跟另一个人掺杂了性欲的“原始”相遇，
96 这是一种不快乐或厌恶的反应；而强迫症则依据一个不同的反应来区别定义：快乐、一种被压倒的感觉和罪疚感。[27]

在这里我们看到，拉康所说的“弗洛伊德式原物”是对象（a）的早期版本，弗洛伊德所描述的主体跟它的原初关系，与基本幻想所构成的关系是一样的，我们可以在前面第 5 章和第 6 章的描述中看到这一点。

剩余价值，剩余享乐

在研讨班 XVI 上，拉康将对象（a）等同于马克思的剩余价值概念。[28]作为主体最珍视的东西，对象（a）可以关联于以前的金本位，是所有其他价值（如货币、贵金属、宝石等）的衡量标准。对主体来说，它是他 / 她在所有的活动和关系中所追求的那个价值。

剩余价值在量上相当于资本主义中被称为“利息”或“利润”的东西：它是资本家为自己拿到的好处，而不是支付给员工的东西。（它也被称为“再投资资本”，以及许多其他委婉的说法。）宽泛地说，它是员工的劳动成果。在用美式英语书写的法律文件中，当某人被说成享有某项财产或信托资金的果实或“用益权”时，意思是说此人有权享有其中产生的收益，尽管不一定是享有财产或资金

本身。换句话说，它是一种权利，但不是所有权，而是“享受”权。在日常法语中，你可以说这个人对上述财产或资金有 la jouissance[*]。用法国金融学更确切的术语来说，这意味着他 / 她享受的不是土地、建筑或资本本身（la nue-propriété[**]；字面意思是“虚有的财产”），而只是它额外的果实，它那扣除或抵销其维护、培养等所需费用——它的运营费用——之后的产物。（请注意，在法国的法律行话中，jouissance 更接近于占有。）[29]

雇员从未享受过该剩余产物：他 / 她“丧失”了它。工作过程使他 / 她成为一个“被异化的”主体（$），同时制造了一种丧失，即（a）。资本家作为大他者享受着那种额外产物，因此，主体发现自己处于这种很难让人羡慕的境地：为了让大他者享受而工作，为了让大他者享乐而牺牲他 / 她自己——这正是神经症主体最憎恶的事情！

和剩余价值类似，这种剩余享乐也许可以被视为在主体“外部”、在大他者之中流通。它是在身体外部流通的一部分力比多。（对这一点的进一步讨论，可参见第 8 章的“阉割”一节。）

欲望的对象（an object of desire）和引起（causes）欲望的对象， 97
这两者之间的区别确实是很关键的一点。不幸的是，文献中对于对象（a）的解释往往与用来讨论弗洛伊德式对象时所用的语言基本如出一辙：母亲是孩子的第一个对象；一个男孩必须接着寻找另一个与他母亲同性别的爱恋对象；一个年轻女孩必须接着寻找一个与她的首个主要对象不同性别的爱恋对象；诸如此类。这只会让人更加难以领会拉康理论中的一个已经非常复杂的部分。

我在这里提出的讨论绝不是详尽的，在接下来的章节和附录中，对象（a）的更多方面会被进一步讨论。

* 这个词除了指我们在拉康精神分析语境中所说的享乐以外，它在法国的法律用语中，还有使用权、收益权之意，而在日常用语中，有享受、享用之意，以及对性高潮的指涉。——译者注

** 这个词在法国的法律用语中的意思是虚有权。——译者注

注　释

1　可参考他的评论，比如研讨班 XXI，1974.4.9。

2　对这个概念的重要阐释可参见研讨班 IV、IX、X、XI、XIII、XIV、XV、XVI、XVII、XVIII，收录于《著作集》（*Écrits* 1966）中《论〈失窃的信〉的研讨班》里的“连环套”（Suites），以及其他地方。

3　其他读者可参考我的这篇文章《无意识思维的本质，或者为什么没有人读过拉康〈论《失窃的信》的研讨班〉的后记》（“The Nature of Unconscious Thought or Why No One Ever Reads Lacan's Postface to the 'Seminar on “The Purloined Letter”'”，收录于《阅读研讨班 I 和 II：拉康的回到弗洛伊德》[*Reading Seminars I & II: Lacan's Return to Freud*, edited by Bruce Fink, Richard Feldstein, and Maire Jaanus, Albany: SUNY Press, 1995]）。这篇文章详细说明了对象（a）如何作为那决定了象征秩序中的缠结的东西。也可参见本书附录 1 和附录 2。

4　可参见简 - 大卫·纳索（J.-D. Nasio）在《劳尔的眼睛：雅克·拉康理论中的对象概念》（*Les Yeux de Laure. Le concept d'object a dans la théorie de J. Lacan*, Paris: Aubier, 1987）这本书中对于对象（a）的长篇讨论。不过，该讨论从多个角度来看，都让我觉得不尽如人意。

5　在人类这种言说存在的情况中，向来很难将想象和象征完全分开，因为我们的幻想、白日梦和梦中出现的非常多的形象，早已在象征上被决定或结构了。“想象的对象”（或在想象的层面上起作用的对象）也是如此，而其中最重要的就是自我。在第 4 章的第 1 节，我描述了自我的构形，就像拉康理解的那样，我指的是研讨班 VIII 的末尾，在那里，拉康从象征的视角重新解读了镜子阶段。因此，想象的对象总是在象征层面上被结构了，至少部分是这样，而且想象的关系也因此已然部分地在象征层面上被决定了。

6　虽然索绪尔教导我们，语言本质上是由差异结构的，但是我们没法假定，所有差异都只是凭借语言来感知的。动物界就是由想象主导的，象征通常不起什么作用，这证明了差异已经在想象的层面上运作了。

7　这里至关重要的“对象”是，作为父母大他者，要求的大他者之替身的分析家。请注意，拉康从未谈论过“象征的对象”：他从未把精神分析的对象置于象征层面。在他的理论中，精神分析的对象从想象的小他者切换到实在的原因，从未去到象征辖域，一刻也没有。因此，除了象征构成的对象，或者由能指构成的对象之外，其他说法严格来说是不对的。

　　这样的对象通常是大他者的要求所针对的对象。它们在大他者发送给主体的要求中起作用，例如，父母发送给孩子的；并且经常涉及取得那些被社会给予价值的位置（以一个就像接受如厕训练时的身份一样基本的身份开始）、文凭、工资、认可、名声，诸如此类的东西。这是一些要获得或征服的对象，比如一张纸（文凭、证书、诺贝尔奖），是大他者重视的对象，跟大他者的赞同与反对有关。它们是孩子可能固着在上面的对象，孩子相对于它们而言，相对于他或她为了获得它们而付出的努力而言，始终是被异化的。如果它们要被当作欲望的对象，那么它们绝不激发欲望，反而常常是致命的，或令人焦虑的。主体对它们的欲望，对其自身来说是外异的，是不属于他自己的。它们最终也说不上是带来满足的。

8 例如，可参见《治疗的方向》（Direction of the Treatment），收录于《著作集》和研讨班 VIII。

9 例如，可参见鼠人案例（SE X）。

10 她的这个梦如今很有名，被用来阐述癔症中对不被满足的欲望的欲望，可参见 SE IV, pp. 146-51。

11 L'Autre de la demande 既是主体向其发送要求的大他者，也是对主体有所要求的大他者；我通常把前一个翻译为 the Other *of* demand（被要求的大他者），把后一个翻译为 the Other *as* demand（作为要求的大他者）。

12 其实，根据拉康的观点，所有言语都构成了对爱的要求。

13 请注意，拉康并不总是严格地将爱与要求联系起来。在研讨班 VIII 中，他开始勾画出作为小神像（agalma）的对象（a），而且他在那里用来表示爱的措辞更紧密地联系于他后来所说的欲望。比如，可参阅他在研讨班 XX 中对爱的讨论。

14 尤其参见 pp. 196-99。

15 “我在要你们拒绝我正在给你们的东西，因为那不是它！”（拉康在 1960 年代后期和 1970 年代早期的研讨班中一再重复这样的话）

16 也可以这样翻译：别人真正想要你给的东西，并非总是他向你要的。

17 拉康自己很可能会说，“欲望并非没有对象”，正如他谈到焦虑时所说的那样（“焦虑并非没有对象”[研讨班 X]），但是，那个对象仍然是被当作原因的对象。

18 换句话说，拉康明显暗示了“对象关系理论”搞错了“对象”。

19 讨论中的这些对象通常是象征构成的对象，换句话说，是大他者在言语中要求的对象，或者大他者欲望的对象，因为这个欲望是借由言语而被知晓的。

20 例如，参见《治疗的方向》，收录于《著作集》。

21 这是一个过于简化的观点，如今大多数动物行为学家都拥护一个更加交互的观点，在这方面，这个观点仍然让我们能够在智人和其他物种之间做出非常鲜明的区分。

22 对于上面所引用的弗洛伊德的《否定》的英文版段落，我有意保留了原德文版中没有，但《论文集》（*Collected Papers*, New York: Basic Books, 1959）译文中再现了的东西：一个将来完成时。“一个基本前提……是对象应该（将会是）已经丧失了。”（其实，这既是一个将来完成时，也是一个过去虚拟语气，增添了拉康总是很喜欢的那种歧义性。）如此说来，对象只有在事后才成为丧失的。关于重新找到，也可参见 *Écrits* 1966, p. 389。

23 鉴于对象（a）在人的幻想中以乳房的形式充当了一个可见的部分，所以它一般盛装登场或着上了衣装：它戴上了一个格外可见的外形或形象，拉康将其命名为 i(a)，即 (a) 的形象。出现的并非幽灵般的乳房本身，而是它的一个装扮过的版本。“衣着之下的东西——我们称之为身体的东西——可能不过就是我称之为对象 *a* 的剩余物”（研讨班 XX，p. 12）。

24 这方面可参见第 10 章论“科学对象”之构成的部分。

25 参见拉康的表达：“在你之中，又超出了你”（En toi plus que toi），出自研讨班 XI，p. 263。

26 弗洛伊德的用词是 Überwältigung；可参见 SE XIX, p. 57。

27 尤其参见信 29 和 30，以及 1896 年的信。对这些观点的进一步讨论，可参见我的《拉康精神分析临床导论》（*A Clinical Introduction to Lacanian Psychoanalysis*, Cambridge: Harvard University Press, 1996）。

28 这凸显了使用“over-coming”来翻译 plus-de-jouir 的一个“缺点”，《电视》（*Television*, Annette Michelson, Denis Hollier, and Rosalind Krauss [New York: Norton, 1989]）的译者就是这么做的（p. 32）。乔纳森·斯科特·李在《雅克·拉康》（*Jacques Lacan*, Boston: Twayne Publishers, 1990）中本来会是对享乐非常中肯的讨论里，特别古怪地找到了这么一个“绝妙的”翻译（p. 185）。虽然我们在这里可以在 non plus（不再；因此是 over 了）的意义上来翻译 plus，但 plus-de-jouir 这个表达是按照 plus-value 这个模子建构出来的，后者是对马克思的 Mehrwert（剩余价值）这个词的传统法语翻译。虽然拉康明显很喜欢玩弄言词字面上的等价性（plus[不再] 和 plus[额外] 在字面上是一样的，而且发音通常一模一样），但“over-coming”彰显不了拉康从 1967 年到 1980 年对这个词的用法：一个剩余的，额外的，或补充的享乐，而不是最后的享乐或过多享乐。plus-de-jouir 无论如何也没有暗示享乐要到头了；plus 反而应该被理解成，差不多是 Encore——还要！再给我一些！——的同义词！拉康还用 plus-de-jouir 翻译了弗洛伊德的 Lustgewinn（参见研讨班 XXI，

1973.11.20），而 SE 对这个词的翻译则是“额外的快乐”或“收益的快乐”（参见 SE XIX, p. 217）。请注意，在研讨班 XVII（p. 56）中，拉康提出了他自己对 plus-de-jouir 的德文翻译：Mehrlust（显然呼应了马克思的 Mehrwert）。更感官上的被快乐给“overcome”（战胜 / 压倒）的感觉，或被快乐淹没的感觉，似乎是和大他者享乐更加密切相关（参见第 8 章），而基本上和 plus-de-jouir 没有什么关系。实际上，plus-de-jouir 压根就没有不带连字符的“overcome”所具有的含义：被淹没，克服，掌控，击败，推翻等。虽然“over-coming”具有某种微妙的多义性，但是它几乎不能用来翻译拉康的这个法语术语。我则一贯使用“surplus jouissance”（剩余享乐）来翻译 plus-de-jouir；如同剩余价值，如果要被认为是某个辖域中的一个剩余（plus）的话，那它必须被认为在另一个辖域中是不足的（minus）。

29 关于这一点，可参见研讨班 XIV，1967.4.12。请注意，拉康在研讨班 XX《再来一次》（*Encore*）上几乎说了完全一样的话，可参考布鲁斯·芬克的译文：

> 我将简要地揭示一下法则 [droit，另有权利的意思] 和享乐之间的关系。“用益权”——这是一个法律概念，对吧？——用一个词将我已经在伦理学研讨班中提到的东西，也就是功用和享乐之间的差别，聚合在一起……“用益权”意味着你可以享乐 [jouir de] 你的财产，但一定不要浪费。当你得到一份遗产的用益权时，你可以享乐它 [en jouir]，只要你不用过头。这显然就是法则的本质——分割、分配和“再分配”一切称得上是享乐的东西。
>
> 什么是享乐？它在这里被化约为不过就是一个负例。享乐就是毫无用处的东西。

8

没有性关系这回事

部分和全部的辩证法（the dialectic of part and the whole）对于拉康关于性差异或他所说的“性化”（sexuation）的表述至关重要。在关于这个主题的法语和英语文献中，拉康的讨论经常被错误地理解为围绕着全体和部分的辩证法；《再来一次》（研讨班 XX）的部分章节被翻译并收录在《女性性欲》（*Feminine Sexuality*）中，其中的这种误解尤其过分。

全体和部分的辩证法（the dialectic of all and some），无论正确与否，一般都可以被追溯到亚里士多德，而部分和全部的辩证法则通常要归功于前苏格拉底哲学和黑格尔。然而，拉康的辩证法是一种经过变形的部分和全部的辩证法：全部永远不是全部（大他者不存在），而部分是不可定义、不可定位、不可分类的，[1] 而且“与全部无关”。[2] 因此，他的辩证法对那些熟悉集合论现代发展的数学家和后结构主义者来说，可能比对那些具有更传统哲学背景的人来说是更容易理解的。

在介绍拉康论性差异观点时，有许多障碍需要克服。一些用英语写作的作者（或其作品被翻译成英语的作者）在讨论拉康论性差异的著作时，并没有牢牢把握拉康思想的其他方面；因此他们向读者提供了明显或部分错误的解释，并批评了拉康从未支持过的观点。[3]

抓住拉康的一个听起来比较形而上学的主张（“一封信总是抵达其目的地”），断章取义，为莫须有的意思展开攻击（德里达在《真理供应商》[The Purveyor of Truth] 一文中就是这么做的），这并不难；任何人都可以在拉康的文本中找到“阳具”一词，并指责他有阳具中心主义。筛选他对性差异的大量解释（研讨班 XVIII—XXI 和别处），辨别他的核心关切点，并分离出他的主要论点，是一件难得多的事情。

我在这里要做的是：（1）解释拉康所说的阉割、阳具和阳具功能是什么意思；（2）指出拉康是如何理解没有性关系这回事的；（3）阐述他的“性化公式”中的诸多（尽管肯定不是所有的）费解之处，以便将性差异辩论重新聚焦在他实际所说的话上；[4]（4）处理他的论述所引起的某些更广泛的议题。拉康显然为我们提供了手段，来超越他自己的一些表述中的弗洛伊德术语：我们可以通过将阉割 99
视为异化，将阳具视为欲望能指，将“父之名”视为 $S(\not{A})$，来阐明一种超越了弗洛伊德主要针对文化的术语的性化理论。

阉 割

在研讨班 XIV 上，拉康问道：

> 什么是阉割？这当然不像小汉斯提出的说法，有人拧开了小水龙头，因为它仍然处在原地。关键在于他不能把他的享乐带入自己体内。（1967.4.12）

阉割与这样一个事实有关：在某一刻，我们被要求放弃一些享乐。其中的直接含义是，拉康的阉割概念主要集中在享乐之放弃上，而不是在阴茎上，因此它既适用于男人，也适用于女人，只要他们（按照马克思主义者的理解）“异化”了他们的一部分享乐。

在拉康的作品中，阉割与异化和分离密切相关。正如我们所看到的，在异化中，言说的存在出现了，并被迫放弃一些东西，以便在语言中存在。[5] 分离需要第二次放弃：从作为要求的大他者那里得到的快乐，因把大他者的要求当作幻想中的对象（$\$ \lozenge D$ 而不是 $\$ \lozenge a$）而产生的快乐，也就是说，从冲动中得到的快乐。

被牺牲的享乐会怎样？它去了哪里？它就那样被消灭了吗？它就那样突然不见了吗？或者它转移到另一个层面或地方了吗？答案似乎很清楚：它转移到大他者那里了；在某种意义上，它被转移到大他者的账户上。[6]那么，这又是什么意思呢？某种享乐从身体里被“榨取”（squeezed）出来，又在言语中被重新找到。作为语言的大他者代替我们享受。换句话说，正是因为我们在大他者中异化我们自己，并让自己支持大他者的话语，所以我们才能分享大他者那里流通的享乐。

当我们阅读《芬尼根守灵夜》时，我们会感觉到，享乐被装载在能指中，在那作为语言的大他者中。一连串的字母和语言学的“发现”，似乎就在语言中等待着被开发，就像语言的生命独立于我们自己的生命。严格来说，语言显然并不拿它自己获取快感，但因为作为语言的大他者在我们身上，所以我们能从中获得某种享乐。

阉割所涉及的牺牲意味着我们要把某种享乐拱手交给大他者，让享乐在大他者那里流通，也就是说，让享乐在某种程度上在我们“外部”流通。例如，其形式可以是书写，或者建立一个“知识体系”，
100 这种知识具有“其自身的生命力”，独立于它的创造者，说创造者是因为它可能被其他人扩充或修改。

因此，阉割可以与别的领域的其他过程联系起来：在经济学领域，资本主义要从工人身上榨取或抽走一定数量的价值，即“剩余价值”。这种价值（从工人的角度来看，与其说是额外的或剩余的，倒不如说是负的或不足的）是从工人那里拿走的——工人臣服于一种丧失

体验——并被转移到作为“自由”市场的大他者那里。剩余价值，在上一章中被等同于剩余享乐（拉康的plus-de-jouir），在一个“抽象市场力量”的“异化”世界中流通。资本主义在其领域中创造了一种丧失，使庞大的市场机制得以运行。同样，我们作为言说存在的出现也创造了一种丧失，而且这种丧失就处在文明和文化的中心。

弗洛伊德用“本能放弃”来谈论这种丧失，他认为这种放弃是所有文化成就的必要条件。他一般把它与俄狄浦斯情结及其解决方案联系起来（放弃一个爱的对象，不得不在其他地方寻找另一个），并认为对女孩的放弃要求比对男孩的放弃要求要低——因此，据说女性对整个文化的贡献要小。

在拉康的作品中，享乐的牺牲——牺牲程度不应被低估，因为剩下的“只有一丁点快乐”——因为大他者要求我们说话而成为必然，而且只被自闭症患者所挫败。这种要求显然与所有文化、所有知识体系息息相关，因为没有语言，我们就无法接触到其中的任何东西。

我们也许可以认为克劳德·列维－斯特劳斯（Claude Levi-Strauss）指出了，有一个类似的结构在亲属关系规则中起作用：女人的交换或流通基于乱伦禁忌所产生的基本丧失。[7] 考虑一下他在《结构人类学》中所说的话：

> 在不把社会或文化化约为语言的情况下，我们可以发起这场“哥白尼式的革命”……这将包括用交流理论来解释整个社会。这种努力在三个层面上是可能的，因为亲属关系和婚姻的规则是为了确保女人在群体之间的流通，就好比经济规则是为了确保商品和服务的流通，语言学规则是为了确保信息的流通。[8]

如果我们稍微修改一下这段引文，把交流理论改为能指理论，把女人的流通改为欲望能指的流通，把商品和服务的流通改为剩余价值的流通，把信息的流通改为享乐之缺失的流通（以及相应的剩余享乐的流通），我们就会发现这三个“系统”都有相同的结构：一种缺失或丧失被制造出来，然后在大他者那里流通。

拉康自己也举了一个政治方面的例子：

> 101 除了我自己的身体享乐之外，没有任何享乐是给我的，或者是可以给我的。这一点并不是一目了然的，但受到了怀疑，围绕着这个享乐（它是善，因此它是我唯一的资产），人们建立了所谓的普遍法这一保护性的栅栏，该法被称为人权：没有人可以阻止我随意使用我的身体。这种限制的结果……是，对每个人来说，享乐都会枯竭。（研讨班 XIV，1967.2.22）

一种限制以法的形式被创造出来，人们设计了这个限制，最初是为了给予我对自己身体独占性的享乐权（禁止他者肆意使用我的身体），然而同样的限制却导致了我自己的享乐遭到摧毁。

这样一个观念是拉康对弗洛伊德的解读之核心，比如在研讨班 VII 中。现实原则对快乐原则施加了限制，这符合快乐原则的最终利益，但做过头了。现实原则所强加的放弃与现实原则应当起到的作用——以一种迂回或延迟的方式维护快乐原则——不相称。正如弗洛伊德式的超我越过了自己的边界，在某种意义上，对那些行为最符合伦理的人施加了最严苛的惩罚，[9] 可以说，法则不可避免地越过了自身的管辖权：象征秩序杀死了我们内部的生命存在或有机体，用能指改写或覆盖它，存在就这样死了（“字母要命”），只有能指还活着。

限制、缺失、丧失：这些是拉康式逻辑的核心，它们构成了拉康所说的阉割。在特定的案例历史和西方文化的特定分支和阶段中，它们可能经常被联系于生殖器、男性器官的勃起和疲软、儿童的性理论和婴儿起源的理论。然而，与缺失 / 丧失本身的结构相比，这些细节是偶然的。

阳具与阳具功能

在寻求爱和关注的过程中，孩子迟早要面对这样一个事实：自己不是父母唯一感兴趣的对象。他们多种的，无疑也是多样的兴趣对象，都有一个共同点：将父母的注意力从孩子身上移开。在孩子的世界里，父母的注意力是具有最高价值的东西：可以说是黄金标准，该价值是衡量所有其他价值的依据。所有将他们的注意力从孩子身上吸引开的对象或活动，都具有它们本来可能永远不会有的重要性。不足为奇的是，一个能指开始意指父母欲望中越过了孩子的一部分（并延伸到他们总体上的欲望）。拉康将这个能指称为“欲望的能指”，
而且，由于“人的欲望就是大他者的欲望”，因此也可以称之为“大 102
他者的欲望的能指”。它是值得欲望的东西的能指。

和其他实践一样，精神分析实践也表明，在总体上的西方文化中，这个能指就是阳具。尽管许多人认为这只不过是一种先入为主的观念，但精神分析声称这是一个临床观察，而且本身是偶然的。[10] 这在临床实践中一再得到验证，因此构成了一种一般化，而不是一个必然又普遍的规则。没有理论上的理由说明这个能指为什么不可能是别的，也许（过去）在某些社会中，是其他能指扮演着（或扮演过）欲望能指的角色。

为什么阳具逐渐在我们的社会中扮演这个角色？拉康提出了各种可能的理由：

> 我们也许可以说，这个能指被选作在实在的性交［实在的，而非想象的或象征的活动］中能够被抓取出来的东西里最为突出（或凸

> 起 [saillant 兼有这两种意思]）的一个，也被选作最具有象征性的东西——象征指的是这个词的字面（印刷）意义——因为这个能指在性交中相当于（逻辑）系动词。我们也许还可以说，由于它的肿胀（勃起），它是生命之流的形象，因为它在代际间传递。（*Écrits*, p. 287; *Feminine Sexuality*, p. 83）

无论用什么理由来说明阳具的实际地位——而且所有这些理由本质上都是“人类学的”或想象的，而不是结构性的——情况始终都是，在我们的文化中，阳具通常充当了欲望能指。[11]

但欲望能指与欲望原因不是同一回事。欲望原因始终是超越意指的，不可意指的。在拉康精神分析理论中，术语“对象（a）”显然是一个能指，就其作为主体的欲望原因而言，它意指大他者的欲望；但对象（a）被认为是在“理论之外”起作用的，也就是说，是实在的，并不意指什么：*它就是*大他者的欲望，它是作为实在的欲望性，不是被意指出来的。

另一方面，阳具从来都只是一个能指：在理论中，就像在日常语言中，它是欲望能指。因此，对象（a）是实在的、不可言说的欲望原因，而阳具则是“欲望之名”，因此是可以讲出来的。

鉴于欲望总是与缺失相关，那么阳具就是*缺失的能指*。阳具的移置和变换表明了缺失在作为整体的结构中运动。阉割指的是一种原初丧失，使结构运动起来，而阳具则是代表这种丧失的能指。正如拉康在他 1959 年的论文《论欧内斯特·琼斯的象征主义理论》（On Ernest Jones' Theory of Symbolism）中所说，“阳具……就是丧失的能指，此丧失乃主体因能指带来的碎裂而经受的丧失”（*Écrits* 1966, p.
103 715）。在同一篇文章的别处，拉康说，“阳具作为存在的缺失 [manque à être，其中没有通常会有的连字符] 的能指，决定了主体与能指的关系”。因此，在主体与能指的关系背后，正是那种丧失或存在之缺位的能指：起初没有主体，而能指命名了里面尚且一无所有的空间，这是主体将要在其中出现的空间。拉康在那篇文章 1966 年的后记中写道：“[一个] 象征符来到了那由‘不在其位’[或不见于其位：manque à sa place] 所构成的缺失之位，这是启动移置维度所必须的，而整体的象征符运作仰赖于此种移置”（*Écrits* 1966, p. 722；他在这里使用的是“象征符”一词而不是“能指”，因为他是在评论琼斯的象征主义理论）。这里很明显的是，要让象征界运作起来，就需要有某种东西是缺失或丧失的。[12]

也许对此最简单的说法是这样的：如果一个孩子的所有需要都被预料到，如果在孩子甚至都还没有机会感受到饥饿、出汗、寒冷或任何其他不适之前，照顾者就喂食、换衣、调整，那孩子干嘛要费神去学说话呢？或者，孩子一哭，就马上有乳房或奶瓶送进嘴里呢？如果营养从来不缺，如果想要的温暖永远不少，那孩子为什么要费劲讲话呢？正如拉康在讨论焦虑时所说：“对孩子来说，最能引发焦虑的是，当孩子赖以存在——以缺失为基础，这缺失引起孩子的欲望——的关系极其让人心绪不宁时：不可能有缺失时，其母亲总是如影随形时”（研讨班 X，1962.12.5）。没有缺失，主体就永远无法形成其存在，欲望辩证法的完全绽放就会被压碎。[13]

就阳具而言，我们所说的缺失是“由任何特定的或普遍的*要求受到挫败*而产生的拥有之缺失 [manque à avoir]”（*Écrits* 1966, p. 730; *Feminine Sexuality*, p. 91; 强调为引用者所加）——正是这种缺失导致主体去欲望，而不只是提出要求。

拉康所说的“*阳具功能*”是创造缺失的功能，也就是语言的异化功能。我们会看到，阳具功能在拉康定义的男性结构和女性结构中起到了至关重要的作用，因为男性结构和女性结构的区别定义依据的就是那种丧失，那种由异化制造的缺失，那种因为使用语言（或被语言使用）而引发的分裂所制造的缺失。[14]

我们还会看到，（由阳具功能引入的）缺失及其流通绝非故事全貌。拉康的享乐经济学并不是一个受“享乐守恒”定律所支配的封闭经济学，根据这一定律，某一处牺牲的东西可以在另一处被重新找到，不多也不少。正如在弗洛伊德的经济学中，除了弗洛伊德
104 谈到重复和超我的过度、不相称的性质时，力比多似乎都是守恒的；而在拉康的经济学中，只有当我们把注意力限制在由意指性的能指所定义的象征宇宙中时，缺失和欲望似乎才会得到顺利移置。我们要是扩大自己的视野，把实在和能指的能指性囊括进来，那么一切都变了。[15]

“没有性关系这回事”

L’être sexué ne s’autorise que de lui-même.

——拉康，研讨班 XXI，1974.4.9[16]

拉康用了半个世纪的时间来研究爱、性和语言，在 1960 年代末，他提出了一个令他非常出名的惊人表述：“没有性关系这回事”（il n’y a pas de rapport sexuel）。[17]

其中的法语措词是模棱两可的，rapports sexuels 可以用来单指性交。尽管如此，但拉康并不是在断言人们没有性行为——这至少可以说是一种荒谬的说法；他在这里使用 rapport 一词暗示了一种更“抽象”的观念域：关系、相配、比例、比率、份额等。

根据拉康的观点，男人和女人之间没有直接的关系，因为他们是男人和女人。换句话说，他们不是像男人对女人和女人对男人那样“相互作用”。有些东西阻碍了他们建立任何这类关系；有些东

西歪曲了他们的相互作用。

有许多不同的方式可以用来思考这样的关系——如果这种关系确实存在的话——可能涉及什么。我们可能会认为，如果我们能把男女关系定义为彼此的关系，比如，定义为对立面，如阴阳，或者定义为简单的互补性翻转，如主动 / 被动（弗洛伊德的模式，虽然他也对此不甚满意），那么我们就可以认为男人和女人有某种关系。我们甚至可以想象，将男性特质与正弦曲线联系起来，将女性特质与余弦曲线联系起来，因为这将使我们能够构想我们可能认为是性关系的东西：$\sin^2 x + \cos^2 x = 1$（图 8.1）。

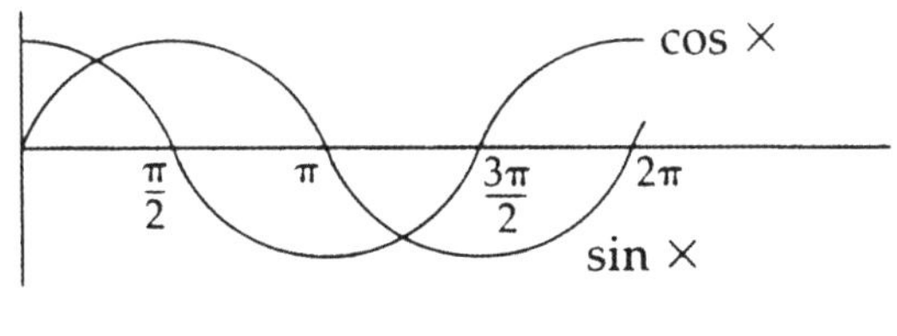

图 8.1

这个特殊公式的好处在于，它似乎以一种非常形象的方式解释 105
了弗洛伊德在描述男人和女人从对方那里寻找不同类型的东西时所说的情况："人们形成的印象是，男人的爱和女人的爱被一种心理上的阶段性差异所隔开"（SE XXII, p. 134）。在这里，尽管男性曲线和女性曲线有明显的异质性，尽管它们有相位差，但我们还是能够以这样一种方式将它们结合起来，使它们加起来等于 1。

但根据拉康的观点，不可能有这样的等式：被称作两性之间真正关系的东西，既无法言说也不可书写。两性关系没有任何互补性，也没有简单的相反关系或平行关系。相反，每一种性别都是相对于第三项单独定义的。因此，只有一种非关系，即两性之间没有任何可以设想的直接关系。

拉康着手表明：（1）两性是单独定义的，而且是区别定义的；

（2）他们的“伴侣”既不对称也不重叠。分析者们日复一日地证明了，他们受生物 / 基因（生殖器、染色体等）决定的性别可能与社会定义的男性和女性概念以及他们自己对性伴侣的选择（仍有许多人认为这种选择基于生殖本能）相抵触。因此，分析家们每天都在被提醒：从生物学角度定义性差异是不充分的。拉康在研讨班 XVIII 上开始探索一种严格的精神分析方法来定义男人和女人，一直持续到 1970 年代中期。

他的尝试起初可能很复杂，显得没有必要，囊括了大量源自弗洛伊德的“异物”；然而，我们必须记住，拉康在发展这种区分两性的新方法时是在发明，而且不一定总是很明确地知道自己在去往何处。我将首先尝试简要解释他的理论的主要轮廓，然后再开始讨论那些在一开始就对某些读者构成严重阻碍的数学型。

区分两性

纯粹的男性特质和女性特质仍然是内容不定的理论建构。

—— 弗洛伊德，SE XIX, p. 258

根据拉康的观点，男人和女人是相对于语言，也就是相对于象征秩序，区别定义的。拉康对理解神经症和精神病所做的贡献表明，精神病涉及象征界中遭到除权的一部分在实在界中返回，而神经症
106 则不是；男性和女性被定义为，与象征秩序有不同类型的关系，被语言分裂的方式不同。因此，他的性化公式只涉及言说的主体，而且我想说，只涉及神经症主体：从临床上讲，这些公式中定义的男人和女人都是神经症的；神经症男人与神经症女人的不同之处在于，他们被象征秩序（在象征秩序中）异化的方式是不一样的。[18]

男 人

从精神分析的角度来看，那些被认为是男人的人，无论他们的生理 / 基因构成如何，都完全由“阳具功能”决定。由于阳具功能指的是语言带来的异化，所以拉康关于男人的主要观点可以用多种方式表达：

- 男人在语言中完全受到异化。
- 男人都臣服于象征阉割。
- 男人完全受阳具功能决定。

尽管在欲望的构成上，语言容许无限的移置，但男人可以被看作在象征辖域方面有界限或有限定的。从欲望的角度来说，这个界限是父亲及其乱伦禁忌：男人的欲望是永远不会越过乱伦愿望的，是不可能实现的，因为那会涉及超越父亲设下的界限，从而连根拔起神经症的“锚定点”：le nom du père，父亲的名字，但也是 le non du père，即父亲的“不！”（nom 和 non 在法语中同音）。这看起来很清楚地表明，在拉康的作品中，男性结构在某些方面与强迫型神经症同义。

从语言学上讲，男人的界限就是那建立了象征秩序本身的东西，即首个能指（S_1）——父亲的“不！”——它是意指链的原点，涉及原初压抑，因此涉及无意识的建立和神经症主体位置的建立。[19]

男人的快乐也同样是有限度的，其界限由阳具功能决定。男人的快乐被限制在能指本身的游戏所允许的范围内，也就是拉康所说的阳具享乐，以及同样可以被称为象征享乐的东西。[20] 在这里，思维本身就充满了享乐（参见研讨班 XX，p. 66），这个论断在弗洛伊德论强迫型怀疑的作品中得到了充分的支持（考虑一下“鼠人”个案），并在“精神自慰”这一表述中得到了贴切的反映。就其与身体的关系而言，阳具享乐或象征享乐只涉及能指所指明的器官，因此这个

107 器官只是充当了能指的延伸或工具。这就是为什么拉康有时会把阳具享乐称为“器官快乐”（参见 SE XVI, p. 324）。

男人的幻想与实在的一面联系在一起，即被书写在象征秩序下面的那一面：对象（a）。对象（a）让象征界沿着同样迂回的道路移动，总是避开实在界。[21] 就那些被归类为“男人”的人而言，在主体与对象之间，在象征与实在之间，有一种共生，只要它们之间总是有一段恰当的距离。这里的对象与另一个人只有外围关系，拉康因此将由此产生的享乐称为自慰性质的享乐（研讨班 XX，p. 75）。

女　人

男人被定义为完全受制于阳具功能，完全受能指影响，女人（即那些从精神分析的角度来看是女人的人，无论其生物/基因构成如何）则被定义为并非完全受制于阳具功能。一个女人是分裂的，但其方式不同于男人：虽然遭到异化，但她并不完全臣服于象征秩序。[22] 相对于象征秩序而言，女人是非全的，没有界限或限度。

男人的快乐完全由能指决定，而女人的快乐则部分由能指决定，并非完全受能指决定。男人被限制在拉康所说的阳具享乐中，女人则既可以体验这种享乐，又可以体验另一种享乐，即拉康所说的大他者享乐。那些被归类为“女人”的主体，并非都会体验到大他者享乐——远非如此，这一点经常得到证实——但根据拉康的观点，它是一种结构上的潜在性。

从精神分析的角度来说，那些被归类为女人的人，她们能够体验到的大他者享乐是什么呢？拉康用了首字母大写的“他者”，这表明大他者享乐与能指有联系，但它被联系于 S_1，而不是 S_2，不是“普通的”能指，而是“大他者能指”（新造的一个措词）：一元能指，与所有其他能指完全不同的能指，始终是根本大他者性的能指。S_1（父亲的“不！”）对男人来说是对其运动和快乐范围的限制，而 S_1 对女人来说是一个选中的“伴侣”，她与 S_1 的关系使她能够超越语言所设定的界限，超越语言所许可的那一丁点快乐。S_1 是男人的终点，却为女人充当了一扇敞开的门。[23]

女性结构证明了阳具功能有其限度，能指并非一切。因此，女性结构与癔症话语中定义的癔症有着密切的联系（参见研讨班 XVII 和本书第 9 章）。

超越生物学 108

拉康定义男人和女人的方式与生物学无关，我们可以认为这种定义解释了为什么有（由基因决定的）男性的癔症与（由基因决定的）女性的强迫症，如果我对拉康的解释在这里是正确的话，那么男性癔症是以女性结构为特征的：他有可能既体验到阳具享乐，又体验到大他者享乐。女性强迫症是以男性结构为特征的，她的享乐在本质上是完全象征的。

从临床的角度来看，许多生理上为女性的人其实有男性结构，而许多生理上为男性的人其实有女性结构。[24] 因此，分析家训练的一部分必须包括打破陈旧的思维习惯，不要当即假定女性就是癔症主体，从而认为这个人的特征是具有女性结构。每个人与能指的关系和享乐模式必须得到更审慎地检视；我们不能在生物学基础上直接得出结论。[25]

有很多人跨过了牢不可破的生物学区分，这一事实可能部分解释了为什么“边缘型”这一诊断分类在美国被广泛使用。通常正是那些跨越了这些界限的病人被精神病学家、精神分析家和心理学家诊断为边缘型。（拉康直截了当地拒绝了“边缘型”这个分类。）

拉康定义男性特质和女性特质的独特方法表明，为什么没有两性关系这回事，但这一点必须等待澄清，直到下文将男人的伴侣和女人的伴侣表述得更清楚。有些人完全不喜欢拉康的逻辑游移，那么最好跳到“伴侣的不对称性”这一小节。

性化公式

在研讨班 XX 上，拉康提出了一个图式（图 8.2），其中一部分是他多年来一直在研究的，另一部分则是他声称自己在一瞬间想出来的，就在他第一次把它画在研讨班黑板上之前的那个早晨。

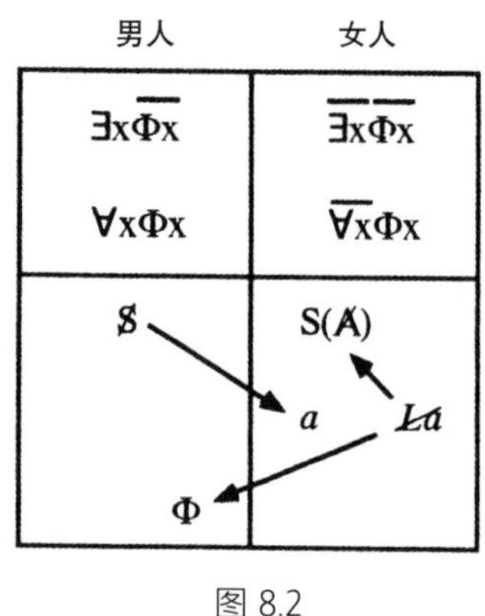

图 8.2

109 我将评论研讨班 XX 上的几段话，以此开启我对这个图式的解释。

男性结构

> 我们将从表格上方的四个命题公式开始，其中两个位于左边，另外两个位于右边。每个言说存在都把自己安置在这一边或那一边。在左边，下面一行，也就是 $\forall x \Phi x$，表明了正是通过阳具功能，男人作为全部才得以被定位。（p. 74，强调为引用者所加）

因此，$\forall x \Phi x$这个公式意味着一个男人的全部都处在阳具功能之下（x代表任何特定的主体或该主体的一部分，Φx则代表适用于该主体或其一部分的阳具功能，而$\forall x$代表x的全部）[26]。若要解释这个公式，我们可以说男人完全受象征阉割决定，也就是说，他的每一部分都受到能指的影响。再来看看引文，我们可以看到还有一个例外：

> 男人**作为全部**可以被定位[由阳具功能决定]，但有一个条件，即这种功能是有限度的，因为存在一个 x，让 Φx 这个功能遭到了否定：$\exists x \overline{\Phi x}$。这就是你们听闻的父亲的功能……因此，这里的全部是以例外为基础的，这个例外被假定为一个完全否定了阳具功能 Φx 的项。（p. 74，强调为引用者所加）

男人可以被视为一个全部，因为有一些东西限定了他（$\exists x$：存在一些 x[一些主体或主体的一部分]，使阳具功能遭到除权，即 $\overline{\Phi x}$）。他可以被视为一个全部，那是因为他的集合有一个可定义的边界（图 8.3）。

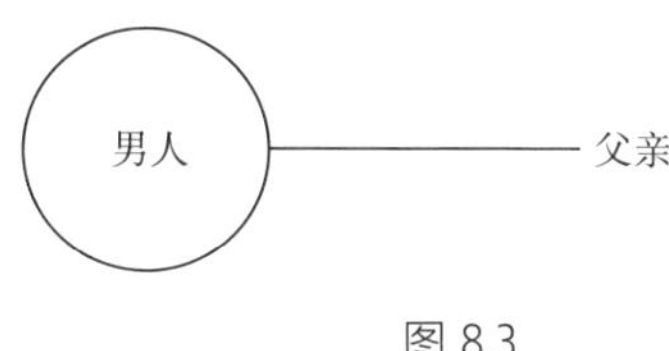

图 8.3

必须牢记，拉康论性差异的作品基于他用他自己的能指逻辑对传统逻辑的重塑，而且这两种逻辑是共存的。一个能指从来都不是单独存在的。如果我们周围只有一片漆黑，也就是说，除了黑之外什么也没有，那我们就不会谈论黑。正是因为黑以外的东西偶尔出现，黑才有了意义。正是在跟“白”以及与所有其他颜色词的对立中，“黑”这个词才有了意义。

虽然拉康早在 1960 年代初就使用了类的理论的语言，但他在 1970 年代初继续以他自己对古典逻辑象征符的独特用法来发展同一思想。例如，在《冒失鬼说》（*L'Étourdit*）中，他说：“没有哪个普 110
遍的声明只能受制于一个否定了它的存在（existence）。”[27] 换句话说，套用一句著名的法国格言，每一个普遍的说法都立足于一个例外之外－在（ex-sistence），而这个例外证明了规则。[28]

因此，（作为全然、普遍由阳具功能定义的）男人的本质必然意味着父亲的存在。没有父亲，男人就什么都不是，就没有形式（informe）。而父亲作为边界（顺着这个比喻说）不占据任何区域：他在自己的边界内定义了一个二维表面，但没有填充任何空间。这个父亲标志着一个男人的男人状态的限度，他不是什么普通的父亲：拉康将他联系于弗洛伊德在《图腾与禁忌》中提出的原始父亲，即原始部落的父亲，他不屈从于阉割，而且据说控制着部落里的每一个女人。虽然所有男人都受到象征阉割的标记，但还是存在或一直存在一个男人，阳具功能不适用于他，这个男人绝不是因为屈服于象征阉割而在其位的。他不臣服于律法：他就是他自己的律法。

拉康在男性结构公式（$\exists x\overline{\Phi x}$）中看似断言了这个原始父亲是存在的，但这个父亲在通常意义上存在吗？不，他外－在（ex-sists）：就他而言，阳具功能不只是在某种温和的意义上被否定的；阳具功能是遭到除权的（拉康指出，量词上方的否定横杠代表了不整一，而阳具功能上方的否定横杠则代表了除权），[29] 而除权意味着将某种东西彻彻底底地排除在象征辖域之外。由于只有那些没有被除权在象征秩序之外的东西才可以说是存在的（exist），而存在与语言相辅相成，所以原始父亲——意味着这种除权——肯定是外－在的，处在象征阉割之外。我们显然为他起了一个名字，因此可以说他存在于我们的象征秩序之中；另一方面，他的定义本身意味着对该秩序的拒斥，因此从定义上说，他外－在。他的地位是有问题的；拉康在 1950 年代可能会说他是“外密的”（extimate）：从内部被排除。然而，他可以说是外－在的，因为，和对象（a）一样，原始父亲可以被书写：$\exists x\overline{\Phi x}$。

既然神话性的原始部落父亲被说成没有屈从于阉割，那么象征阉割如果不是一种限制或极限，又是什么呢？因此，他不知道何为限制。根据拉康的观点，原始父亲把所有的女人都归入同一个类别：可接近的。全体女人都为他存在，而且只为他存在（图 8.4）。他的母亲和姐妹，如同他的邻居和表亲，都是可接近的女人，没有什么特殊的。阉割效果（在这种情况下是乱伦禁忌）将这个神话性的集合至少分为两类：可接近的和不可接近的。阉割导致了一种排除：妈妈和姐妹是禁区（图 8.5）。 111

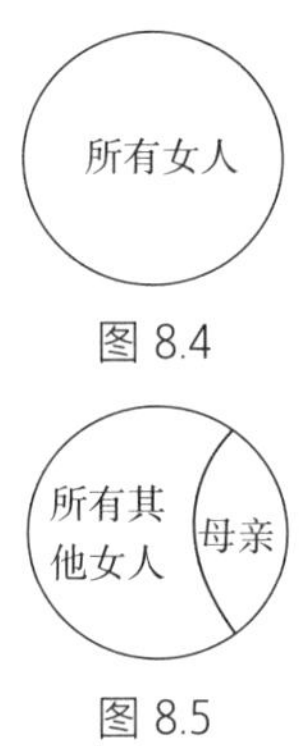

图 8.4

图 8.5

但阉割也改变了一个男人与那些甚至仍然是可以接近的女人的关系：她们在某种意义上被定义为只是非禁区。在研讨班 XX 上，拉康说，一个男人只有从一个非阉割之位才能真正 jouir d’une femme。jouir d’une femme 的意思是从女人那里获得快感，真正享受她，充分享有她，其含义是一个人的快乐真正来自她，而不是来自一个人想象她所是的，想要她所是的，愚弄自己让自己相信她所是的或者她所拥有的，诸如此类。只有原始父亲才能真正从女人本人那里获取快感。普通的男性凡人必须勉强接受他们要从自己的伴侣，也就是对象（a）那里获取快感。

因此，只有神话性的原始父亲才能跟女人有真正的性关系。对他来说，是有性关系这回事的。其他每个男人都跟对象（a）有一段“关系”——幻想——而不是与女人本身有一段关系。

每一个男人都被这两个公式所定义，其中一个指明了他完全遭受阉割，另一个则指明了某个实例（Instanz）否定或拒绝阉割，这表明乱伦愿望无限期地存活在无意识中。每个男人，尽管遭到阉割

（将女人这个类别分割成两个不同的群体），但继续做着乱伦之梦，在梦中他将父亲的特权给予自己，这个父亲是他想象中的寻欢作乐的父亲，不知何为界限。

暂时从量上讲，我们也可以认为拉康是在说，虽然阉割规则曾经有过例外，但现在无论何时你遇到一个男人，你都绝对可以确定，他是遭受了阉割的。所以你可以很有把握地说，全体男人，不是从生物学上说，而是用精神分析的角度来说的男人，都是遭受了阉割的。但是，虽然男人是全然遭受了阉割的，但还是有一个矛盾：那个不受阉割的理想——不知何为界限，何为限制——在某个地方，以某种方式，存活于每一个男人身上。

112

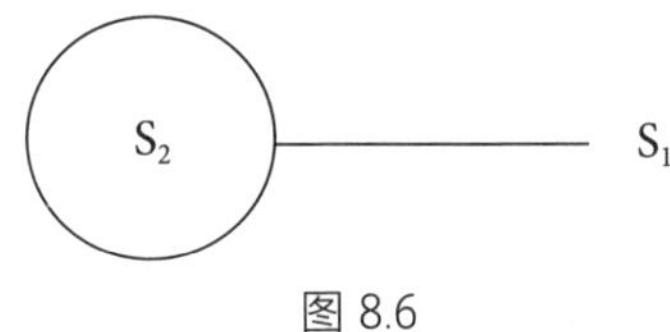

图 8.6

男性结构可以用图 8.6 来描绘，这是图 8.3 经过修改而来的。S_2 对应于 $\forall x \Phi x$，在此代表儿子；S_1 则对应于 $\exists x \overline{\Phi x}$，代表父亲。

父亲	$\exists x \overline{\Phi x}$	S_1
儿子	$\forall x \Phi x$	S_2

对性化公式的这种部分介绍应该已经清楚地表明，拉康对这些公式的讨论在多大程度上是多层次的，涉及来自逻辑学和语言学，以及来自弗洛伊德的材料。

女性结构

至于那两个定义女性特征的公式，我们首先发现，无论解剖结构如何，一个属于精神分析的“女人”类别的人，并非完全由阳具功能定义（$\overline{\forall x} \Phi x$）：并非一个女人的全部都受[30]能指法则的管辖

（$\overline{\forall x}$，并非全部的 x，或者并非 x[某个主体] 的全部，阳具功能都适用）。拉康并没有用肯定的方式来表达这个观点，例如，每个女人都有某些部分逃脱了阳具的统治。他把它当作一种可能性，而不是一种必然性；但这种可能性在性结构的决断中是决定性的。

第二个公式（$\overline{\exists x}\,\overline{\Phi x}$）指出，你不可能找到哪怕一个女人，阳具功能是完全对她没有作用的：每个女人都至少部分受阳具功能决定（$\overline{\exists x}$，不存在哪怕一个 x[一个主体或一个主体的部分]，是阳具功能不适用的）。要是阳具功能对一个主体完全不适用，那他 / 她就是精神病人，阳具功能上面的横杠指的是除权。[31]

我发现有一类图形很适合用来初步说明女性结构的两个公式，那就是正切曲线（图 8.7），在 π/2 处，曲线直接离开了示意图，然后又很神秘地在另一边重新出现。在 π/2 处，我们没法赋予它任何实在的价值，而不得不求助于这样的表达："随着 x 的值从 0 到 π/2，y 的值接近正无穷大；随着 x 从 π 到 π/2，y 的值接近负无穷大。"没有人真的知道曲线的两边是如何交汇的，但我们采用了一个象征符系统，以谈论它在那一点上的值。与女性结构的下方公式（$\overline{\exists x \Phi x}$，参见图 8.2）相关的大他者享乐，是那些属于"女性"类别 113 的人可能会体验到的，这种享乐的地位类似于正切曲线在 π/2 处的值。它直接超出了界限，直接离开了示意图。它的地位类似于一个逻辑例外，让人对全部（the whole）产生质疑。

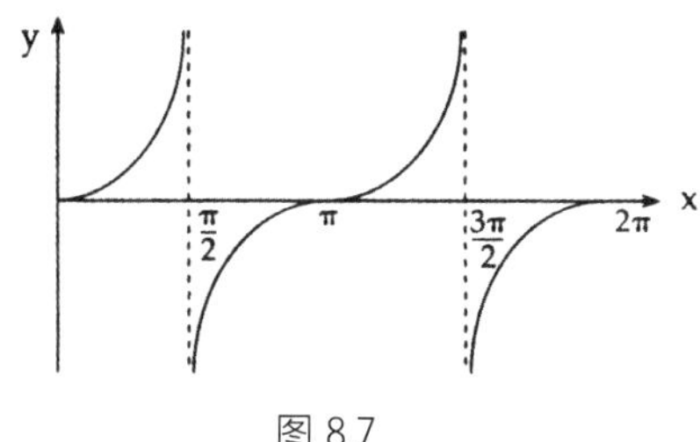

图 8.7

在某种意义上，$\overline{\exists x}\,\overline{\Phi x}$ 这个公式总结了这样一个事实，即虽然并非一个女人的全部都由阳具功能决定，但断言她身上某部分存在（existence）拒斥了阳具功能，就等于是声称，对阳具功能说“不”的东西仍然臣服于阳具功能，仍然位于象征秩序内——因为存在意味着在象征辖域内拥有一个位置。这就是为什么拉康从未宣称那超越了阳具的女性实例是存在（exists）的：他坚持其与逻各斯、与那被欲望能指所结构化的象征秩序相关的根本他异性。$\overline{\exists x}\,\overline{\Phi x}$ 这个公式虽然否认了这个“超越了阳具的领域”的存在（existence），但我们将进一步看到，它无论如何也没有否认其外 - 在（ex-sistence）。[32]

因此，女人的“完整”在某种程度上不亚于男人，因为男人只有相对于阳具功能而言才是全的（whole）。[33] 女人并不比男人更不“全”，除非是从阳具功能的角度来考虑；女人并不比男人更“不被定义”或“不明确”，除非是在与阳具功能的关系中。

伴侣的不对称性

阳具：被划杠的大写女人的伴侣之一

现在考虑一下拉康所说的位于性化公式下的象征符或数学型。在图 8.8 中，我们看到，被划杠的 La——可以说象征着女人是非全的（not whole）——它一方面与 Φ（作为能指的阳具）相联系，有一个箭头指出了这种联系，指出了被划杠的大写女人的伴侣；另一方面与 S(Ⱥ) 相联系，后者是大他者中缺失的能指。

114

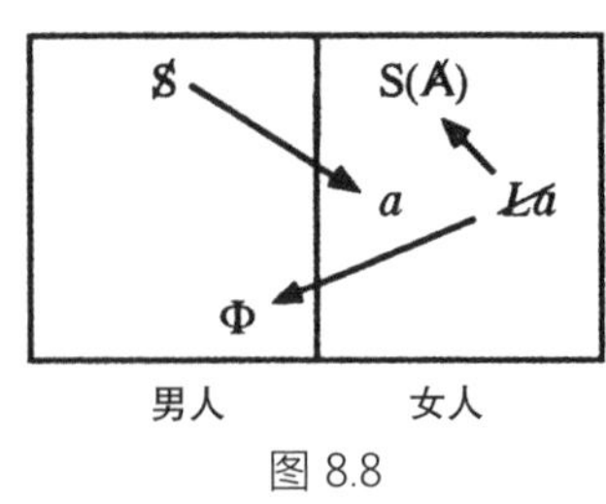

图 8.8

我在本章的开头详细讨论了作为欲望能指的阳具。拉康在这里补充了这样一种观点：在我们的文化中，女人触及欲望能指的方式通常是经由一个男人或一个“男性实例”，即属于精神分析的“男人”范畴的人。

S(A̸)：被划杠的大写女人的另一个伴侣

Si quelque chose ex-siste à quelque chose, c'est très précisément de n'y être pas couplé, d'en être “troisé,” si vous me permettez ce néologisme.

——拉康，研讨班 XXI，1974.3.19[34]

回到我们的表格，我们看到女人一方面与阳具“成对”，另一方面也不可避免地与一个缺失的能指或大他者中的洞“成三”（troisées）。

这种缺失不只是这样的缺失，即与欲望直接相关，表明语言充满了欲望，而且一个人的母亲或父亲，作为大他者的化身，并不完整，因此想要（得到）什么。因为这种意味着欲望的缺失（或意味着缺失的欲望），其能指就是阳具能指本身。拉康在 1970 年代并不怎么谈论 S(A̸)，因此关于它的功能，我将在此提出我自己的解释。[35]

第 5 章谈到拉康在研讨班 VI 中讨论哈姆雷特时，我说 S(A̸) 是“大他者的欲望的能指”。在拉康著作的那个阶段，S(A̸) 似乎是拉康对阳具能指的称呼，因此在某种意义上，它使拉康首次将想象的阳具（$-\phi$）与象征的阳具（Φ）分开。在拉康的文本中，象征符的意义常常随着时间的推移而有非常重大的变化，我想说，S(A̸) 在研讨班 VI 和研讨班 XX 之间发生了转变，从指明大他者的缺失或欲望的能指转变为指明“首个”丧失的能指。[36]（这种转变对应于一种辖域变化，我们经常能够在拉康的作品中看到这一点：从象征界到实在界的转变。请注意，“男人”范畴下的所有元素都与象征界有关，而“女人”

范畴下的所有元素都与实在界有关。）

这首个丧失可以有很多不同的理解。它可以被理解为，原初压抑发生之时，在象征界与实在界的边界上，“首个”能指（S_1，母亲大他者的欲望）的丧失。为了建立意指秩序本身，首个能指的“消失”是必要的：为了让别的东西出现，必须要有一个排除。第一个被排除的能指，其地位显然与其他能指的地位截然不同——更像是一种
115 边界现象（在象征界与实在界之间）——并与主体起源时的原始丧失或缺失紧密相连。我想说，第一种排除或丧失不知何故找到了一个代表或能指：S(Ⱥ)。

那么，某种实在之物（一个实在的丧失或排除）找到了一个能指，这是什么意思？因为实在通常被认为是不可意指的。如果实在找到了一个能指，那么这个能指一定是以一种非常不寻常的方式运作的。因为能指通常会取代、划掉和消灭实在；一个能指向另一个能指意指一个主体，但并不意指实在本身。

我在这里的感觉是，图 8.8 中的 S(Ⱥ)——拉康在研讨班 XX 上将其与女性特有的享乐联系在一起——指明了一种弗洛伊德式的冲动升华，让冲动得到了充分的满足（这另一种 [other] 满足是拉康所说“大他者享乐”[Other jouissance] 背后的东西），还指明了一种拉康式的升华，即一个普通的对象被提升到原物（Thing）的地位（参见研讨班 VII）。[37] 弗洛伊德的原物找到了一个能指，这方面的简单例子可能包括“上帝”“耶稣”“圣母”“处女”“艺术”“音乐”等，而找到能指必须被理解为一种相遇（τύχη），也就是说，在某种意义上是偶然发生的。

除了我们可能与宗教入迷或狂喜，或与艺术家的作品或音乐家的作品联系在一起的想象满足之外，还有一种可获得的实在满足，这让我觉得是拉康所说的那些具有女性结构的人的“超越神经症”。在第 5 章和第 6 章，我把拉康对超越神经症的首个概念化描述为对

原因的主体化，使之成为自己的原因，虽然这听起来可能很矛盾。到了研讨班 XX，拉康似乎将这种主体化视为超越神经症的一条道路，是那些以男性结构为特征的人的道路。另一条道路——升华之路——则是那些具有女性结构特征的人特有的道路。[38]

因此，男性的道路可以被说成欲望的道路（成为自己的欲望原因），而女性的道路则是爱的道路。而且我们会看到，男性的主体化因此可以被认为涉及制作自己的作为动力因 / 效力因（能指）的他者性，[39] 而女性的主体化则可能涉及制作自己的作为物质因（字母）的他者性。[40] 那么，他们都需要将原因或他者性主体化，却是针对其中的不同方面。我将很快回到这个主题。

被划杠的大写女人不存在

在性化公式下面的表格中，被划杠的 La 是拉康对“大写的女人不存在”这一观点的速记：没有表示女人本身的能指，或者没有所谓的女人本质。因此，“女人”只能被写在“擦痕”之下：被划杠的大写女人。如果像拉康指出的那样，没有这样的能指——潜在的想法大概是，阳具在某种程度上是男人的能指或男人的本质，因为
阳具功能是定义了男人的东西——那么，S(Ⱥ) 是被划杠的大写女人 116
的伴侣之一这一事实表明，一个能指可能会被遇到，被采用，在某种意义上取代了那个缺失的定义或本质。S(Ⱥ) 所代表的能指既不是现成的，也不是成衣（prêt a porter），它代表了制作一个新主人能指（S_1），尽管不是一个女人所臣服的能指。虽然一个男人总是臣服于一个主人能指，但一个女人与主人能指的关系似乎完全不同。一个主人能指充当了男人的限制；但在 S(Ⱥ) 与女人的关系中，情况就不是这样了。

从社会角度讲，拉康的断言，即没有哪个能指是大写女人的能指（或代表大写女人的能指），无疑与以下事实有关：在我们的文

化中，一个女人的位置，要么通过那个被她当作伴侣的男人来自动定义，要么只有大费周章才能得到定义。换句话说，寻找另一种定义她自己的方式路阻且长。[41] 西方社会的大他者从来没有给予这种尝试好评，因此，从中可以获得的满足感往往遭到了破坏。音乐、艺术、歌剧、戏剧、舞蹈和其他“高雅艺术”都能被那个大他者接受，但是，倘若跟男人的关系没有被证明是首要的，情况可能就不是这样了。在过去，女人在修道院里献身于宗教生活，放弃跟男人的典型关系，这是深受接纳的；而今天，甚至连这种做法都不受赞同了，也就是说，大他者正在使某些宗教能指越来越难以被采用。因为虽然跟 S(Ⱥ) 的关系可以通过相遇来建立，但这种相遇可以被一个女人发现自己身处其中的文化和亚文化所促进或阻挠。

这绝不意味着永远不会有一个用来表示女人的“自动”或现成的能指。如果我们在这里同意拉康的诊断，那么这种状态就是偶然的，而不是必然的。

拉康也绝没有暗示女人没有自己的性别身份；他并没有像有些文献中所说的那样，把女人简单地定义为有所缺失的男人。[42] 按照拉康的观点，性别身份至少是在两个不同的层面上构成的：（1）那构成了自我的连续认同（通常是对父母一方或双方的认同），这解释了性别身份的想象层面，这个僵化的层面经常与第（2）个层面有非常实在的冲突；（2）前面定义的男性结构或女性结构，与拉康的性化公式的不同侧面有关，任何特定的主体都能将自己置于其中一面。这两个层面因此对应于自我和主体，它们经常陷入冲突。[43] 在自我认同的层面，一个女人很可能认同了她的父亲（或一个被社会认为是“男性”的人物），而在欲望的层面和主体的享乐能力的层面，她可能以女性结构为特征。

事实上，一个女人的性别身份可以包括许多不同的可能组合，因为与男性结构和女性结构不同——在拉康看来，它们是两者择一
117 的，没有中间地带可言——自我认同可以囊括来自许多不同人的元

素，包括来自男性的和来自女性的。换句话说，性别身份的想象层面，本身就可以是极其自相矛盾的。

性别身份（用拉康的话来说，性化）存在于自我层面以外的其他（other）层面，存在于主体层面，这应该驱散英语世界中如此普遍的错误观念，这种观念认为，在拉康的理论中，一个女人根本不被当作一个主体。*女性结构意味着女性主体性*。就一个女人跟一个男人建立了一段关系而言，她可能会被化约为他幻想中的一个对象，即对象（a）；并且只要是从男性文化的角度看她，那她就有可能被化约为不过是男性幻想对象的集合体，这样的对象被着上了文化上刻板的服饰：i(a)，也就是一个形象，它包含且掩盖了对象（a）。那很可能意味着丧失了公众和日常意义上的主体性——“掌控自己的生活”“成为一个不容小觑的说了算的人”等[44]——但这绝不是拉康派意义上的主体性之丧失。*对享乐（经验）采取一个位置或立场，涉及并意味着主体性*。一旦采取了，一个女性主体就会出现。至于该主体在多大程度上将自己的世界主体化，那就是另一个问题了。

我们也许可以认为当今的某些女性主义者所做的一些工作涉及试图呈现、代表、象征化，从而是主体化她们经验中的某种实在，这种实在是先前从未被代表、象征化或主体化过的。也许这种先前从未被言说过的、从未被书写过的实在关联于拉康所说的大他者享乐和大他者性别/另一性别（大写女人甚至也构成了女人的大他者性别/另一性别；这一点将在下文进一步讨论）。大他者享乐和大他者性别之所以是大他者性的（对某人来说是外异的），只是因为它们尚未被言说、书写、代表或主体化。虽然许多女性主义者从其他方面看待她们的工作——比如认为她们的工作与女性特有的想象力或前审美/后审美的经验水平有关——但从更严格的拉康派视角来看，冒着还原论的风险，我们也许可以将她们的工作理解为试图将实在（实在大他者或作为享乐的大他者）主体化。[45]

男性 / 女性——能指 / 能指性

在这里，我来把我的解释往前推一步。虽然拉康从未直接说过男人是由欲望能指（Φ）定义的，但我们姑且假设男人是被这样定义的。这是否必然意味着，只要男人被定义，女人就永远无法被定义？而这是否反过来又意味着，如果女人是用欲望能指来定义的，那么男人就不能被定义了？是否有某种结构性的原因，来说明欲望能指
118 在同一时间只能定义某一个性别，即使从理论上来说，可以是任一性别？如果是这样，那么异性是否就一定被联系于作为欲望原因的对象呢？是否有一些理论上的理由来解释为什么一个性别应该被一个能指定义，而另一个性别则被当作一个对象？

也许有。鉴于分离导致大他者被分割为被划杠的大他者和对象（a），大他者（例如，父母大他者：核心家庭中的母亲和父亲）就被分割为两个“部分”，其中一个（Ⱥ）当然可以联系于能指，另一个则联系于对象（图 8.9）。用拉康的欲望辩证法来看，由于欲望辩证法在像我们这样的社会组织中运作，也许有一个理论上的原因来解释为什么能指和对象的作用体现在不同的性别中。

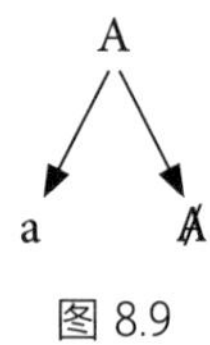

图 8.9

拉康论性化的著作，其含义似乎在于，主体化在不同的性化存在那里发生在不同的层面：那些具有男性结构的人必须将对象主体化，或者找到一个跟对象的新关系；而具有女性结构的人必须将能指主体化，或找到一个跟能指的新关系。两性都要把最初的大他者之物主体化，但他们对这个大他者的处理方式是不一样的，也就是说，他们处理的是大他者的不同面相。在男人那里，仿佛大他者被上了

一把锁，被储存起来，他们的“问题”是跟对象的；而在女人那里，大他者从来没有完全得到安置。因此，女人的“问题”就不是使大他者存在或使之完整——这毕竟是性倒错者的计划——而是使它主体化，在她自己的内部构成它。因此，对那些以女性结构为特征的人来说，主体化将与前面第 5 章和第 6 章所概述的主体化大相径庭，可能需要一个跟能指的相遇。[46]

男人和女人在语言中被异化和被语言异化的方式截然不同。他们与大他者、与 S_1 和 S_2 的不同关系说明了这一点。作为主体，他们被分裂的方式是不一样的，而这种分裂上的差异说明了性差异。因此，性差异源于男人和女人与能指的不同关系。

每种性别似乎都被要求扮演一个与语言基础有关的角色：男人扮演能指，而女人扮演拉康所说的“能指性的存在”（l’être de la significance，研讨班 XX，p. 71）。据我所知，到目前为止，英语世界中还没有人试过翻译 significance，[47] 但从拉康的用法中可以很明显地看出，他想用这个从语言学那里接管来的术语来达到什么目的。
（“接管”的意思是说，在语言学中，这个词只是指“拥有意义这 119
一事实”，而拉康却把它颠倒过来了。）我提议把它翻译成“能指性”（signifierness），也就是说，作为一个能指的事实，能指外－在的事实，能指存活，能指的意指本质。[48] 拉康使用这个术语，是为了强调能指的非意义本质，能指的存在（existence）脱离了它们可能具有的任何意义或意指的可能性；是为了强调这一事实：能指的存在（existence）超越了它的意指作用，它的实质超越了它的象征功能。能指的存在（being）超越了它“被指派的角色”，即它在逻各斯中的角色，也就是意指角色。因此，拉康使用的这个词指的不是“拥有意义这一事实”，而是“拥有意义效果以外的效果这一事实”。

我们应该在拉康的“signi*fi*cance”中听出 *defiance*（蔑视 / 违抗）！能指违抗了分配给它的角色，拒绝被完全降格为意指任务。它有一个外－在，超越了意义制作，在意义制作之外。

在拉康的作品中，存在（being）与字母（letter）有关——在1970年代，字母是能指物质的、非意指的面相，这部分具有的不是意指效果，而是享乐效果。字母被联系于语言的物质性，也就是“享乐实质”（substance jouissante），如同拉康在研讨班XX上（p. 26）所说的[49]享乐或“享乐的”（jouissing）实质，是一种会获取快感或享受的实质。将男性联系于能指，将女性联系于字母，似乎相当于回到了形式与质料的古老隐喻，这种隐喻至少可以追溯到柏拉图，但在拉康的作品中，这种回归总有一个变形：实质打败了形式，并教了它一两招。

她自己的大他者，大他者享乐

在什么意义上，一个女人可以像拉康指出的那样，被认为是她自己的大他者？只要她依据一个男人来定义自己（经由那个男人，依据阳具来定义自己），那个其他方面——与S (Ⱥ) 的潜在关系——就仍然是晦暗不明的、外异的、大他者性的。考虑一下拉康在1958/1962年所说的话：“男人在这里［在和阉割的关系中］充当了一个中继，使女人成为她自己的大他者，如同她是他的大他者”（*Écrits* 1966, p. 732）。若是仅仅依据阳具来看她自己，也就是说，依据她在跟男人的关系中被定义的位置来看她自己，那么其他似乎没有被这样定义的女人就被当作大他者了。然而，只要这另一种（大他者）可能性得到实现，即跟S(Ⱥ) 的关系得到确立，女人就不再是她自己的大他者。只要它没有实现，她就仍然是一个hommosexuelle（男性恋），拉康的这个写法把男人（homme）和同性恋（homosexual）合并起来：她爱男人，她像一个男人那样去爱，她的欲望是在像男人一样的幻想中被结构化的。

就那些以男性结构为特征的人而言，一个女人被视为大他者—— 120
是根本大他者性的，是享乐的大他者——只要她体现了拉康所说的不体面的大他者享乐，或被视为这种享乐的代表。为什么是“不体面”？因为它不需要跟阳具扯上什么关系，而且显示了阳具享乐的不足，也就是在冲动完全臣服于象征界（在男性结构的情况下）之后快乐所剩无几。冲动的这种臣服对应于某种弗洛伊德式的升华，在这种升华中，实在界被排到象征界中，[50] 享乐被转移到大他者那里。

大他者享乐涉及一种通过爱来升华的形式，爱提供了充分的冲动满足。大他者享乐是一种爱的享乐，[51] 拉康把它与宗教入迷和一种身体的、肉体的享乐联系在一起，这种享乐并不像阳具享乐那样被定位在生殖器中（他明确指出，大他者享乐不是所谓的与阴蒂高潮相对的阴道高潮）。根据拉康的观点，大他者享乐是无性的（asexual）（而阳具享乐是有性的），但它是属于身体的，并且在身体里[52]（阳具享乐涉及的只是作为能指器具的器官）。

拉康对 $S(\not{A})$ 所言甚少，这表明它所指的大他者享乐与大他者的绝对激进性或他者性有关：没有大他者的大他者（即外部）。大他者不只是一个相对于特殊确定的内部而言的外部；它总是且不可避免地是大他者，在所有系统的“外部”。[53]

我将在另一本书里详细解释大他者享乐，[54] 在此仅指出大他者享乐与弗洛伊德的一个观点有关，他认为有一种形式的升华可以提供完全的冲动满足，而且这种满足是“去性欲化的”（desexualized）。[55]“去性欲化的力比多”似乎与拉康的无性的（asexual）大他者享乐密切相关。顺带一提，升华被拉康（在一个略微不同的语境下）置于我在前面第 4 章和第 6 章所提出的逻辑方阵的左下角（参见图 8.10）。

我这里的评论只不过是一种解释的开始，但我觉得图 8.8 也许可 121
以从这种一般的意义上来理解。

我在前文指出，拉康着手表明：（1）两性是单独定义的，而且

图 8.10

有不同的定义；（2）他们的伴侣既不对称，也不重叠。如图 8.8 所示，男人的伴侣是对象（a），而不是女人本身。因此，一个男人可能会拿他从一个女人那里得到的东西获取快感：她的讲话方式，她看他的方式，诸如此类，但这只发生在他把那个引起他欲望的珍贵对象投向她的时候。因此，他可能需要一个（生物学上定义的）女人作为对象（a）的基础、支柱或媒介，但她永远都不会成为他的伴侣。

他也永远不会成为她的伴侣。她可能需要一个（生物学上定义的）男人为她体现阳具，化身为阳具，或充当阳具的支柱，但成为她的伴侣的将是阳具，而不是那个男人。当涉及她的另一个（大他者）伴侣 S(Ⱥ) 时，这种断裂或不对称甚至更加激进，因为那个伴侣根本没有被置于“男人”这个范畴内，因此女人不需要借助一个男人来“联系”或“接近”那个伴侣。

如果男人和女人的性伴侣被证明是一样的——比如，对象（a）作为他俩唯一的伴侣发挥作用——那么至少他们作为性化存在的欲望，会以某种平行的（hommosexuelle）方式被结构，而我们可以在此基础上试着设想他们之间的性关系。但他们的伴侣是完全且彻底不对称的，因此两性之间没有可设想的关系，我们无论用什么方式都无法推测、表述或书写性关系。

精神分析的真理

这就是拉康通常所说的精神分析的那个真理。当然，他有时会暗示所有的真理都是可以数学化的：“没有什么真理是不被‘数学化的’，即不被书写的，也就是说，没有什么真理作为大写的真理，不是完全基于公理的。这就是说，有的只是没有意义的真理，即除了在数学推导这个 [辖域] 内，没有其他结果可以得出的真理”（研讨班 XXI，1973.12.11）。

但这一评论只适用于我们在，比如“真值表”（truth table）和符号逻辑（参见第 10 章）中看到的真（le vrai）。根据拉康的观点，精神分析的唯一真理（truth）是，没有性关系这回事，问题在于要让主体跟这一真理相遇。

存在和外 – 在 122

只有可以说的东西才存在。只有可以书写的东西才外 – 在。

N’existe qué ce qui peut se dire. N’ex-siste que ce qui pent s’écrire.

鉴于拉康的许多看似自相矛盾的陈述都涉及存在(existence)——“女人不存在”“大他者享乐不存在”，还涉及有（il y a）和没有（il n’y a pas）——“没有性关系这回事”，有大一（Il y a de l’Un），“没有大他者的大他者”（Il n’y a pas d’Autre de l’Autre），所以关于拉康的外 – 在（ex-sistence）概念，我想在这里补充几句。

据我所知，“外 – 在”这个词最早是在海德格尔的译本（比如法文版的《存在与时间》）中被引入法文的，是从希腊语 ekstasis 和德语 Ekstase 翻译过来的。这个词在希腊语中的词根意义是“站在……外面”或“跟……站开”。在希腊语中，它通常被用来指某物被移除或移置，但它也逐渐被应用于我们现在称为“狂喜入迷”的精神状态。于是，这个词的派生意义是“狂喜入迷”，因此它与大他者享乐有关。海德格尔经常玩味这个词的词根意义，即“站在（自己）

外面”或“出离”自身，但也玩弄它在希腊语中与“存在”（existence）这个词的词根的密切联系。拉康用它来谈论“一种在外的存在”，它可以说是在外部坚持；某种东西没有被纳入内部，但又很密切，是“外密的”（extimate）。

大他者享乐超越了象征界，在象征阉割之外，它外－在（ex-sists）。我们可以在我们的象征秩序内为它找到一个位置，甚至命名它，但它仍然是难以言喻的、不可言说的。我们之所以可以认为它外－在，是因为它可以被书写：$\overline{\forall x}\Phi x$。

然而，性关系在这方面是不同的：它们无法被书写，因此既不存在也不外－在。就是没有这回事。

这个外－在，以及外－在的大他者享乐的概念，使拉康的“享乐经济学”或“力比多经济学”成为一种开放的、不可全部化的经济学。没有享乐的守恒，在牺牲的享乐和获得的享乐之间没有成比例的关系，大他者享乐弥补或补偿阳具享乐的不充分或不足是说不通的——总之，它们没有互补性（complementarity）或相称性。大他者享乐从根本上说是不相称的、不可量化的、不成比例的，而且对“文雅社会”来说是不体面的。它永远不可能被重新纳入“阳具经济学”或简单的结构主义。就像作为外－在的对象（a）一样，大他者享乐对“结构的顺畅运作”有着不可补救的影响。

123 ## 新的性差异隐喻

> 能指……是以拓扑学的方式被结构的。
>
> ——拉康，研讨班 XX，p. 22

我们要如何看待拉康的性差异观点呢，比如我在这里试图阐述的？我们应该认真对待其观点吗？其观点对我们有什么帮助吗？

显然，拉康提出了一个新的性差异隐喻，一个超越了主动 / 被动（弗洛伊德本人对这种辩证并不满意）、拥有 / 成为（这还要更加有趣，至少从语法 / 语言学角度来看是这样）等辩证的隐喻。[56] 大多数当代批评家和精神分析家都会同意的一点是，生物学上的区分是不充分的，有太多人似乎在心理层面上跨越了生物学上决定性差异的“硬性”界限。因此，我们以这样的假设开始：有些男性具有女性结构（以某种方式定义），有些女性具有男性结构（以其他方式定义）。

在拉康定义男性结构和女性结构的方式中，有什么值得关注的呢？首先，其中涉及一种新的拓扑学：这种定义方式打破了陈旧的西方观念——世界是一系列同心圆或球体——而将莫比乌斯带、克莱因瓶和交叉帽等悖论性的拓扑表面当作其模型。拓扑表面尤其是一个革新我们思维方式的肥沃表面。如果“拓扑学和结构之间存在严格的等价关系”（研讨班 XX，p. 14），那么新的拓扑学模型可能有助于我们去思考系统。

从本质上讲，交叉帽是一个经过变形的球体，这可以说是拉康式的变形。这个小小的变形改变了球体的所有拓扑属性，没有什么旧的、熟悉的事物概念可以应用在它身上。也许正是这种拉康式的变形，在 1950 年代末和 1960 年代，将拉康的许多术语从象征界转向实在界。（在某种意义上，当拉康遇到博罗米结时，这个过程抵达了终点，博罗米结把三个辖域——想象界、象征界和实在界——视为同等重要的。）这种拉康式的变形也许是这样一种能力：看到某些东西超越了象征界，而在同样的地方，哲学和结构主义看到的都只不过是从前的东西。

与莫比乌斯带不同，交叉帽是一个不可能的表面。莫比乌斯带可以被构建出来；因此是可想象的（或“可想象化的”）——我们可以在头脑中将它描绘出来。另一方面，交叉帽是一个可以像拓扑学中的其他一些表面那样来描述的表面，用小矩形和沿其边缘的箭

124 头来表示相反的边如何接在一起，但交叉帽是不可能建构出来的。考虑一下图 8.11 所示的表面，以及它们的象征表象：

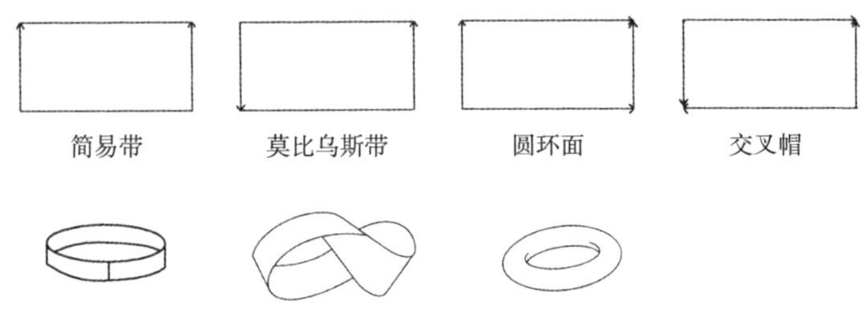

图 8.11

所有这些表面，除了交叉帽之外，都可以用精确的视觉表象来表示。虽然交叉帽可以用拓扑学方法来象征性地表达（参见该词上方的矩形），但它既不能被精确地视觉化，也不能被建构出来。要想象交叉帽的话，你可以先想象一个球体，在某个点上将这个球体划开，将切口两侧的每个点重新连接起来，不是像缝合伤口那样把正对着的点连接起来，而是把两边对称的点连接起来，如图 8.12，将其中 a′ 与 b′ 连接，a″ 与 b″ 连接。

图 8.12

从这个意义上说，交叉帽是不可能的。然而，它可以被书写；它可以被象征性地铭记。象征界在这里可以被用来描述一些实在之物，一些处在象征界之外的东西。

如果古老的同心圆或球体的概念曾经适用于任何东西，那么拉康似乎指出它适用于男性结构，男性结构可以说是由父性功能所限定的（图 8.13）。弗洛伊德认为，女人与律法的关系不一样，他认
125 为这与女性特别欠发达的自我理想或超我有关，但他的看法也许可

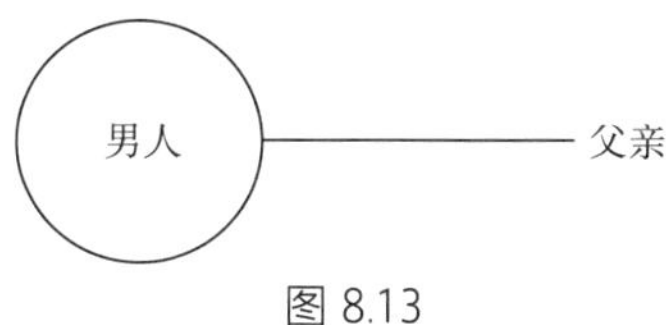

图 8.13

以被更贴切地理解成，是在暗示以女性结构为特征的主体与边界的关系是根本不同的：内部和外部之间的对立是不适用的。正是如此，交叉帽的表面并不构成一个密封的边界，其中只有一个局部有效的内部和外部概念，而不是决定性的。它“表面”上的那一个小小的反常裂口，改变了它的所有属性。还有一种方法可以用来表述拉康的新隐喻，也就是使用“开”与“闭”这两个术语，它们来自集合论和拓扑学。像由男人构成的集合一样，一个“闭集”包括了它自己的边界或限制；像被划杠的女人一样，一个“开集”并不包括它自己的边界或限制。可以说，至少部分得益于拉康在集合论、逻辑学和拓扑学方面的工作——对大多数精神分析家来说，这些都是相当不寻常的研究领域——他才能够用一种新方式构想性差异。[57]

拉康为性差异提出的新隐喻构成了一个新症状：一种看待性差异的新的症状性方式，相比于以往的方式，既没有更甚，也没有更次。症状总是让人看到某些东西，又让人看不到其他东西。

我若要限定一下这种症状性的看法，那我可能会把它称为“哥德尔式的结构主义”，因为它维持了结构的重要性，同时不断地指出结构的不完整性和其内部某些声明的基本不确定性。拉康明显采用了哥德尔的观念，即每一个重要的形式系统都包含了一些不可判定的声明，而且用同一种语言来定义该语言的真理是不可能的。在拉康的作品中，不仅仅是例外证明了规则，更为根本的是，例外迫使我们重新定义规则。他的作品体现出癔症结构：他越是接近于构想出一个系统，就越是积极地重新审视它、质疑它。如果这是“一个终结所有系统的系统”，那么正是拉康教我们以一种新的方式听到这个表达。

注　释

1　这里参考了集合论中的“分类公理”（axiom of specification）。应该要指出的是，关于部分与全部的问题，我这里的说法是很笼统概括的，但我这么做是为了立论。拉康确实在很多时候说过全体女人这个集合是不存在的，事实上，女人们只能被当作一个一个的，而不是一个类别等。尽管如此，但我觉得更重要的是强调部分 / 全部之辩证，因为拉康关于女人的说法也适用于每一个以女性结构为特征的主体。

2　*Écrits* 1966, p. 843；英文版可参见布鲁斯·芬克翻译的《无意识的位置》，该文收录于布鲁斯·芬克、理查德·费尔德斯坦和梅尔·贾努斯合编的《阅读研讨班 XI：拉康精神分析的四个基本概念》（*Reading Seminar XI: Lacan's Four Fundamental Concepts of Psychoanalysis*, Albany: SUNY Press, 1995, p.271）。

3　例如，可参见简·盖洛普（Jane Gallop）的《阅读拉康》（*Reading Lacan*, Ithaca: Cornell University Press, 1982），以及南希·乔多罗（Nancy Chodorow）的《女性主义与精神分析理论》（*Feminism and Psychoanalytic Theory*, New Haven: Yale University Press, 1989）。

4　本章所涵盖的一些内容曾作为我从 1987 年开始在康奈尔大学、耶鲁大学、加州大学洛杉矶分校和加州大学欧文分校以及伦敦和墨尔本的讲座的基础；它的一个非常早期的版本出现在 *Newsletter of the Centre for Freudian Analysis and Research* (London) 10 (1988) 中；后来的版本载于 *Newsletter of the Freudian Field* 5 (1991)。这些版本（主要是第一个版本）包括了对拉康性化公式的某些层面的解释，是这里没有提出来的。

5　“阉割意味着，享乐必须遭到拒绝，以便在欲望法则的翻转阶梯上被得到”（*Écrits* 1966, p. 827; *Écrits*, p. 324）。

6　雅克 – 阿兰·米勒在他论鼠人的作品中使用了这种表达：“H_2O”，收录于《癔史》（*Hystoria*, New York: Lacan Study Notes, 1988）。

7　例如，可参见他为罗曼·雅克布森的著作《声音与意义六讲》（*Six Lectures on Sound and Meaning*, Cambridge: MIT Press, 1978, p. xviii）所写的序言。

8　出自克劳德·列维 – 斯特劳斯的《结构人类学》（*Structural Anthropology*, New York: Basic Books, 1963, p. 83）。

9　参见《自我与它我》（*The Ego and the Id*, SE XIX, p. 54）。

10　就像拉康在研讨班 XX 上说的，“阳具功能看似必然，实则只是偶然”（p. 87）。

11　而且，要是没有重大的社会动荡，看起来阳具至少会在一段时间内继续充当欲望的一个能指。也许其他的会与它一起出现；也许它们已经出现了。

12 可参阅他对朵拉父亲的阳痿以及这种阳痿在朵拉的复杂家庭 / 家庭外配置中的女人交换里所扮演的角色的评论（*Écrits* 1966, p. 219; *Feminine Sexuality*, pp. 65-66）。也可以考虑某些带有字母、数字或图像的小方块所组成的拼图游戏的功能，其中缺了一个方块，因此玩家可以变换所有其他方块的位置，一次一个，让它们组成既有的短语、形态或图片（*Écrits* 1966, pp. 722-23）。

13 这种缺失结构是拉康全部能指理论的根基，能指一开始是用来标记位置的，表明那里的某个东西不见了（参见研讨班 IX，拉康在该研讨班上详细说明了能指之出现的逻辑）；这种缺失结构还解释了拉康为什么对弗雷格论数字逻辑（尤其是 0 和 1）的作品那么感兴趣，因为在弗雷格的作品中，我们可以看到同样的基本结构在运作。

14 应该已经很清楚的是，对拉康关于性差异观点的当代解读在多大程度上被误导了，因为它们混淆了父亲和阳具，阳具和阴茎，等等。我在这里仅举一例，即南希·乔多罗的《女性主义与精神分析理论》（*Feminism and Psychoanalytic Theory*, New Haven: Yale University Press, 1989）。乔多罗的优点在于，她的讨论涉及“拉康派女性主义者”，而不是拉康本人（她从未引用过拉康的话）。她的资料来源，根据她在一个脚注中提到的（p. 264），是朱丽叶·米切尔（Juliet Mitchell）、杰奎琳·罗丝（Jacqueline Rose）、简·盖洛普（Jane Gallop）、肖莎娜·费尔曼（Shoshana Felman）、陶丽·莫依（Toril Moi）、娜奥米·肖尔（Naomi Shor）以及其他一些人。乔多罗阅读了她们论拉康的作品，她写道，拉康派坚持认为：

> 父亲［是］被他的阳具象征化的……
>
> 对于拥有阳具的他和没有阳具的她来说，性欲的构成与主体性都是不一样的。
>
> 当阳具在欲望理论中代表它自身，甚至不是在跟母亲的欲望的关系中代表它自身时，女人就不是凭她自己成为一个主体，甚至不是一个从来没能拥有阳具的主体，而只是男性精神中的一个象征符或者症状。（p. 188）

在我看来，乔多罗没搞清楚拉康的立场，而且太过于离谱了，所以我宁愿在本章阐述我所理解的拉康立场，而不是批判其他作者的相关解释。

15 正如考虑到由于“价值”的主观性质而导致的股票市场现象时，在将资本主义视为一个封闭体系的狭隘观点中，一切都变了。

16 根据那句很有名的话，l'analyste ne s'autorise que de lui-même（分析家的唯一授权来自他本人，分析家只由他本人授权，或者成为分析家的唯一授权来自他本人），我们可以把这句话理解成，“成为一个性化存在（男人或女人）

的唯一授权来自他本人”。

17 请注意，使用英语动词词组 to be 来翻译这个短语是有问题，但在英语中，我找不到别的方法来避开这个问题。拉康的 il n'y a pas 要比“性关系不存在”这个说法更加强烈一点，因为它还意味着“性关系不外－在”；实际上是“没有这回事”。本章后面会讨论这一点；在这里，我就只说拉康使用了两种不同的公式来表示两种不同的观点：在他说 L'Autre n'existe pas（大他者不存在）时，我们还是可以假设大他者可能是外－在的；但在他说 Il n'y a pas d'Autre de l'Autre（没有大他者的大他者）时，这个大他者的大他者（超越大他者或者大他者之外）是否实际上可能是外－在的，这种推断就多余了：它既不存在，也不外－在。请注意，至少早在 1967 年，拉康几乎有一个同样的说法：“精神分析的最大秘密在于，没有性行动这回事”（研讨班 XIV，1967.4.12）。他所说的“性行动”和性交一点关系都没有：性行动不是一个真正的行动或者“充分”意义上的行动，它总是一个失误行动，一个 acte manqué。

18 我在这里撇开了拉康对他的性化公式的另一种解释，在我看来，这种解释（1）会干扰我们理解他对性差异最精辟且意义深远的论断，而且（2）在他后来的著作中已经被取代了。他的另一种解释并非没有价值（相关的详细讨论，读者可以参考我最早的论文，我在本章的注释 4 中提到过），但在我看来，比起我在这里所关注的，它的用处要小一些。

19 在研讨班 XI 上，拉康将 S_1 联系于母亲的欲望，而在原初压抑中，母亲的欲望被父之名这个 S_2 划了杠（禁止了）。在这里，我是把 S_1 联系于原初压抑，把 S_2 联系于继发压抑；但是，这只是为了方便而采取的惯常做法。我在第 6 章注释 15 提到，在拉康的理论中，S_1 一开始在父性隐喻中指母亲的欲望，后来则指任何充当主人能指的能指。

20 或者，就像拉康在研讨班 XXI 上所说的“符号的享乐”（semiotic jouissance, 1974.6.11）：源自呀呀语（lalangue）的意义享乐（jouis-sense）。

21 与对象（a）有关的这种观点在拉康的《论〈失窃的信〉的研讨班》（*Écrits* 1966）中的“连环套”（Suite）里面起作用；在本书后面的两篇附录中，我详细讨论了对象（a）的这一方面，而且在《无意识思维的本质，或者为什么没有人读过拉康〈论《失窃的信》的研讨班〉的后记》里还有更详细的讨论，后一篇文章是我于 1989 年在巴黎的拉康英文研讨班上发表的演讲，收录于布鲁斯·芬克、理查德·费尔德斯坦和梅尔·贾努斯合编的《阅读研讨班 I 和 II：拉康的回到弗洛伊德》（*Reading Seminars I & II: Lacan's Return to Freud*, Albany: SUNY Press, 1995）。

22 这也许可以被写成：“并不全然”（not all-together）臣服于象征秩序。

23 要更加具体地描述大他者享乐是很困难的，因为作为起点的 S_1 无法言说而且不可触及，无法用任何清晰的话语来直接把握。与其把这个 S_1 当作父亲的“不！”，我们实际上可以认为它是母亲的欲望，后者被父亲的“不”（S_2）禁止了。要是这么理解的话，那么大他者享乐或许可以说是“折回到”（hark back）语言建立之前的快乐（J1），也因此是“象征界被实在化”之前的快乐。

24 本书后面的部分，“男性”（male）和“女性”（female）指的总是生物/基因层面上决定的性别，而“男人”（man/men）和“女人”（woman/women），“男性”（masculine）和女性（feminine）指的总是精神分析视角下的性别。（译按：这些词汇在英文原文里面很好分辨，但要翻译成中文则难免会给同一个词语分配多个意思，造成歧义。但中文的一个特色也正是依据语境来分辨所指，故译文并没有在每一处都严格标记出，“女性”“男性”这两个词到底指的是生理/基因层面决定的性别还是结构层面的性别，但是，带着结构的观念，读者应该可以根据语境自行判断。）

25 一个有趣的结论是，人们甚至可以说分析家，作为分析家，是无性的。就主人而言，也是如此。

26 熟悉量词 $\forall$ 和 $\exists$ 的读者，应该一开始就要明白，拉康对它们的用法和当代逻辑学中的用法是非常不一样的；尤其是说，它对 $\forall x$ 的各种用法有时候指的是所有 x 的，有时候指的是 x 的全部。他使用的不同的否定符号应该被理解为，指的不过就是符号逻辑中使用的波浪线（~）。否定之杠放在量词上和放在函数上的意义是不一样的，这一点后文会简要概述。

27 参见 *Scilicet* 4 (Paris: Seuil, 1973): 7。

28 因此，为了让普遍声明能被讲出来，似乎就必须有一个例外！拉康呼应了查尔斯·桑德斯·皮尔斯（Charles Sanders Peirce）的说法：“没有限制的规则是没有意义的。”

29 关于语法中的不整一和除权，可参见 Jacques Damourette and Edouard Pichon, *Des mots à la pensée: Essai de grammaire de la langue française*, 7 vols. (Paris: Bibliothèque du français moderne, 1932-51)，尤其参见第一卷；第六卷对于理解拉康所区分的所述主体和能述主体很有用。

30 这里的 comes 应该从两种意义上来理解。（译按：作者在这里的用词是 comes under，作为词组，它的意思是遭受或归入，但从字面上也可以理解为“来到……之下”，表示一种主动性。）

31 由此而言，原始部落父亲可以说是精神病人。

32 比如 $\exists x \overline{\Phi x}$，在男性结构的情况中，归根结底假定的并非 existence，而是 ex-sistence。因此可以认为，在拉康对象征符的用法中，与经典逻辑的用法不同，

$\exists x$ 的意思是“有一个 x 外 – 在”，而 $\overline{\exists x}$ 只是否认了 x 的存在之可能性，至于其外 – 在，则什么也没说。

33 无论从别的什么意义上说，没有对象（a）这个伴侣，他当然是非全的，而且他因为跟他的伴侣结成一对而实现的充盈充其量仍然如幻影一般（$\$ \lozenge a$）。

34 “如果某个东西相对于其他东西外 – 在，这恰好是因为它没有成对（coupled），而是‘成三’（tripled），如果你们容许我这么使用这个词的话。”

35 在我写这一章时，我还不知道《弗洛伊德事业》（*La Cause freudienne*）杂志最近一期关于大他者性别（*L'Autre sexe*, 1993.6.24）的内容。其中有很多关于 S(Ⱥ) 的说法都很有意思，它们指出了一些其他可能的解释，和我在下文要提出的解释是不一样的。

36 这也许可以写作 S(a)，请注意，关于 S(Ⱥ)，拉康至少有一个说法可能没有印证我的解释：“S_1 和 S_2 恰好就是我用分裂的 A 所指的东西，我将其写作一个单独的能指，即 S(Ⱥ)”（研讨班 XXIV，1977.5.10）。这段引文至少清楚表明，在拉康思想中的那一刻，S(Ⱥ) 是分裂的大他者或被划杠的大他者的能指，也就是不整完的大他者的能指。但是，鉴于这个说法把 S(Ⱥ) 和缺失的或欲望的大他者的能指等同起来，所以它和*大他者的欲望的能指*有关，就像我指出的，它可以被写作 S(a)。只不过，要是这么说的话，它也可以等同于阳具（Φ），而我的理解是，这里涉及的是*作为丧失*的母亲大他者的欲望，或者丧失的母亲孩子统一体。

37 关于升华，可参见《弗洛伊德事业》杂志最近一期和升华有关的内容（*Critique de la sublimation*, [1993.9.]25），这一期是在本章写完之后才出版的。

38 请不要把这理解成是在说，那些以男性结构为特征的人从未升华过其冲动。根据弗洛伊德的观点，所有的去性欲化都意味着冲动之升华，虽然他没有暗示自我和超我的所有功能——这需要去性欲化——都会提供全然的满足。我们可以大致把强迫症描述成这么一种分类：冲动被完全彻底地去性欲化了（也许唯独思维仍然是性欲化的）。只不过，在它我转为自我或超我（即从“快乐”转向“现实”）的过程中，所涉及的升华显然是不一样的，而且那种导致冲动获得完全满足的升华，其中涉及的东西也是不一样的。

39 参见 *Écrits* 1966, p. 839；英文版可参见布鲁斯·芬克翻译的《无意识的位置》，收录于布鲁斯·芬克、理查德·费尔德斯坦和梅尔·贾努斯合编的《阅读研讨班 XI：拉康精神分析的四个基本概念》（*Reading Seminar XI: Lacan's Four Fundamental Concepts of Psychoanalysis*, Albany: SUNY Press, 1995, p.268）。

40 参见 *Écrits* 1966, p. 875（英文版可参见 *Newsletter of the Freudian Field* 3 [1989]:22），以及本书第 8 章中的“男性 / 女性——能指 / 能指性”一节。

41 古往今来，最常见的定义是“母亲身份 / 母性”，但在许多方面，它只有借助阳具能指才具有意义。我们要如何看待那些假定了某种社会地位的名字呢，比如“麦当娜”或者“玛丽莲·梦露”？麦当娜和玛丽莲自己的名字（终究还是别人起的名字）对她们来说有 S(Ⱥ) 的作用吗？关于这一点，请参阅我即将出版的著作《现代癔症》（*Modern Day Hysteria*, Albany: SUNY Press）。

42 露丝·伊利格瑞（Luce Irigaray）很有魄力地表达了这样的观点：在我们的文化中，女人们被定义成非男人；不过，她没有把这个观点归功于拉康：“在我们的文化中，女性并没有留在一个不同的性别中，反而成为非男性，也就是说，一个抽象的不存在的现实……女性的语法性别本身是用来让主体性的表达消失的，而且和女人有关的词汇常常包含了……那些把她定义成一个相对于男性主体而言的对象的词语。”可参考艾莉森·马丁（Alison Martin）翻译的《Je，tu，nou：朝向一个差异文化》（*Je, tu, nous: Towards a Culture of Difference*, New York: Routledge, 1993, p. 20）。

43 有人可能会说，实际上有三个单独的层面：爱、欲望和享乐。

44 这种主体性概念极其寻常，导致那些从更加政治的视角而非拉康派的视角来思考的读者，在阅读拉康时有特别多的混淆。在我看来，在文化研究、电影研究、比较文学和哲学中流传得最广泛的主体概念，是一个主动的代理(动因)，他主动采取行动，掌控自己的生活，定义他自己的世界，并用他自己的话来呈现（代表）自己。从精神分析的视角来看，这样的描述是非常有问题的（否定了异化、无意识、自我的本质、作为大他者的欲望的欲望，等等），在这类主体概念和拉康的主体概念之间的区分，现在应该是非常明显的。尽管如此，但也许可以通过主体化（subjectivizaiton）这个概念，在这两种主体概念之间架桥：随着某种实在被象征化，主体形成了存在。

45 我这里说的主体化在露丝·伊利格瑞那里有一个非常贴切的表达，她说，在父权制文化中，一个女人“必定会经受一个复杂又痛苦的过程，经受一个非常实在的朝向女性性别的转变”（强调为我所加；艾莉森·马丁 [Alison Martin] 翻译的《Je，tu，nou：朝向一个差异文化》[*Je, tu, nous: Towards a Culture of Difference*, New York: Routledge, 1993]，p. 21）。在西方，女性（或大他者性别）特有的这种主体化，相比于在某些非西方社会中，可能要更加艰难痛苦。

46 这种说法无疑应该有一个限定：女性主体化进程在此种程度上和男性主体化进程是一样的，即女人并未实现 / 实在化她跟 S(Ⱥ) 可能的关系，也就是说，仍然是一个 hommosexuelle，而不是一个 hétérosexuelle（某个跟大他者性别有关系的人）。

47 杰奎琳·罗丝保留了这个词，没有将它翻译成英文，其他很多译者也是如此。罗丝对这个词的解释比其他人的更让人困惑，而在大卫·佩迪格鲁（David Pettigrew）和弗朗索瓦·拉福尔（François Raffoul）翻译的《文字的凭据》（*The Title of the Letter*, Albany: SUNY Press, 1992）中，让 – 吕克·南希（Jean-Luc Nancy）和菲利普·拉古 – 拉巴特（Philippe Lacoue-Labarth）的讨论是很有用处的，显示出拉康在早期使用这个概念时所隐含的张力。很遗憾，他们两人并未考虑拉康在 1970 年代对这个概念更加明确的用法。

48 参见 *Newsletter of the Centre for Freudian Analysis and Research* 10(1988)。

49 参见完整的能指辩证法和亚里士多德的四因说，具体请参阅该研讨班随后的讨论，pp. 26-27。

50 或者它我被排到了自我中，弗洛伊德在《自我与它我》（*The Ego and the Id*, SE XIX, p. 56）中就是这么说的，（但这个说法跟在《精神分析新论》[*New Introductory Lectures on Psychoanalysis*] 中的说法不一样，拉康对这个译本的批判贯穿于《著作集》）他写道，“使自我逐步征服它我”（*Studienausgabe*, vol. 3[Frankfurt: Fischer Taschenbuch Verlag, 1975], p. 322）。

51 “唯有爱容许享乐屈尊于欲望”（研讨班 X，1963.3.13）。

52 Jouissance du corps（研讨班 XX，p. 26）有双重含义：对（另一个人的）身体的享乐，以及（某人自己或者大他者）在身体中体验到的享乐。

53 这样将大他者描述成根本异质性的，显然是在很多方面把它比作对象（a）了。

54 参见我即将出版的《现代癔症》（*Modern Day Hysteria*, Albany: SUNY Press）；我在其中讨论了拉康在大他者享乐与爱之间引入的连接：（对）上帝的爱，“神圣之爱”以及“私人宗教”。

55 如果“男性升华”可以被描述成对实在对象的象征化，那么“女性升华”也许可以被描述成对能指的实在化（realizing）。按照拉康在研讨班 XXI 上的措辞，我们也许可以认为那些具有男性结构的人将想象（幻想）的实在（对象）象征化，这对应于 SRI；而那些具有女性结构的人是将想象的象征实在化，这对应于 RSI，拉康在该研讨班上将其联系于宗教。于是我们可以说，一个涉及“顺时针的”或“右极化的”（right-polarized）话语，另一个则涉及“逆时针的”或“左极化”（left-polarized）的话语（参见第 10 章）。

56 但很多当代作者还是继续批判拉康仍然陷在陈旧的弗洛伊德模式中。例如，看看伊丽莎白·格罗兹（Elizabeth Grosz）在苏雅·古纽（Sueja Gunew）所编辑的《女性主义知识读本》（*A Reader in Feminist Knowledge*, New York: Routledge, 1991）中的评论：“[在拉康的作品中，] 男性和女性仍然如同在弗洛伊德的作品中那样，被主动和被动、主体和对象、阳具和被阉割之间的关系所定义”（p. 86）。我希望，本书读者现在应该会意识到，这类似于说拉康差不多在 1960 年的某一刻就死了。

比如，我们可以看看这段出自 1964 年的《无意识的位置》中的话：“精神分析经验揭示了主体在男性存在或女性存在方面的摇摆不定，这种摇摆不定与其说和他的生物双性有关，倒不如说和这一事实有关，即在他的辩证法中，没有什么代表了性别的双极性，除了主动性和被动性之外，即冲动—外界作用的极性，**这完全不适合用来代表该双极性的真正基础**”（*Écrits* 1966, p. 849，强调为我所加）；英文版可参见布鲁斯·芬克、理查德·费尔德斯坦和梅尔·贾努斯合编的《阅读研讨班 XI：拉康精神分析的四个基本概念》（*Reading Seminar XI: Lacan's Four Fundamental Concepts of Psychoanalysis*, Albany: SUNY Press, 1995, p.276）。

57 从很多方面来看，拉康仍然是一个结构思想家，关于男性结构和女性结构，他的思考方式（受限 / 无界限，闭 / 开，有限 / 无限）使它们成为严格的矛盾命题（contradictories），而不只是反对命题（contraries）：它们之间没有中间地带或连续统可言（就好比在拉康的精神分析中，神经症与精神病之间没有所谓的“边缘型”分类）。这无疑会让拉康容易受到女性主义者和解构主义者的批判，认为他的思维方式是二元对立的，据我所知，其中最明显的一个批判来自南希·杰伊（Nancy Jay）论“性别与二分”的出色论文（收录于苏雅·古纽所编辑的《女性主义知识读本》[*A Reader in Feminist Knowledge*, New York: Routledge, 1991], p. 95）。非常有趣的是，为了表达出自己的观点，杰伊利用了亚里士多德的逻辑范畴，即“矛盾命题”和“反对命题”（阿普列乌斯 [Apuleius] 把同样的范畴置于“逻辑方阵” [logical square] 中，拉康经常会提到这个方阵，并且被他当作模型来使用），在此两者之间是没有中间地带的，也就是说，**这两个范畴之间的二分本身就是一个二元对立或矛盾命题**。立志于消除所有的矛盾命题或二元对立，难道不是意味着，比如，把精神病理看作一个连续统，从而说神经症和精神病之间是没有轮廓鲜明的分隔线的？从临床角度来说，拉康几乎不会接受这个观点。可参考罗兰·巴特在《符号学原理》（*Elements of Semiology*, New York: Hill and Wang, 1967, pp. 80-82）中的精彩讨论。

第4部分

精神分析话语的地位

9

四大话语

没有全部。没有什么是全的。

——拉康，*Scilicet* 2/3 (1970): 93

没有话语宇宙这回事。

——拉康，研讨班 XIV，1966.11.16

没有元语言这回事。

——拉康，研讨班 XIV，1966.11.23

拉康派精神分析构成了一种非常强劲有力的理论，而且是一种在社会层面上意义重大的实践。但它还不是 Weltanschauung，不是一个被整体化的或者在整体化之中的世界观，[1] 虽然有很多人想要做到这一点。它是一种话语，因此在这个世界上发挥着影响力。它只是众多话语中的一种，而不是那种决定性的终极话语。

当今世界，占支配地位的话语无疑是权力话语：权力作为一种实现甲乙丙目的的手段，最终是为了权力而权力。拉康派精神分析本身并非权力话语。它运用了分析情境中的某种权力，依据美国的很多心理学流派的观点，这种权力是不合道理的，而在美国的这些学派中，“客户的”自主权（可理解为自我）神圣不可侵犯，而且必须始终不受阻碍、不受挑战。精神分析运用了欲望原因的权力，以便引起分析者欲望的重构。就这样，分析话语被结构的方式不同于权力话语。拉康的“四大话语”力求说明众多话语之间的结构差异，这一点我稍后再谈。

首先让我提一个与相对主义有关的问题。如果精神分析在某种程度上不是终极话语，而是众多话语中的一个，那么它能提出什么主张引起我们的注意呢？如果分析话语只是几个话语中的一个，或者许多话语中的一个，那么我们为什么要让自己费神费力去关注它呢？在这里我就只提出一个简单的回答：*因为它使我们可以用一种独特的方式去理解不同话语的运作。*[2]

在开始详细谈论拉康的四大话语之前，就让我先指出，虽然拉康用“癔症话语”这个词来称呼其中一个话语，但他没有因此说，某个癔症主体总是且难以避免地运用癔症话语，或者在该话语中操作。身为分析家，癔症主体也许在分析家话语之内工作；身为学者，
130 癔症主体也许在大学话语之内工作。癔症主体的精神结构并不随着其话语的变化而变化，但是其效力会随之而变。一个人要是将自己置于分析家话语之中，那么他 / 她对其他人的影响就对应于该话语可以有的影响，并且要忍受该话语特有的障碍与短处所带来的痛楚。某一话语促进某些事并阻碍其他事，容许一个人看到某些事，同时看不到其他事。

另一方面，话语不像可以随手戴上摘下的帽子。要改变话语通常需要满足某些条件。分析家并不总是在分析话语中工作；例如，在教学的时候，分析家很可能会采用大学话语或主人话语，或者同样也可能采用癔症话语（拉康自己的教学似乎经常采用的就是癔症话语）。

让人立马觉得惊讶的一件事情是，虽然拉康打造了癔症话语，但是没有所谓的强迫症话语、恐惧症话语、性倒错话语或精神病话语。毫无疑问，他们的话语在某种程度上也能形式化，而且拉康费

了很多心思去形式化恐惧症、性倒错等里面的幻想结构。[3] 但这些不是他概述的四大话语的主要焦点。我不会深入四大话语的全部复杂细节中去，尤其是它们还随着时间发展：拉康在研讨班 XVII 中介绍了它们；到了研讨班 XX 以及之后，又在某种程度上重新加工了它们。相反，我会呈现四大话语中每一个话语的基本特征，然后在下一章，讨论拉康在研讨班 XXI 中呈现的第二种谈论不同话语的方式。

主人话语

在某种程度上，拉康的话语是以主人话语开始的，这既有历史的原因，也是因为主人话语体现了我们所臣服的能指的异化功能。就这样，主人话语在四大话语中占据了一个特权位置；它构成了一种（既是系统发生学上的，又是个体发生学上的）原初话语。这是让主体经由异化而到来的基本矩阵（我们在第 4 章到第 6 章可以看到这一点），但是拉康在他四大话语的语境中，赋予了它一个稍微不一样的功能：

$$\frac{S_1}{\$} \longrightarrow \frac{S_2}{a}$$

在主人话语中，主导性的或支配性的位置（左上角）由 S_1 占据， 131
这是无意义的能指，毫无道理的能指，换句话说，就是主人能指。主人的话必须听——不是因为我们那样做会好过一些，也不是因为一些其他这样的逻辑依据——而是因为他 / 她就是这么说的。[4] 他 / 她的权力用不着理由：事情就是这样子的。

主人（在这里由 S_1 代表）发话（由箭头表示）给奴隶（S_2），而奴隶被置于右上角的工人位置（也被拉康称为他者的位置）。奴隶在替主人埋头苦干的过程中，学到了一些东西：他 / 她逐渐体现了知识（作为产物的知识），在这里由 S_2 代表。主人不关心知识：只要一切正常运作，只要他或她的权力得以维持或扩张，那么一切都好。他 / 她没兴趣知道事物运作的方式和原因。若是把资本家视为主人，把工人视为奴隶，那么位于右下角的对象 *a* 则代表了被制造出来的剩余物：剩余价值。此剩余源自工人的活动，但被资本家占用了，我们可能会假设，这直接或间接地让资本家得到了某种享受：剩余享乐。

主人肯定不示弱，因而小心翼翼地隐藏这种事实：他 / 她和别人一样，也是语言的存在，也顺服于象征阉割：能指导致的意识和无意识（$\$$）之间的分裂，在主人话语中被遮蔽了，并出现在真理的位置上：被掩饰的真理。

四大话语中每一个话语里面的不同位置可以这么命名：

$$\frac{\text{动因}}{\text{真理}} \longrightarrow \frac{\text{他者}}{\text{产物 / 丧失}}$$

不管拉康在这四个位置上放置的是哪一个数学型，它都具有该位置被赋予的角色。

其他三个话语由这第一个话语经过逆时针旋转或“公转”（revolution）1/4 个圈而生成。[5] 有人可能会假设，这些后续或“派生的”（derivative）话语是在后来形成的，或至少是在后来领会到的，因为分析家话语在 19 世纪末才形成，而且正是分析家话语最终使癔症话语得以被领会。（主人话语在很久之前就被黑格尔认识到了。）

132 大学话语

多个世纪以来，对知识的求索一直是对真理的防御。

——拉康，研讨班 XIII，1966.1.19

在大学话语中，

$$\frac{S_2}{S_1} \longrightarrow \frac{a}{\$}$$

“知识”取代了支配性的、命令性的位置上无意义的主人能指，系统性的知识乃终极权威，代替盲目的意志起支配作用，一切皆有逻辑依据。拉康几乎进一步指出，有某种从主人话语到大学话语的历史运动，大学话语为主人的意志提出了某种合法性或合理化。由此而言，他似乎赞同1960年代和1970年代提出来的那种观点，即大学是资本主义之生产（或者就像当时所说的“军事工业情结”）的一支武装，也就是说，隐藏在大学话语背后的真理终究是主人能指。

知识在这里质询剩余价值（资本主义经济的产物，其形式是工人生产出来的价值的丧失或减少）并将其合理化或正当化。此处的产物或者丧失是被分裂的、被异化的主体。既然大学话语中的动因是知道的主体（the knowing subject），那么被生产出来的，同时被驱逐的，就是无知的主体或者无意识的主体。拉康说，哲学向来服侍主人，向来置身于为主人话语提供合理化与支持的服务中，就像最糟糕的科学一样。

请注意，虽然拉康起初将大学话语联系于科学的形式化，联系于科学日益的数学化，但他后来撇开了真正的科学工作与大学话语的关系，反而将之联系于癔症话语。这初听起来也许让人惊讶，因为拉康认为真正的科学活动（例如在《科学与真理》中解释的）[6]确实对应于癔症话语的结构，我在后面会解释这一点。

这种转变有一个反映，即他在《电视》（*Television*）中将科学话语与癔症话语联系起来，以及在1975年于比利时的一次名为《有关癔症的评论》（*Propos sur l'hystérie*）的演讲中，将这两者完全等同起来。这意味着大学话语里面涉及的那种知识等于就是弗洛伊德用最轻蔑的口吻所说的合理化。我们可以想象到这一点，不是想象其作为应对实在的那种思想，以及作为维持明显逻辑的和 / 或物理的矛盾所引起的难题的那种思想，而是作为一种想穷尽一个领域的百科全
133 书般的努力（比如查尔斯·傅立叶 [Charles Fourier] 的 810 种人格类型[7]，以及奥古斯特·孔德 [Auguste Comte] 想要建立一门包罗万象的社会学）。

为服务于主人能指而工作，不管什么样的论证，差不多都是这样的，只要它打着理性与合理的幌子。

癔症话语

在癔症话语中（这实际上是第四个，而不是第三个连续的四分之一旋转后生成的话语，如下所示），

$$\frac{\$}{a} \longrightarrow \frac{S_1}{S_2}$$

分裂的主体占据了支配性的位置，并且向 S_1 发话，质疑它。虽然大学话语为主人能指马首是瞻，用某些莫须有的体系为它打掩护，但是癔症主体径直迈向主人，要求他 / 她亮出自己的玩意儿，拿知识制作点正儿八经的东西，以此证明自己的能耐。[8] 癔症话语恰好就是大学话语的反面，四个位置都是反过来的。癔症主体维持了主体性分裂的原初性，即意识与无意识之间的矛盾，因此也是维持欲望本身具有冲突的或自相矛盾的本质。

在右下角的位置上，我们找到了知识（S_2）。拉康也将享乐，即话语产生的快乐，放在这个位置，从而指出了癔症主体从知识中获取快感。知识在癔症话语中比在其他话语中被爱若化的程度更甚。在主人话语中，知识的价值在于，它能够生产别的什么东西，它能够被用来替主人干活，仅此而已。可知识本身对主人而言，始终是触不可及的。在大学话语中，知识与其说本身是目的，不如说正当

化了大学特有的存在和活动。[9] 因此，癔症提供了一种相对于知识的独特配置，我认为这就是拉康最后将科学话语等同于癔症话语的缘故。

1970 年，在研讨班 XVII 上，拉康认为科学与主人话语拥有同样的结构。[10] 他似乎将科学看作是为主人服务的，就像经典的哲学所做的那样。到了 1973 年，拉康在《电视》中声称，科学话语和癔症话语几乎是一样的（p. 19）；而在 1975 年，他直接将这两者等同起来。[11] 是什么导致他这么做的？

考虑一下海森堡不确定性原理。该原理用简单的术语告诉我们，我们不能确切地同时知道一个粒子的位置和动量。如果我们确定了 134
其中一个参数，那么另一个必然是未知的。就其本身而言，这是科学家提出来的一个令人惊讶不已的命题。我们常常天真地认为科学家这种人会不屈不挠地改进他们的工具，直到这些工具能够丈量一切，不管要丈量的事物多么微小，其速度多么惊人。但是，海森堡假定了我们丈量能力是有限的，因此科学知识是有真正的局限的。

如果我们暂时把科学知识视为一个全部或者集合，虽然处于扩展之中（我们可以想象它是一个理想的科学知识集合，囊括了现在和未来的所有科学知识），那么我们就可以把海森堡的原理理解为，集合是不完整的，全部是非全的，因为集合中有一个“填不满”的洞（图 9.1）。[12]

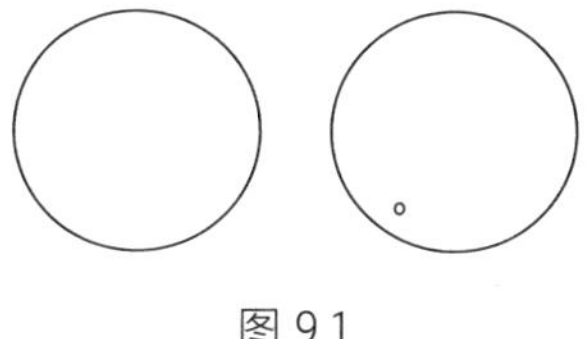

图 9.1

这就类似于拉康关于癔症主体的说法：癔症主体驱策主人——这个主人体现在伴侣、老师或者某某人身上——直到他 / 她找到主人知识中的缺失。要么主人没有一个针对万物的解释，要么其推理站不住脚。在向主人发话时，癔症主体先是要求主人生产知识，接着再反驳其理论。从历史的角度来说，癔症主体乃医学、精神病学和精神分析对癔症的理论阐释背后的真正驱动力。癔症主体使弗洛伊德发展出精神分析理论和实践，而且一直在分析室中向他证明他的知识和技艺是不充分的。

癔症主体就像优秀的科学家，并不利用自己已有的知识去拼命解释一切——这是分类者抑或百科全书编纂者干的事——也不会理所当然地认定一切解决方案终有一天唾手可得。海森堡震撼了物理学圈子，他断言有些东西从结构上来说是不可知的：有些东西是我们不可能了解的，这是一种概念上的反常。

类似的问题和悖论也在逻辑学和数学中出现过，就像我们在前面的第 3 章和第 7 章中看到的那样。用拉康的话来说，这些不可能性关联于被称为对象（a）的实在。

在癔症话语中，对象（a）出现在真理的位置上。这意味着癔症话语的真理，也就是其隐匿的驱动力是实在。物理学也一样，用真正的科学精神搞研究时，物理学也受命于实在，也就是受命于那些
135 没生效、不相称的东西。它并不谨慎地掩盖悖论和矛盾，企图证明其理论是完美无缺的——也就是适用于任何情况——反而是尽可能地去发展这些悖论和矛盾。

分析家话语

现在我们转向分析家话语：

$$\frac{a}{S_2} \longrightarrow \frac{\$}{S_1}$$

对象（a）作为欲望的原因是这里的动因，它占据了支配性的或命令的位置。分析家扮演纯粹欲望性（纯粹的欲望主体）的角色，

并质询主体的分裂，而意识与无意识之间的分裂恰好是在这些时刻显现出来的：口误、失误和无意的行动、含糊的言语、梦等。分析家由此推动患者工作、联想，而这种费力的联想生产出来的是一个新的主人能指。患者在某种意义上“咳出”（coughs up）了一个主人能指，这是一个之前从未与别的能指建立过关系的能指。

在讨论主人话语时，我称 S_1 是毫无道理的能指。主人能指在分析情境中表现为死胡同、终点、专有名词、词或者短语，它终结了联想，让患者的话语陷入停滞。就像我们在第 6 章看到的，它可能是一个专名（患者的或分析家的），是对所爱之人亡故的一种指涉，是一种疾病的名称（艾滋、癌症、牛皮癣、失明），或者是各种其他的。分析的任务是把这些主人能指和其他能指联系起来，也就是说，将分析生产出来的主人能指辩证化。

这意味着分析家要依赖主人话语，或者就像我们在这里可能看到的那样，求助于基本的意指结构：必须在每个主人能指与一个二元能指之间建立连接，这样主体化才会发生。症状本身可能会呈现为一个主人能指；事实上，随着分析往前推进，随着个人生活越来越多的方面被当成症状，每一个症状性的活动或痛苦在分析工作中可能都被呈现为一个是其所是的词或短语，看似对主体而言毫无意义。在研讨班 XX 上，拉康称分析家话语中的 S_1 为 la bêtise（愚蠢 / 荒唐之举 / 无价值的东西），这又往回指向了小汉斯案例，就是小汉斯称自己对马的全部恐惧是 la bêtise——拉康如是翻译（p. 17）。它是分析过程本身生产出来的一点胡说。[13]

在分析话语中，S_2 出现在真理的位置上（左下角的位置）。S_2 136
在这里代表知识，但显然不是那种在大学话语中占据支配性位置的知识。这里涉及的知识是无意识的知识，是在意指链中被捕获到的知识，是还未被主体化的知识。这种知识曾在之处，主体必将生成。

依据拉康的观点，若是分析家采用了分析话语，那么分析者在分析过程中就不可避免地被癔症化。无论其临床结构如何——不管是恐惧症的、性倒错的还是强制性强迫的——分析者都会被带回癔症话语中。

$$\frac{\$}{a} \longrightarrow \frac{S_1}{S_2}$$

为什么会这样？因为分析家可以说是把分裂的、自相矛盾的主体推到了前线。分析家并不质疑强迫型神经症主体有关陀思妥耶夫斯基诗学的理论，比如，不试图向神经症主体表明其学识观点在什么地方是不一致的。在分析性会谈期间，这样一位强迫症主体也许会试图站在大学话语中的 S_2 位置上讲话，但若是让分析者置身于这一层面，会使分析者坚守在那种特殊的立场上。相反，我们可以想象一下，分析家无视（分析者）花了整整半个小时来批评巴赫金关于陀思妥耶夫斯基的对话体的观点，分析家可能会专注于分析者言语中最轻微的口误或者歧义——比如，分析者使用形象的隐喻 near misses* 来描述她选择了很糟糕的时间来发表自己论巴赫金的文章，而分析家知道这位分析者拒绝了一次意想不到且不想要的求婚（near Mrs.），之后很快就离开了自己的祖国。

因此，分析家指出分析者并非自己话语的主人，从而把分析者变成一个分裂的主体，分裂在意识的言说主体与其他某个用同一张嘴同时说话的主体之间，并将其任命为话语的动因，在该话语中，诸多 S_1 在分析过程中被生产出来，受到质询，并和 S_2 产生关联（就像在癔症话语中的情况）。显然这个过程的驱动力是对象（a）——作为纯粹欲望性而运作的分析家。[14]

精神分析的社会处境

我早先提到精神分析本身并非权力话语：它不会塌缩成主人话

---

* 指两个物体非常接近但没有发生碰撞，与后面的 near Mrs. 发音相近。——译者注

语。不过对于拉康派的精神分析情境，不管是法国那边的还是其他地方的，一种美国式的看法经常仅仅围绕着个别分析家和学派与其他分析家和学派之间的权力斗争。[15]就精神分析是一种社会实践而言，它显然在社会的与政治的环境中展开，包含了竞争性的、时常是对
抗性的话语：医学话语推广精神“障碍”的生理基础与治疗；“科 137
学的”和哲学的话语旨在削弱精神分析的理论基础和临床基础；政治的和经济的话语力图压缩精神分析治疗的时长和费用；心理学话语希望把患者引向自己的信徒，诸如此类。在这样的环境下，精神分析变成了众多政治说客之一，而且能够做的不外乎是，试图捍卫自身在日益变化的政治背景中存在的权利。

在巴黎和其他城市，拉康派精神分析成了主要的运动，个人和学派争夺理论和 / 或临床方面的支配地位、政治影响、大学支持、医院里的位置、患者和受欢迎的程度。这是精神分析话语必然的副产物吗，就像我们看到它在分析设置中运作的那样？我不这么认为。它当然可能对个别分析家在分析设置中坚守分析话语的能力有负面影响，但它似乎并非分析话语本身固有的。考虑到精神分析长期以来的分立与内斗，这个说法无疑会引起很多人的反驳，但我坚持认为，这种结果源于分析家在精神分析制度化（形成学派、巩固教条、训练新的分析家、许可证颁发条款等）之初便采用的其他话语，而非分析家话语本身。就分析话语在何种程度上可以且应当坚守在分析设置之外而言，限度当然是有的！

没有元语言这回事

没有所谓的元语言或元话语能够用某种方式摆脱我们迄今为止讨论过的话语限度，因为我们总是在某个话语中运作，哪怕我们用一般的言辞谈论话语。精神分析的出名之处不在于提供了话语之外

的阿基米德点，而只在于阐述了话语本身的结构。每种话语都要求享乐有所丧失[16]（参见第 8 章），而且都有其自身的发条或真理（经常是被谨慎地掩盖了）。每种话语都用不同的方式定义了那种丧失，并由不同的发条启动。马克思阐述了资本主义话语的某些特征，而拉康还阐述了其他话语的特征。直到我们识别出一种话语独有的特征之后，我们才能知道它如何运作。

拉康首次介绍四大话语时，似乎暗示没有其他的话语。这意味着每一个可设想的话语都属于四大话语中的一个吗？在进入下一章讨论科学问题之前，我想把这个问题留给你们回答。

注　释

1　参见拉康的相关说法，研讨班 XI，p. 77。

2　而且不需要它自身构成一种“元语言”。

3　尤其可参阅研讨班 VI。

4　事实上，拉康说，语言的首个功能是“律令式的 / 祈使式的”（imperative）。

5　请注意，除了这里讨论的四大话语之外，其他话语也可以通过改变这四个数学型的顺序来生成。如果，与其保持它们在主人话语中的顺序不变（图 9.2），我们反而改变其顺序，就像图 9.3，那么由此就可以得出四个不同的话语。实际上，这四个不同的位置和四个数学型，有可能组合出总共 24 个不同的话语；而拉康只提到了四个话语，这一事实暗示了，他认为这些元素的顺序特别重要。他的很多四元结构皆是如此，拉康觉得对精神分析很有价值和用处的，正是这种特殊的配置，而不是其构成性元素的其他什么陈旧的组合。

图 9.2　　　图 9.3

6　*Newsletter of the Freudian Field* 3 (1989).

7　可参阅查尔斯·傅立叶（Charles Fourier）的《人类灵魂的激情》（*The*

Passions of the Human Soul, New York: Augustus M. Kelley Publishers, 1968, p. 312）。

8 参见 *Scilicet* 2/3 (1970): 89。

9 实际上，学者似乎会拿异化获取快感，而不是拿知识获取快感。

10 他在别处表达过同样的观点，具体可参见 *Scilicet* 2/3 (1970): 395-96。

11 *Scilicet* 5 (1975): 7, 以及 "*Propos sur l'hystérie*," *Quarto* (1977)。

12 这可以联系于S(Ⱥ),在研讨班XX中,拉康把它形容为l' un-en-moins(少于一)。

13 回想一下，在小汉斯个案中，在患上恐惧症之前，小汉斯遭受着一种一般化的焦虑状态之苦；而恐惧症就出现在他父亲在弗洛伊德的指导下开始对他进行分析性治疗之后。

14 对象（a）作为原因在四大话语中占据了四个不同的位置，在《科学与真理》的末尾，拉康将四个其他话语与亚里士多德的四因说联系起来：

科学：形式因

宗教：目的因

巫术：动力因 / 效力因

精神分析：质料因

在我看来，将拉康在 1965 年的这篇文本中分析的这四个学科，与 1969 年概述的四大话语以及对象（a）在每个话语中的位置相对比，会是一次硕果累累的尝试。弗洛伊德式冲动的四个成分也许有助于把利害攸关的不同对象置于不同层面。

15 很多书都谈到了这一点，包括雪莉·特克（Sherry Turkle）的《精神分析政治：弗洛伊德的法国革命》（*Psychoanalytic Politics: Freud's French Revolution*, New York: Basic Books, 1978），以及伊丽莎白·卢迪内斯库（Elizabeth Roudinesco）的《法国精神分析史：百年大战 II》（*Jacques Lacan & Co.: A History of Psychoanalysis in France, 1925-1985*, Chicago: University of Chicago Press, 1990），译者杰弗里·梅尔曼（Jeffrey Mehlman）。

16 比如，分析性话语要求分析者放弃那与他 / 她的症状或主人能指有关的享乐。

10

精神分析与科学

精神分析相对于科学的地位，在美国一般是从最天真的角度来讨论的。大写的科学（Science）被认为是一套不证自明的“知识体系”（而不是各种各样有激烈争议的社会实践）和一套固定的验证与反驳程序、建模方法、概念构想过程等——也就是说，当那些讨论科学的人对科学工作有任何了解的时候。

然而，科学并不是实证主义者和美国常识所认为的那种铁板一块的大厦。20 世纪后半叶科学史和科学哲学方面的工作，以及个别科学本身的工作，[1] 已经决然驱散了这样一种观念：每一门科学都基于一套可数学化的公理命题、可测量的经验实体和纯概念。关于什么构成一门科学，什么不构成，科学家、哲学家和历史学家几乎没有一致意见。然而，这丝毫不影响美国人尊重科学，在美国，每一个断言都必须找公认的科学权威盖上一个批准印章，人们期望“硬科学”可以为每一个问题提出解决方案。

作为话语的科学

事实仍然是，*科学是一种话语*。尽管这话听起来很陈词滥调，但它意味着废黜大写科学并把科学重新评估为众多话语之一。我们也许可以认为弗洛伊德将“理性”转译为“合理化”，而拉康的话语理论表明，有多少种不同的理性主张就有多少种不同的话语。每种话语都在寻求自己的目的，拥有自身的动力，试图使自己的理性形式占上风。

毫无疑问，目前有好几种形式的科学话语，其中一些（最糟糕的）可以归入上一章讨论的大学话语中（科学是用来合理化主人权力的，并且是主人权力扩张的手段），还有一些可以归入癔症话语，诸如此类。

在我看来，理解精神分析话语和科学话语之间关系的一个很有 139
用的方法，从拉康在 1970 年代对话语理论的贡献来看，是从研讨班 XXI 开始的。然而，在讨论这个方法之前，让我先简要勾勒一下他在 1960 年代中期如何看待精神分析和科学之间的关系。

缝合主体

拉康当时非常热衷于建立科学精神分析，他提出了这样的问题：当前存在的所有科学话语有共通之处吗？我在别处，也就是在对《科学与真理》的评论中，[2] 讨论过他对这个问题的回应，在这里，我非常简略地概述一下：科学“缝合”主体，也就是说，忽视主体，将主体排除在其领域之外。至少可以说，科学竭尽全力这么做，不过从未完全做到。[3] 列维－斯特劳斯的结构主义集团与牛顿物理学都是如此；在他们的研究领域中，言说的主体被认为是无关紧要的。虽然拉康起初对于在一个类似于语言学与结构人类学的基础上建立科学精神分析兴趣盎然，但是他后来将精神分析与语言学和结构人类学区别开来，因为后两门学科不考虑真理，也就是原因，因此也没有考虑由这种原因而来的主体。

如果科学可以说是在处理真理，那也只是就科学将真理化约为一种值而言的。在真值表中，字母 T（真）和 F（假）被分派给各种可能的命题组合，好比表 10.1。

表 10.1

A	B	A和B	
T	T	T	第1行
T	F	F	第2行
F	T	F	第3行
F	F	F	第4行

如果我断言，拉康是法国人（命题 A），他从未走出法国（命题 B），要让我的整个声明为真，A 和 B 必须都为真。真值表中的四行代表了从这种命题逻辑而来的全部四种可能的组合。A 可以为真，可以为假，B 也可以为真，可以为假；因此，它们真值的任何组合在理论上都是可行的。如果其中只有一个为真，那么我的整个声明就为假。只有两者皆为真时，我的整个声明才为真（第一行）。

140 科学依赖于对“真”与“假”的指定，但它们只有在一个命题逻辑或符号逻辑中才是有意义的：它们在科学所定义的领域中才是可理解的值，在此之外，没法说它们有什么独立的有效性。[4]

因此，“真”与“假”只是科学话语中的价值，好比加和减，0 和 1：它们是二元对立的，在特别的语境中起作用。另外，大写的真理遭到了抹除，被移交给别的学科，诗歌与文学，或宗教与哲学。

相反，精神分析重视那质询了其自身公理的自我确认本质的东西：实在，不可能性，失效的东西。这就是精神分析要肩负起的大写真理。其主要形式便是性关系之不可能性。

如果科学可以说是在处理主体，那也只是有意识的笛卡尔式主体，是其自身思维的主人，其思维关联于其存在（being）。现有的科学当然不考虑分裂的主体，就这个主体而言，“我在我不思之处”“我思于我不在之处”。

科学是美国最为重要的实打实的元语言，它缝合了拉康式主体，并以同样的姿态缝合了其原因（大写真理）。[5] 由于科学将精神分析主体与对象排除在外，所以拉康在 1960 年代的观点是，在将精神分析纳入其视野之前，科学必将经历诸多重大改变。换言之，将精神分析形式化为数学，并且严格定义临床结构——这在拉康当时的著作中是非常典型的——还不足以让精神分析变成一门科学，因为科学本身还没有能力把精神分析纳入在内。科学必须首先认真着手处理精神分析对象的特殊性。[6] 所以，拉康当时的观点是，科学还胜任不了调节精神分析的任务。

在研讨班 X 中，拉康将假设的科学进程联系于我们日益无能思考“原因”范畴。科学不停填充因果之间的“缺口”，逐渐抹除“原因”概念的内容，依据著名的“定律”，一个事件自然而然地导致其他事件。拉康在更为激进的意义上理解原因，认为原因是那种打乱了法则 / 定律的相互作用之顺畅运作的东西。在科学中，因果性被纳入我们所说的结构中——原因在更为全面的一组法则中导致结果。一个原因若是某种似乎不遵守法则 / 定律的东西，从科学知识的角度来说，那它就是仍然无法解释的，并且变成了人们没法思考的东西，而我们一般倾向于假定，科学是能够解释它的，只是时间问题而已。

将精神分析与科学区分开来的是，精神分析考虑到原因，以及跟这个原因有力比多关系的主体。然而，语言学，比如，在考虑到主体时，只将主体当作是象征秩序决定的，也就是说，是能指决定的。因此，精神分析把握了主体的两个方面：首先是组合的或矩阵的“纯 141
粹主体”，可以说是没有原因的主体；其次是像拉康所说的，[7]“饱和的主体”，也就是说，与享乐对象（力比多对象）有关的主体，这个主体是相对于享乐而采取的一个立场。

在 1960 年代，拉康精神分析的计划是，维持并深入探索这两个原始概念——原因与主体——无论它们看上去多么矛盾。在拉康著作的这个阶段，科学与精神分析的差异似乎完全是不可逾越的。

科学、癔症话语与精神分析理论

当拉康把真正的科学话语等同于癔症话语时，这种情况发生了变化，我在上一章就提到了这一点。因为真正的科学工作并不排除原因，不排除那个打断了法则式活动顺畅运作的原因，而是力图以某种方式将其考虑在内，海森堡不确定性原理就是如此。在这里，科学所撞上的实在并没有被巧妙绕开，而是被带到了它所搅动的理论之中。真理，作为与实在的相遇，没有遭到回避，而是受到正面迎接。在这方面，可以说物理学家让自己被愚弄，而不是作为知道的主体去工作。[8] 由此而言，科学话语和癔症话语是一致的。

但是，留给精神分析的位置是什么呢？精神分析话语，在分析设置中运作时，显然跟癔症话语很不一样，涉及分析话语的不是理论建构，而是特定的精神分析目的所界定的实践；基于分析家谜一般的欲望，精神分析旨在实现主体化、分离、穿越幻想等。它不是一种基于理解的实践，无论是对分析家还是对分析者来说，都不是；相反，它基于某种效力（借用亚里士多德对这个词的用法）。

另一方面，精神分析话语，在理论建构中运作时，鉴于它认真对待大写真理（Truth），即力图明确表述跟实在原因的相遇，所以它像癔症话语那样运作，因此也很像科学话语。在我看来，正如将“基础科学”与“应用科学”（即以目标为导向的科学）区分开来是很重要的——尽管这涉及过度简化——区分精神分析严格意义上的理论方面和临床方面也很重要。

精神分析作为一个整体是一种实践。尽管如此，但它的不同方面可以依据话语理论来单独考察。换句话说，在分析设置中，精神分析实践采用了分析话语——这指的是在最好的情况下，因为许多分析家明显更倾向于采用大学话语。精神分析理论和教学采用了癔症话语——这还是指在最好的情况下，因为它们常常成为纯粹的教条主义企业，旨在粉饰所有未得到回答的问题。[9] 精神分析协会，作 142
为社会政治机构，也许采用了各种各样的话语（癔症话语、主人话语或大学话语），虽然拉康明显认为它们应该以一种特殊的方式运作，但我会在别处讨论拉康认为它们最好应该采用的话语，以及它们实际上采用的（诸多）话语。

分析家采用的话语所具有的这种多重性不应该让我们感到吃惊，因为其他实践也是如此：

- 在临床实践中，医生很可能采用暗示、威胁、安慰剂、虚高的费用、善意的谎言，以及其他任何可以让其病人重获健康的方法。在其更加理论的工作中，医生可能会采用在特定历史时刻被接受的科学话语。而在寻求权力、声望或完全是为了生存时，医生可能会变成一个政治说客，采用符合眼前利益的话语（主人话语）。
- 政客在“作战室”采用权力话语（主人话语），在公众眼前采用民主和正义的话语（大学话语），甚至可能在和顾问探讨问题时采用癔症话语。
- 即使是理论物理学家——其领域并不构成我眼中的实践（一种实践旨在改变实在，而不只是研究实在）[10]——也根据他或她是在实验室、课堂、部门会议上，还是在和国家科学基金会这样的赞助方进行讨论，抑或是在同五角大楼官员进行交谈，而选择不同的话语。

不管在什么实践中，而且几乎一切领域中，不同的话语适用于不同的时刻及不同的历史、社会、政治、经济和宗教背景。

三个辖域和“极化”方式不同的话语

实在不取决于我对它的想法。

——拉康，研讨班 XXI，1974.4.23

你没法对它为所欲为。

——拉康，研讨班 XIII，1966.1.5

我前面提到过，对于精神分析话语和科学话语的关系，另一个很有用的方法是从拉康在 1970 年代对话语理论的贡献出发。在研讨班 XXI 中，拉康提出了一种思考话语的方式，这种方式稍微不同于“四大话语”中提供的方式，并与后者并存，尽管可能只是在该研讨班一开始是这样。

143 这种思考不同话语的新方式，根据三种辖域——想象界、象征界和实在界——的顺序来定义话语（图 10.1）。以顺时针方向绕成圈的话语（RSI、SIR 和 IRS）要跟那些以逆时针方向绕成圈的话语（RIS、ISR 和 SRI）区分开来。拉康用“右极化”（dextrogyre）来表示顺时针方向，用“左极化”（lévogyre）来表示逆时针方向，拉康也用这些术语来描述博罗米结之类的结的“方向”（参见研讨班 XXI，

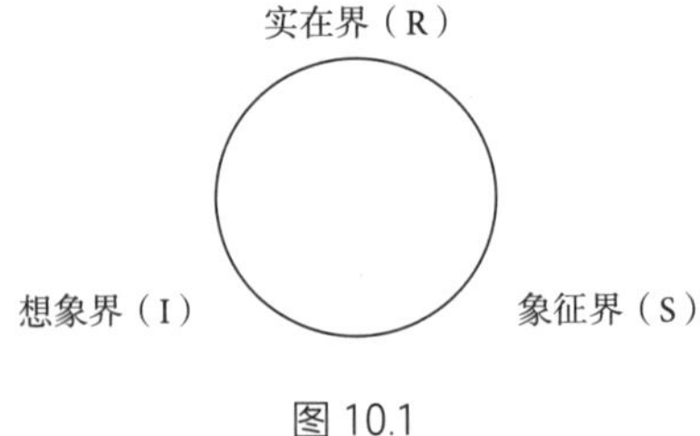

图 10.1

1973.11.13）。

据我所知，拉康从未详细描述过这种组合方法所涵盖的所有话语。他只提到了两个：宗教话语，它实在化了想象的象征（RSI），以及精神分析话语，它想象了象征的实在（IRS）。根据拉康的观点，这两个话语有共同之处，因为它们都是“右极化的”。但与其讨论它们可能的相似之处，我在这里更想做的是阐明拉康所说的“想象象征的实在”是什么意思，并指出如何依据这种新的组合来定位科学。

拉康认为，数学是第一个想象——也就是瞥见、感知、设想——象征秩序本身包含了某些实在元素的话语。它们是象征秩序中的缠结，构成逻辑难题或悖论，而且它们是不可消除的：一个更好、“更纯粹的”象征系统消除不了它们。象征秩序中有一些不可能性，比如哥德尔所揭示的那些不可能性（前面第 3 章和第 7 章简要讨论过），而数学家是最早想象它们并力图将它们概念化的人。

精神分析追随数学的脚步，“扩展数学过程”（研讨班 XXI，1973.11.13），因此也构成了一种 IRS 话语。精神分析认出了对象（a），从而想象或认识到象征（中）的实在。

这是关于精神分析的理论建构最好采用癔症话语的另一种说法。但这种说法也允许我们以同样的方式谈论精神分析过程：在分析设置中，分析家倾听分析者的象征中的实在（不可能性），并力图用解释击中这种实在。[11] 因此，IRS 分类让我们可以用同样的方式来谈 144
论精神分析的理论和实践：它是精神分析作为一种实践的特征。

拉康从未说过他会如何用这种新的组合来对科学进行分类，但我想斗胆指出，最优秀的科学，如哥德尔那样的数理逻辑，可以被视为一种 IRS 话语。[12] 海森堡的不确定性原理当然承认并努力处理现代物理学所构成的象征秩序的实在，科学中的其他工作也是如此。

物理学将永远不会像精神分析那样构成一种实践。虽然精神分析的目的不在于分析者的善（不过当前大多数社会和政治话语就是这样理解的），而在于他/她更大的爱若斯（Eros），[13] 物理学并不寻求改变它所研究的实在：它对空间、时间和物质没有任何目的。然而，两者都构成了 IRS 话语，因此都有某种方向。

精神分析的形式化与可传播性

在 1950 年代末和 1960 年代，拉康付出了相当大的努力，利用象征符或“数学型”（这就是他的用词）来表述和缩略诸多精神分析概念。“数学型”（matheme）这个词是以音素、义素和神话素为模型铸造出来的，后者分别是言语、意义和神话的最小单位，拉康发明的象征符本质上是准数学式的，提供了类似公式的表达。

在 1960 年代，拉康把形式化/数学型化当作科学的主要特征之一，那是百分之百可传播性的关键，即把某种东西从一个人完整地传递给另一个人的能力。从某种意义上说，每个数学型都浓缩并体现了相当数量的概念化，而且每个数学型也是高度多价的，读者在本书的阅读过程中应该已经注意到这一点。虽然数学型或公式本身无法保证思想或概念从一个人到另一个人的完整传递——拉康本人决然批判这种理想的交流（“我懂你的意思”），所有的“交流”的本质都是有误的交流——但所传递的是数学型本身。作为一种书写，作为一种书写痕迹，数学型可以代代相传，甚至可以埋在沙子里，千年之后再挖出来，然后被解释为，向另一个能指意指一个主体。

在早期，拉康对精神分析可传播性的关注，显然是因为英国人和美国人对弗洛伊德作品的曲解，他希望这种曲解可以通过类似于“硬科学”中的表述和形式化来避免。然而，与此同时，他试图避
145 免用简单化的方式说话，并阻止他的学生过快地认为他们理解了弗洛伊德的文本、他们分析者的言语或拉康自己的言词。

虽然拉康一度自夸他已经把精神分析化约为集合论，也就是一

个可整体传播的话语，但拉康精神分析仍然不过是一个包含了诸多定义和公理的有限系统。尽管如此，但拉康精神分析确实朝着越来越“字面化”（literalization）[14]——其中的表述包含了字母和象征符，换句话说，包含了数学型——的方向发展，一个铭记了定性关系而非定量关系的象征化过程。第 8 章末尾讨论的图形，其维度可以无限变化而不改变其基本的拓扑学属性，同样，用拉康的代数书写或加密的关系也是定性的、结构化的关系。

拉康搜寻一种非定量的形式化，这可以从他所说的“通过”（pass）中看出。通过是这样一个过程：某个经过分析的人跟另外两个人（passeurs）详细谈论他 / 她自己的分析，而这两个人反过来向一个委员会（Cartel de la passe）报告他们听到的东西。这一过程的设计部分是为了收集与分析过程有关的信息，而且这些信息独立于分析家本人所提供的东西，从而确认或完善关于分析中实际发生之事的观念。通过可以被理解为一种将精神分析建成一门实践的方法，这门实践涉及阿兰·巴迪欧所说的若干“一般程序”，[15] 这是一些在不同的分析者那里一再重复的程序。这样理解的话，我们可以认为通过是这种更宏大企图的一部分：建立一种精神分析特有的科学性。

精神分析的地位

> 精神分析要被认真对待，虽然它不是一门科学。
>
> ——拉康，研讨班 XXV，1977.11.15

拉康对左右极化话语的讨论表明，“四大话语”并不是唯一可以想象得到的话语。不过，四大话语确实涵盖范围很广，对于研究各种话语的主要动力和目的极为有用。就我们此处的目的而言，最值得注意的是，四大话语使我们能够把“真正的”科学努力定位成癔症话语的重要部分。

虽然科学和精神分析理论建构有很多共同之处，虽然两者都是IRS话语，但精神分析不是一门科学，而是一种话语，这种话语使我们能够在某种基本层面上理解科学话语的结构和运作。因此，虽然
146 拉康版本的精神分析寻求其自身专门形式的科学性——形式化（“数学型化”）、一般程序、严格的临床分类，等等——但它仍然是一种独立的话语，不需要寻求科学的验证。毕竟，带有大写S的“科学”（Science）并不存在：“这只不过是一个幻想。”[16]科学只不过是众多话语之一。

拉康精神分析的伦理学

> 精神分析的伦理限度与其实践限度是一致的。
>
> ——拉康，研讨班 VII，pp. 21-22

拉康呈现了一种持续的努力，即在理论进步的基础上进一步研究分析的目的，并在对分析目的的修订观点的基础上展开进一步的理论化。如果实用主义意味着遵从社会的、经济的和政治的规范与现实，那么分析的目的就不是实用主义的。精神分析是一门享乐实践，而享乐绝不是实用的。享乐无视资本、医疗保险公司、社会化的医疗保健、公共秩序和“成熟的成人关系”的需要。精神分析家必须使用一些技术来处理享乐，这些技术破坏了时间就是金钱的原则和公认的“职业操守”观念。虽然在我们的社会中，大家期望治疗师与病人互动，就像当代盛行的社会、政治和心理学话语所认为的那样，是为了病人的善，[17]但分析家的行动反而是为了促进分析者的爱若斯。对精神分析实践而言，这一目的是构成性的。

注 释

1 我不可能在这里概述那么卷帙浩繁的文献。有兴趣的读者可参阅亚历山大·科耶夫（Alexandre Koyré）、托马斯·库恩（Thomas Kuhn）、保罗·费耶阿本德（Paul Feyerabend）和伊姆雷·拉卡托什（Imre Lakatos）等作者的作品。

2 《科学与精神分析》（Science and Psychoanalysis），收录于《阅读研讨班 XI：拉康精神分析的四个基本概念》（*Reading Seminar XI: Lacan's Four Fundamental Concepts of Psychoanalysis*, Albany: SUNY Press, 1995）。

3 实际上，剩下的是"科学的主体"，拉康在 1960 年代中期把它等同于"精神分析的主体"。

4 真理与真值之间的区别已经出现在帕斯卡尔（Pascal）的《思想录》中，具体可参见 *Pensées*, § 233。

5 某些科学考虑到位置性的主体（比如冯·诺依曼的博弈论），用弗雷格的话来说，它可以被描述成一个"不饱和的"（unsaturated）函数，也就是说，这个函数的缺口并未被一个对象填满。拉康在《科学与真理》中使用了"不饱和的"这个词。

6 关于"科学对象"与"精神分析对象"之间的差异，一种有用的思考方式可参见乔纳森·斯科特·李（Jonathan Scott Lee）论"性欲与科学"的有趣章节中的一个段落，具体可参考他的《雅克·拉康》（*Jacques Lacan*, Boston: Twayne Publishers, 1990）。他说，"实证主义依据一门科学所研究的对象来定义该科学，拉康则依据一门科学为其研究的对象添加的能指和形式词汇的类型来定义该科学，这些能指和形式词汇反过来将这些对象转变为科学对象"（p. 188）。就这样，"科学对象"被"科学语言"从实在界剜走了，或者削掉了；另一方面，在精神分析中，对象（a）是这个过程的剩余物，换句话说，是科学对象形成"之后"余留下来的东西。形式化总是有一个限度的：对实在的逐步象征化总会留下一个剩余物。就像拉康在研讨班 XXV 上所说，"词制造了物……但我们（作为分析家）关注的恰好是，词与物之间的对应关系是缺失的"（1977.11.15）。

7 《科学与真理》，载于 *Newsletter of the Freudian Field* 3 (1989)。这个术语很可能是拉康从弗雷格那里借来的。

8 不过，精神分析特色的主体无疑会继续被缝合。根据一些人的观点，海森堡的不确定性原理预示了，在跟大自然的运作的相遇中，在构想大自然的运作的过程中，科学家连同主体的活动被赋予的重要性回归了；但是，这类语境下的科学家似乎不过就是一个位置性的概念。

9 "在教学中采用分析性话语时，分析性话语会把分析家引向分析者的位置"，就像我在第 9 章提到的，这个位置要求采取癔症话语（*Scilicet* 2/3 [1970]: 399）。

10 “什么是实践？……从最宽泛的意义上来说，这个词指的是人采取的任何类型的协同行动，这个行动使他能够利用象征改变实在”（研讨班 XI，p. 6）。

11 “解释的重点在于欲望原因”（L’interprétation porte sur la cause du désir），具体可参见《冒失鬼说》（“L’Etourdit,” *Scilicet* 4 [1973]: 30）。

12 至少可以说是一种要受到支持的费人心神的话语（A taxing discourse to support）！

13 参见布鲁斯·芬克翻译的研讨班 VIII。

14 这个词出自让－克洛德·米尔纳（Jean-Claude Milner），他是当代在语言学、精神分析与科学方面最敏锐的作者之一。尤其参见他的出色论文《拉康与科学理想》（Lacan and the Ideal of Science），收录于亚历山大·卢平（Alexandre Leupin）编辑的《拉康与人文科学》（*Lacan and the Human Sciences*, Lincoln: University of Nebraska Press, 1991, p. 36）；以及他更加深刻的讨论，具体可参见《语言科学导论》（*Introduction à une science du langage*, Paris: Seuil, 1989, pp. 92ff）。

15 例如，可参见他的《哲学宣言》（*Manifeste pour la philosophie*, Paris: Seuil, 1989）。不过，我所知道的最完整的解释可参见他于 1987—1989 年在巴黎八大国际哲学学院的支持下所开设的课程。

16 研讨班 XXV，1977.11.15。

17 在这些话语认为对分析者本人有好处的众多事情之中，我们可以发现：把病人变成一个“有生产力的社会分子”，移除其“反社会倾向”，让他 / 她更有反思性和洞察力，使他 / 她能够在同一个伴侣身上找到爱、欲望和性满足。

后　记

关于资本主义制度，马克思说，人们可以在任何地方开始对它进行研究，而不会错过它的任何特征。因此，研究的顺序并不重要；人们可以在任何地方拾起资本主义织物的线头。拉康的精神分析无疑也是如此，我这本书的表述逻辑当然是偶然的，只是基于拉康的某些概念在我自己头脑中的排列顺序。

这本书从来没有被设想为一个全部（whole），而是代表了为广泛不同的读者准备的关于特定主题的论文或谈话的编辑物，是在事后建立起一个统一体假相的。这个统一体在某种程度上仍然是临时性的，但为了满足“大他者”（在这种情况下是指美国出版业）的要求，它又是必要的。[1] 在我看来，这本书最好的时刻藏在某些小节和注释中，我在那里用了一些篇幅进行联想，而不考虑这些沉思在它们出现于其中的全部之中的特定点上是否合适。

然而，全部（whole）的非统一性本质在某些方面可能会给一些读者带来麻烦。在我早期研究拉康的过程中，我非常关心如何把握“父之名”、$S(\not{A})$、Φ、S_1 等概念之间的“真正区别”，我那时困扰于它们的多重意义和用法，不断引入的同音异义词（le non du père，即父亲的“不”，是 le nom du père，即父之名的同音异义词）和无处不在的语法歧义（le désir de la mère，即母亲的欲望或对母亲的欲望）。

此外，在这里，我比较随意地处理了其中许多术语，根据不同的语境来解释它们。这使概念的使用有了一定的易变性，但另一方面，我也许会因为不够严格而受到责难。如果数学家使用的象征符毫无意义，精神分析家使用的象征符可以有许多不同的意义，实证主义者试图为每个术语指定一个单一明确的意义，但没有成功，那该怎么办呢？

然而，仔细研究一下数学家的工作就会发现，如同谚语说三个犹太人必须有四种意见，[*]关于数学基础的不同理论几乎和宇宙大爆炸、地球生命起源等理论一样多。也许数学家使用的那些没有任何意义的象征符，对任何解释都是开放的。

拉康使用的象征符肯定不是这样的。它们的意义可能是多重的，
148 但其意义的转变或滑移有一个明确逻辑。对象 *a* 起初是想象的，在 1950 年代末和 1960 年代初转变为实在的；S(Ⱥ) 始于象征界，然后朝向实在界转变。这种转变总是朝向实在界。因此，每个象征符都有其自身的历史 / 概念背景，并经历着可辨别的转变。

没有人能够最终对这本书感到满意，因为每个人都会认为我没有充分处理他们在各自领域中认为是最重要的理论问题。文学批评家会觉得我忽略了拉康的风格和修辞以及他的隐喻观点；哲学家会觉得我轻率地掩盖了逻辑和集合理论中的巨大争论，把旧的表述当作最新进展来介绍；精神分析家会觉得我对推测性的逻辑体系的关注超过了对临床问题的关注，而没怎么理会诸如死亡和享乐等主题。女性主义者会认为我没有充分展开拉康对性差异的看法，因此没有暴露出其中的缺陷；学生会认为，对于拉康的概念经常是很抽象的起源，我提供了不必要的评论，而没有提出更清晰、更直接的版本；学者会认为，相对于当今论述拉康的其他人提出的观点，我没怎么

---

* 第四种意见指的是反对者的意见，以色列政府甚至有一个专门的部门，其职责就是唱反调，可以说这句谚语指的是一种争辩精神。——译者注

去定位我自己的观点。

在某种程度上，这些批评无疑都是有道理的，但我只能回应说，拉康引起了很多领域的学者和实践者的兴趣，远远超出了我有望熟悉的领域。作为分析家，我只是通过经验来理解拉康想说的，我也不可避免地被我的分析者引向某些观点。很多时候，正是我的临床实践使我能够对拉康作品中某个特别引人注目但又晦涩难懂的段落提出零星解释。我希望在今后的著作中纠正本书中一些明显的不足和失衡；尽管如此，但我怀疑某些读者还是会觉得我在回避他们眼中最重要的问题。但是，应该由那些在某一领域最在行的人来提取拉康（或其他任何人）的工作对该领域的影响。

出一本书的想法在拉康的头脑中是相当外异的。他的著作往往是在别人的恳求下勉强出版的。他只是在故作姿态吗？也许在某种程度上是的；但更深刻的是，他似乎希望他的“体系”始终是一个开放的体系，几乎是一个反体系。出版意味着固着，意味着学说成型，而且最终意味着一种只是以先入为主的想法为出发点的精神分析方法，设置各种关于我们应该在分析中发现什么以及在分析过程中应该发生什么的固定观念——简言之，标准化。就像弗洛伊德在他的“技术”论文中告诫实践者不要满脑子都是关于分析者的想法以及为分析者设定的目标，而是要自由悬浮或均匀悬浮式地关注分析者，
从而对他们的一切言行保持开放，拉康也一再提醒他的学生不要试 149
图理解一切，因为理解归根结底是一种防御，将一切带回已经知道的东西中。你越是试图理解，你听到的就越少——你就越是听不到新颖不同的东西。

从他们的工作中绝对可以看出，弗洛伊德和拉康一生都在开拓精神分析的实践和理论。事实上，拉康是少数追随弗洛伊德工作精神的分析家之一，甚至也对弗洛伊德著作的字母给予了难以置信的

关注。这种精神需要某种开放性——严厉批判其他回到前分析观念的人的工作，与这种精神并非不相容——我们可以将这种开放性联系于拉康自己的教学风格：攻击正统观念，引爆他自己新兴的正统观念，挑战他自己领域的主人能指，而且其中一些是他自己创造出来的。[2]拉康作为一个教学者采用的话语看起来是癔症话语，此种话语从来没有为了权威而拥抱权威。拉康非常认真地对待弗洛伊德，但在细致思索之后，有时也会驳斥他。问题的关键不仅在于要避免在没有事先反思的情况下根据先入为主的观念进行批判，还在于不要痴迷于制作一个解释万物的体系（大学话语就有这样的要求）。最优的教学话语是癔症话语，拉康将其联系于最优秀的科学活动。对那些不自发采用这种话语的人来说，这并不总是一种容易维持的话语，对那些在美国学术界这一不出版就出局的世界中的人来说也是如此。

> 阅读绝不意味着你必须理解。你必须先读。
>
> ——拉康，研讨班 XX，p. 61

我在本书中对拉康作品的解读，在当代美国知识界潮流的背景下，显然需要提出一些解释。这本书还只是手稿时，几乎所有被出版商选来阅读的人都说我对拉康的批评不够，这意味着细致解读或详细解释他的作品，而不立即展开批评是不够的。最后，我开始觉得这种状况尽管令人抓狂，但还是相当滑稽：越来越明显的是，在美国学术出版界，一个人可以认真研究一位思想家（至少是一位当代思想家）而不同时“纠正”其观点的时代已然过去。然而，人们尤其拒绝将这种特殊的特权给予那些论述拉康的学者，而不拒绝给予那些论述德里达、克里斯蒂娃、福柯和其他当代人物的学者。这是为什么呢？

阅读拉康是一种令人恼怒的经历！他几乎从不直截了当地说出
自己的意思，而人们对此提出的解释也是五花八门：“这个人不会 150
写作，脑子不清晰”“他从来不想被束缚在某个特定的理论立场上”“他故意这样做，刻意搞得晦涩，甚至让人根本不可能搞懂他要说什么”“他的写作同时在很多层面上运作，需要哲学、文学、宗教、数学等很多领域的知识，你只有在阅读了所有背景材料之后才能理解他的意思”等。

所有这些说法既对也错。我现在已经翻译了他的《著作集》中的五篇文章，我发现他是一个让翻译者难以忍受的作家，但读他的法文却很快乐。这并不意味着他不再用他充满歧义和模糊的表述让我心烦意乱，但他的作品是如此令人回味且具有煽动性，以至于很少有文本能令我更加喜欢。他有时可能确实做不到清楚表达自己的思想，但这不正是每个人的真实写照吗？而且他的某些表述不是也出奇的清晰吗？他的众多典故和参考可能会困扰某些读者，但要理解他，关键不在于先阅读所有的背景材料；那只会让人更加困惑。

不，问题在于，阅读拉康涉及一种特殊的时间逻辑：除非你已经或多或少知道他的意思了，否则你无法阅读他的著作（特别是《著作集》，但他的研讨班就不是这样）。换句话说，为了从他的著作中有所收获，你必须已经了解他正在谈论的大量内容。而且即便是这样，你也很难知道他的意思！

因此，你要么得从别人那里了解拉康以及其中蕴含的所有偏见，然后试图通过研究他的文本来验证或驳斥你了解到的东西。要么你必须阅读、重读、再重读他的作品，直到你能开始提出你自己的假设，然后带着这些假设再次重读，如此反复。这不仅在大多数学者的“不出版就出局”的经济现实方面是一个问题——这导致围绕理解和“生产”的严重时间紧张——而且与某种美国实用主义和独立精神背道而驰。如果我不能在较短时间内让别人的作品为我所用，那有什么意义呢？最重要的是，我需要证明我是一位独立的思想家，因此，一旦我认为自己已经开始理解它，我就要批判它。所以我必须用批判的眼光来阅读它，缩短“理解的时间”，直接进入“结论的时刻”。

在 1960 年代，拉康嘲笑那些在翻译弗洛伊德的作品之前就谈论理解弗洛伊德的人（这毕竟只是常识）——仿佛在投入复杂的翻译任务之前，人们就可以尽数理解弗洛伊德。拉康的情况显然也是如此：在某种意义上，在理解他的过程中，翻译必须是第一位的，但如果没有某些关键点和参照点，你甚至没法开始翻译。你认为你在
151 翻译时开始理解，而随着你理解的增多，你的翻译也在不断发展——尽管不可避免地，并不总是朝向正确的方向。如果他的文本中有什么东西要对你来说是有意义的，你就必须对他的作品匆忙得出结论，并提出假设，但同时，“[你] 理解的东西是有点仓促的”（研讨班 XX，p. 65）。所有的理解都涉及匆忙得出结论，但这并不意味着所有的结论都是正确的！

在美国，对拉康这样的作者的反应是：

（1）如果我自己搞不懂他，那么他就不值得思考了。

（2）如果他不能清楚表达自己的观点，那他的脑子肯定不灵光。

（3）反正我对法国的“理论”从来就没有什么想法。

这让人想到有个男人被邻居指控，说他还回来的水壶是坏的，而他编造了三重否认：

（1）我把它完好无损地还回来了。

（2）我借水壶的时候，上面就有一个洞。

（3）我从来就没有借过水壶。[3]

如果一个作者是值得认真阅读的，那你必须在一开始就理所当

然地认为，尽管某些观点初听起来很不着调，但经过更详细地考虑，它们可能变得更有说服力，或者至少让你理解了是什么难题引发了这些观点。这比大多数人愿意给予一个作者的信任要多得多，一种爱恨交加的矛盾心理在阅读中得以上演。去假设它不像听起来的那么不着调，就是去爱作者（“我爱我假设拥有知识的那个人”，研讨班 XX，p. 64），而批判性地阅读它则是恨作者（你是支持他还是反对他？）。也许恨是认真阅读的条件。“如果我假设亚里士多德没那么博学，也许我会读得更好”（同上）。如果这确实是一个条件，那么在这之前最好有一个漫长的时期，读者是爱作者的，并假设作者拥有知识！

这种爱在美国是很难维持的。迄今为止，拉康作品的英文版，大部分都翻译得很差劲。没有一个精神分析的环境，让临床工作者可以观察拉康派实践者的工作，看到拉康的区分和表述在临床层面上的直接好处。在美国，向别人学习拉康通常意味着向那些比你早几年开始阅读这些神秘文本的人学习。

法国街边的男人女人对拉康的文本一无所知，没法解释他的任何一个表述。拉康可能是典型的法国人，而且在精神上比美国人更接近“法国思想”，但在法国，几乎没有人通过阅读《著作集》来理解拉康！正如拉康所说，“它们不是用来读的”（研讨班 XX，p.
29）。法国人是在学术和 / 或临床背景下了解拉康的，在那里，数以 152
千计的拉康派人士中的一个或更多人可以教他们，这些人曾与拉康及其助手一同工作，参加他的讲座，去医院观摩案例演示，在躺椅上度过数年，等等。他们亲身了解拉康的工作——作为一种实践。

在美国，拉康精神分析只不过是一套文本，一种死去的话语，像考古发现中的古文一样被挖掘出来，其语境已经遭到冲刷或侵蚀。无论多少出版物都无法改变这一点。为了让拉康的话语在美国活络起来，他的临床方法必须通过分析、督导和临床工作，也就是通过主体性的经验，与他的文本一同被引入。

注　释

1 实际上，对于用一种统一的、完成的“体系”面貌，而不是对拉康作品一系列的深度解读，来呈现我的作品，我花了差不多五年多的时间来克服这方面的疑虑不安，并提供了那个大他者向我这种先前并不知名的作者所要求的东西。虽然我在本书中呈现的东西的主要轮廓，在我 1989 年于弗洛伊德事业 / 原因学派完成分析家训练后要离开法国的时候，就已经勾勒出来，但直到 1994 年我才能够把它变成一部符合出版要求的出版物！

2 “真正的教学，从不停止让自身臣服于被称作创新的东西”（*Écrits*, p. 145）。

3 参见 SE IV, p. 120。

附录 1：无意识语言

在本附录中，我研究了拉康《论〈失窃的信〉的研讨班》（*Écrits* 1966, pp. 41-61）未被翻译的序言中介绍的四符“语言”。在前面的第 2 章中，我提出了这种语言的一个简单得多的模型，它使我能够呈现出这类语言的一些基本特征。这里对拉康更复杂模型的详细讨论是我在附录 2 中探索骷髅头（caput mortuum）的一个前提，而骷髅头是对象（a）的一个化身（我敢说是最难挖掘的一个）。

这两篇附录所包含的工作应该被看作这样一个尝试：从字面上理解拉康，换句话说，着重关注他那篇序言的字母，而不是此前其他人所关注的那篇《论〈失窃的信〉的研讨班》。[1] 事实上，几乎没有人解读过拉康给该研讨班所写的序言。[2] 然而，通过提出一个相对简单的语言模型，将多重决定的象征符纳入在内，拉康能够说明实在界显现在象征界中的方式和位置，从而指出“字面化”（literalization）的限度。

“趣味数学”

拉康在这里（*Écrits* 1966, pp. 41-61）的论述简洁得让人摸不着头脑，但他的步骤还是可以相当简单地被列出来：

第一步：抛掷硬币的结果按三次一组，每组都列入表 A1.1 中的一个类别。

表 A1.1

1	2	3
（同一）	（奇异）	（交替）
+ + +	+ + − − − +	+ − +
− − −	+ − − − + +	− + −

拉康将落入 1 类和 3 类的三联体称为“对称的”，而落入 2 类的三联体则是“不对称的”（因此后者被称为“奇异”）。这些称呼在下文中很重要。

以一连串的抛掷结果为例，我们将它们分组并贴上标签，如图 A1.1 所示。

154

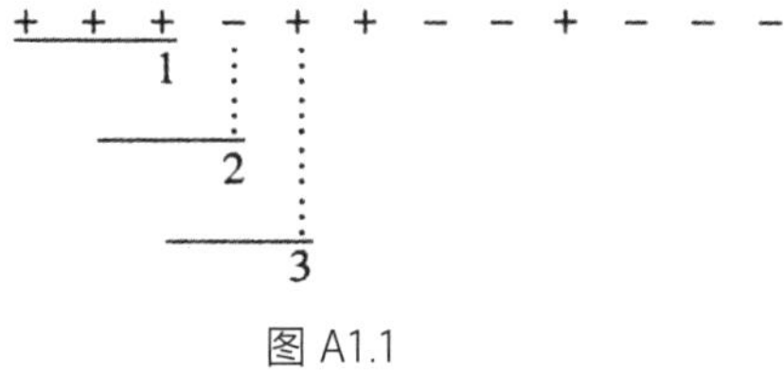

图 A1.1

前三次抛掷结果（+ + +）属于 1 类；下一个重叠的三组（+ + −）属于 2 类；第三组（+ − +）属于 3 类；依此类推。我将其简写如下：

+ + + − + + − − + − − − − −
1 2 3 2 2 2 2 3 2 1 1 1 . . .

读者很容易发现，若没有一个 2 类介入，以开启符号的交替，就不能直接从一个 1 类移向一个 3 类（或从一个 3 类移向一个 1 类）。所有其他直接的连续组合都是可能的。拉康提供了如图 A1.2（称为“1–3 网络”，*Écrits* 1966, p. 48）所示的一幅图，以直观显示所有可行的步骤：

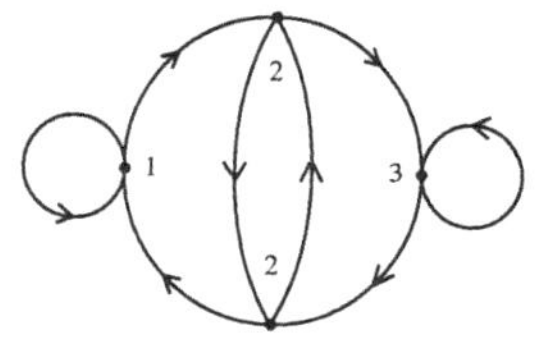

图 A1.2　1–3 网络

（请注意，这个图在所有方面都适用于本书第 2 章所描述的简化的双符分组矩阵）。

第二步：现在我们在这个数字矩阵上列出一个象征符矩阵（表 A1.2）。

表 A1.2　希腊字母矩阵 I

α	β	γ	δ
1_1，1_3	1_2	2_2	2_1
3_3，3_1	3_2		2_3

表中成对数字之间的空白必须由第三个数字来填补。因此，每个希腊字母都以三为单位对第一阶分组进行重新分组。例如，α 涵盖了（加减行之下的）两个 1 被另一个数字隔开的情况：

\+ + + + + − − − + − − − − − 155
1 1 1 2 2 1 2 3 2 1 1 1 . . .
α

在这种情况下，中间的数字必须是 1，因为我们在上面已经看到，它不能是 3，直接从 1 到 3 的配置是不可能的（中间必须有 2）；它也不能是一个 2，因为我们需要连续两个 2 才能回到 1（一个 2 是不够的）。如果我们正确填空，我们现在可以列出一个更详细的表格（表 A1.3）。不过，就目前而言，我们最需要掌握的是每个三联体中的第一个和第三个数字。

表 A1.3　希腊字母矩阵 II

α	β	γ	δ
111，123	112，122	212，232	221，211
333，321	332，322	222	223，233

拉康对此说得不多（或者说，无论如何都不够明确得让人好理解），[3] 但任何其他对这些一阶象征符进行重新组合的方式都会使后续的内容变成纯粹的胡说。这些数字串必须按以下方式重新组合。再一次考虑我们的抛掷骰子的结果行（即 +/– 行）和数字编码行（第二行），首先我们把第一和第三个数字分组，然后是第二和第四个，接着是第三和第五个，依此类推，在每一对相连的数字下面加上一个象征符来表示它，如表 A1.4。

表 A1.4

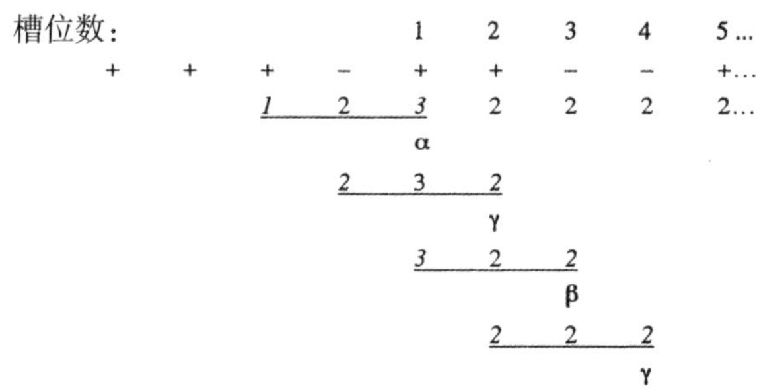

我将这个图示简化一下：

+ + + – + + – – + – – – – –
1 2 3 2 2 2 2 3 2 1 1 1
α γ β γ γ δ γ α δ α

156 请注意，拉康在定义他的希腊字母矩阵时说，一个 α 从一个对称的三掷分组（即 1 类或 3 类）到另一个对称的三掷分组；一个 β 从一个对称的三掷分组到一个不对称的三掷分组（即 2 类）；一个 γ 从一个不对称的三掷分组到另一个不对称的三掷分组；而一个 δ 则从一个不对称的三掷分组到一个对称的三掷分组。我将在下文中再次讨论这一点。

接下来必须指出，虽然任何一个字母都可以直接跟在随便哪个字母后面（这可以通过检查表 A1.3 这个希腊字母矩阵 II 来核实），但是，并非无论哪个字母都能间接跟随其他字母。我们在这里要看的情况，首先是确定第三位置，或强加给第三位置的限制。

假设我们以字母 α 开始；下一个字母可以是 α，β，γ 或 δ，但第三个槽位总是 α 或 β。为什么会这样呢？四个可能的 α 组合（即 111、123、333、321）要么以 1 要么以 3 结束。由于这些三联体的最后一个数字将成为第三槽三联体的第一个数字，并且由于 α 和 β 是唯一以 1 和 3 开头的组合的字母，因此只有 α 和 β 可以填补第三槽。

如果我们不从 α 开始，而是从字母 δ 开始，那么这整个推理过程也可以重复，因为所有的 δ 组合也都以 1 或 3 结尾。

另一方面，所有的 β 和 γ 组合都以 2 结尾，而且由于只有 δ 和 γ 组合以 2 开头，所以如果第一槽位有一个 β 或 γ，那么就只有 δ 和 γ 能填补第三槽位。

这就解释了《著作集》（*Écrits* 1966, p. 49）中出现的，以及我在表 A1.5 中复现的那个简洁得很象征化的公式。我们在顶行看到，在 α 和 δ 的情况下，无论我们在第 2 时间放什么字母，我们在第 3 时间还是会得到 α 或 β；而其下方的一行显示，在 γ 和 β 的情况下，不管第 2 时间是什么字母，第 3 时间都是 γ 或 δ。

表 A1.5　AΔ 分布

$$\frac{\alpha,\delta}{\gamma,\beta} \longrightarrow \alpha,\beta,\gamma,\delta \longrightarrow \frac{\alpha,\beta}{\gamma,\delta}$$

时间：　1　　2　　3

这就是说，第三个槽位在某种程度上已经被第一个槽位决定了——第一个槽位“本身就携带了”第三个槽位的“内核”。在进一步发展这个观点之前，我们先来看看拉康《著作集》（*Écrits* 1966, p. 50）中的四时间模式。

我们先看看表 O（也就是表 A1.6），其中最上面一行是槽位数，下面第二行是样本数字行（对抛掷硬币的结果进行编码）。拉康并没有声称，若要从槽位 1 上的 δ 到槽位 4 上的 β，唯一的方法是在它们之间插入两个 α。事实上，从 δ 到 β 有许多不同的方法；拉
157 康在这里所说的重点是，它们都没有包含字母 γ（希腊字母行的第 2 行），这一事实可以通过尝试所有可能的组合（充其量是一个过分讲究的任务）来核实，或者只需要注意到，由于所有的 δ 都以 1 或 3 结尾，所以 γ 不可能出现在第三槽位（我们在上面的表 A1.5，即 AΔ 分布中可以看到，在第三槽位只有 α 和 β 可以跟在 δ 后面），而且如果 γ 在第二槽位，那自然意味着第四槽位的三联体将以 2 开始，但没有哪个 β 是以 2 开始的。

表 A1.6　拉康的表 O

		槽位数：									
样本数字行：		1	2		3	4					希腊字母行：
2	1	1	1		1	2					
		δ	α		α	β	γ		γ	δ	1
				γ				α			2
			β		δ		δ		β		3

该表的希腊字母行的第 3 行显示，如果你试图在槽位 2 放一个 β，那么你永远不会在槽位 4 得到一个 β（因为一个 β 会在槽位 4 的三联体开头放一个 2，而且没有哪个 β 是以 2 开头的）；如果你非要在槽位 3 放一个 δ，那你就会遇到我们在三联体例子中已经看到的情况：如果在槽位 1 有一个 δ，那么槽位 3 永远不会有 δ。

希腊字母行第 1 行 δααβ 右边的其余部分向我们展示了 βγγδ 系列的排除项，其运作与左边的完全一样。[4]

在表 O 之后的几页，拉康提到了希腊字母叠加的其他句法特征。例如，如果遇到两个 β 彼此相随，中间没有 δ，那么它们一定要么是直接承接（即 β β），要么被一对或多对 α γ 隔开（例如

βαγβ，βαγαγβ，βαγαγ...β）。在这里，与我们更直接相关的是，要注意到，虽然从理论上讲，抛掷硬币的随机系列有可能无限复制 α 或 γ，就像下面两个样本——

```
+ + + + + + + + + + + + +
    1 1 1 1 1 1 1 1 1 1 1
        α α α α α α α α α
- - + + - - + + - - + + -
    2 2 2 2 2 2 2 2 2 2 2
        γ γ γ γ γ γ γ γ γ
```

但任何随机系列都不可能以这种方式无休止地复制 δ 或 β，因为 δ 总是从三连体第一位的偶数到最后一位的奇数（例如223），因此肯定只能复制两次；而 β 恰好是反过来的（从奇数到偶数），
因此同样只能复制两次。换句话说，只有插入其他字母之后，它们 158
才能再次复制，事实上，每一对 β 都需要至少再接两个其他字母之后才能再次出现。每一对 δ 也是如此。

概率和可能性

从拉康的二阶矩阵中可以得出的一个结论是，无论人们如何尝试，无论使用的硬币多么有偏向，也无论人们如何作弊，某些被界定的字母，即 β 和 δ，出现的时间永远不可能超过50%。相比之下，如果运气好，或者硬币的质地足够均衡，那么 α 和 γ 一样，出现的时间可以超过一半。虽然这个两阶象征矩阵设计出来是为了让每个希腊字母和其他希腊字母出现的概率完全相同，[5] 但在可能性和不可能性方面的限制已经出现，可以说是凭空产生的。

概率和可能性并不是同一回事。因此，拉康断言，对于抛掷硬币的结果，如果其组合吉利得惊人，那么 α 或 γ 是可以完全超越这个系列的限度的，而即使是吉利得很荒谬的组合也不可能导致 β

或 δ 做到这一点，这是组合学的一个重要结果，超越了对概率的所有考虑。

但在我看来，最重要的结果是句法规则产生了，它允许某些组合，禁止其他组合。我们在这里看到，随着字母矩阵的引入，我们的数字叠加所产生的法则（禁止从 1 到 3 和从 3 到 1 的直接移动）绽放出错综复杂的装置。在第 2 章的注释 6 中，我探讨了这种装置和语言之间的一些相似之处。这里产生的语法可以用类似于拉康的 1–3 网络的图来呈现，如同下一小节所示。

网络映射

在本附录的余下部分和附录 2 中，我考察了拉康在 1966 年补充的《括号的括号》，它将《论〈失窃的信〉的研讨班》的引言 / 后记一分为二。我将从一个结束了该部分的脚注开启本节的讨论，在这里我们看到 1–3 网络的变形，以及 αβγδ 网络第一次也是唯一一次的展开。图 A1.3 中描绘了新的网络。

159

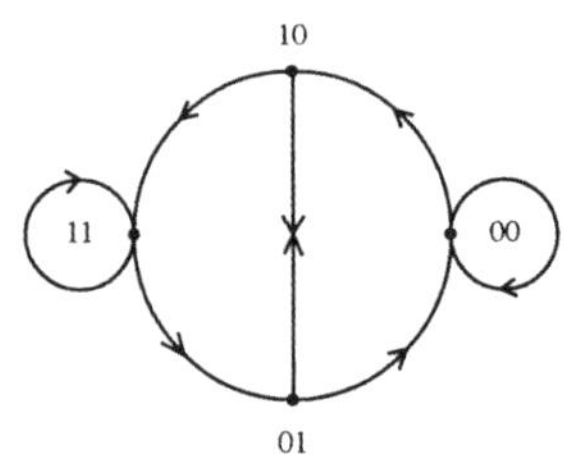

图 A1.3　1–3 网络（略有改动）

在对这个 1–3 网络的重述中，所有的箭头都改变了方向，我们看到的不是数字 1、2 和 3，而是以下四个组合：00、01、10 和 11。因此，示意图被颠倒了，编码系统再次被更改，甚至到了无法辨认的地步！我们不得不回到那个显示了每个数字下的抛掷结果组合的表格（表 A1.7）来挖掘新编码背后的逻辑。

表 A1.7

1	2	3
（同一）	（奇异）	（交替）
+ + +	+ + − − − +	+ − +
− − −	+ − − − + +	− + −

拉康并没有把这个图简化为我们第一次看到的那个双符矩阵（即 + +、+ −、− + 和 − −）（尽管正如我在上面提到的，1–3 网络是这个简化版的双符矩阵的一个完全充分的图式化）。组合 11 显然是指先前的 1 类，涵盖了 + + + 和 − − −。怎么会是这样呢？我们来假设一下，1 在这里表示“相同”，换句话说，是假设前两个抛掷结果要么都是加，要么都是减；因此，11 就意味着第二个重叠的一对抛掷结果也是相同的；这样，我们就可以解释之前属于 1 类的两个组合了。那么，象征符 0 显然表示“相异”，因此 00 将同时说明 + − + 和 − + −，其中包括的两对抛掷结果都涉及不同的符号。而 10 将涵盖 + + − 和 − − +（先相同后相异），01 将涵盖 + − − 和 − + +（先相异后相同）。[6]

如果这个新的编码是按照我刚才指出的方式运作的，那么《著作集》第 56 页上提供的图就有一个印刷错误。因为假设抛掷结果所构成的链条是从左到右的（这也是拉康自己在第 47 页的脚注中所举例子的方向），每一个新的项都会被加在右边，因此 + + + 和 − − − 会分别变成 + + − 和 − − +，因为它们朝圆的顶部移动，所以这两个都必须被编码为 10。因此，01 和 10 这两个组合在第 56 页被错误地颠倒过来了，所以我对图 A1.3 做了必要的修改。[7]

拉康接着制作了一个更高阶的图，他漫不经心地声称所有的数 160
学家都知道如何推导，就像他的文章，即如今收录于他那被称作 *Écrits* 的“精神分析”著作集中的文章，主要是给懂行的数学家细读的！我们现在来试试一步一步地“拆解”这个图。

有四条弧线构成了 1–3 网络中主圆的圆周，将这四条弧线都分成两半，并在每个分割处放置一个点（或顶点），我们就得到了一个由这四个新点所定义的正方形（图 A1.4）。

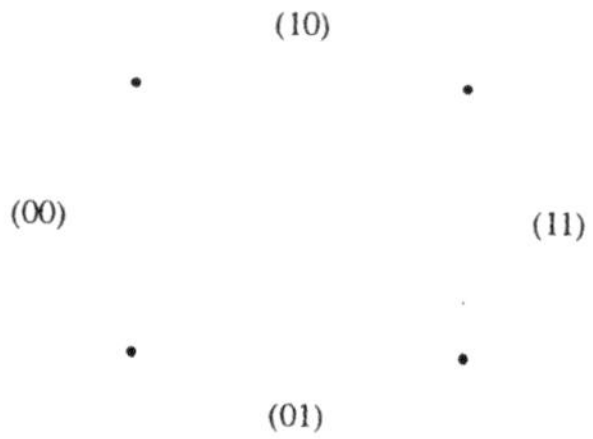

(10)

(00) (11)

(01)

图 A1.4

然后，我们通过将 00 和 11 周围的左右环切成两半来定义额外两个点，并通过切断 10 和 01 之间的中心直线（通过查看老版的 1–3 网络，我们能想到它实际上由两个箭头组成）来定义另外两个点。接下来，我们用新箭头将这些点彼此重新连接起来，方向与 1–3 网络中的相同（图 A1.5）。这样，我们就通过将 1–3 网络的每一步分解为两个独立的步骤说明了这个图的形式。

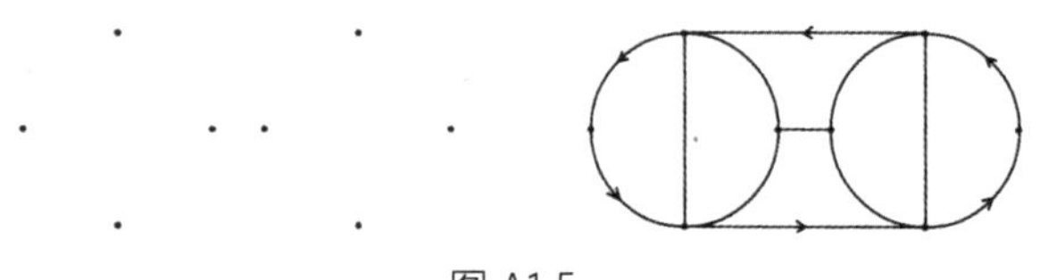

图 A1.5

拉康继续为每个新的点所分配的数字，虽然看起来与 1–3 网络中的数字相似，却是来自另一个虽然相关但不同的编码！如果拉康仍然使用相同的编码，那他的新 α β γ δ 网络将对应于四符序列（即加减符号），而不是五符序列，但事实上就是对应于五符序列。

我们可以将更高阶的图理解为将 1–3 网络的每一步分解成了两个独立的步骤，这个图说明了两倍之多的符号组合。在三槽位的二元组合的情况下——以三个连续的加减符号作为其基本构件或单
161 位——可能的组合有 2^3（即 8）种，但如果我们再增加一个槽位，我们会得到 2^4（即 16）种可能的组合。现在，正如我们在上面看到的，使用 1/0（相同 / 相异）覆盖图，1–3 网络上的每一点都对应于两个

不同的组合：例如，10对应于++–和––+，前两个符号相同，后两个相异。因此，在三槽位组合的情况下（如1–3网络），可能的组合有8种，对应于4个点或顶点（编号为11、10、01和00）。在四槽位组合的情况下，我们有16种可能的组合，联系于8个顶点；而在五槽位组合的情况下，我们有32种可能的组合，涉及16个顶点（其中最好的图涉及三个维度）。

拉康的αβγδ网络有8个顶点，因此按道理来说对应于四槽位的符号序列。而他用1/0序列为这些顶点编号，每个顶点有三个槽位（即000、001、010、011、100、101、110和111），这一事实似乎确证了这样一个想法：这个网络映射的是四符加减序列。但是，我们如何解释α、β、γ和δ都是指五符序列呢？

这可以通过三种方式来实现：

（1）在1–3网络中，1和0分别指的是相同和相异，而在这里它们指的是奇和偶。[8]换句话说，它们编码的不是四次抛掷结果的字符串（例如，111表示++++和––––，000表示+–+–和–+–+，依此类推），而是我们以前的数字矩阵：1代表我们数字矩阵的1类和3类（表A1.7中的奇数类），0代表数字矩阵的2类（偶数类）。

（2）另外，我们还可以说1指的是所有的对称配置（归入表A1.7中的数字矩阵1类和3类），0指的是所有不对称的配置（归入表A1.7中的2类）。也就是说，0指的是所有被拉康称作“奇异”的类别（这里是指“怪异”的意思）。因此，它虽然重新编码了数字矩阵，但也简化了对三次抛掷结果的字符串的编码。[9]

我在上面提到，在定义希腊字母矩阵时，拉康说α指的是从一个对称的三掷分组（即1类或3类）到另一个对称的三掷分组；

β 是从一个对称的三掷分组到一个不对称的三掷分组（即 2 类）；γ 是从一个不对称的三掷分组到另一个不对称的三掷分组；δ 是从一个不对称的三掷分组到一个对称的三掷分组。α β γ δ 网络可以通过填写不同的三联体来重写，这些三联体由每个新的只采用 0 和 1 的三联体来指定（图 A1.6）。

162

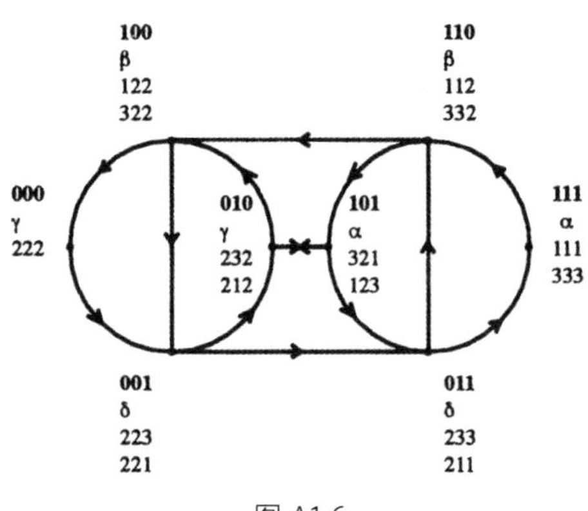

图 A1.6

从该图上的每一点出发，人们可以按照三联体末尾增加的一个奇数或偶数（因此是一个 0 或一个 1），或者最终（如果人们有热情计算出所有的组合的话），按照五符序列末尾增加的一个加号或减号所指出的两个不同的方向来追踪这个链条。该图的优点是指出了所有被允许的路径（因此也意味着指出了所有被禁止的路径），它使用的 1/0 编码将所有不同的加减组合和三联体化约为一个三槽位的 1/0 组合。

请注意，拉康为这张表（p. 57）上的 α 、β 、γ 和 δ 添加的注解，又是简洁难懂的。句号的作用是充当空白，由 1 或 0 这两个象征符中的一个来填补：因此，1.1 应读作 111 或 101，1.0 应读作 110 或 100，依此类推。在这里我们非常清楚地看到，每个希腊字母都是根据其对称—不对称的配置来定义的。还要注意的是，尽管现在看来，旧的 1–3 网络——将 11、10、01 和 00 作为其顶点——可以充分代

表 αβγδ 系统，但它能够代表的既不是被禁止的移动，也不是记忆回路。

拉康似乎是通过先把 8 种可能的 1/0 三联体放在一个立方体（或平行六面体）的角上而被引向这个复杂网络的最终形式的。由于立方体正好有八个角，毫无疑问，它在拉康的脑海中是一个可能的表象装置（参见研讨班 IV，1957.3.20）。如果我们把 000 放在一个端点，把 111 放在另一个端点，绕着一个方向走时连续加上 0，绕着另一个方向走时连续加上 1（图 A1.7），那么我们只须填上箭头，把立方体压成两个维度，并把正方形的两端磨圆，就可以找到拉康的最终图（图 A1.6）。[10]

为了之后参考，请注意，被置于 αβγδ 网络上下两层的数字三联体互为镜像：322/223, 122/221, 233/332, 211/112。新的 1–0 二元的三联体也是如此：100/001, 110/011。这些镜像都包含了拉康在镜像阶段中所说的从右到左的必然颠倒。因此，β 和 δ 是彼此的镜面反射。（毕竟，它们分别被定义为从对称到不对称和从不对称到对称。）这在分析附录 2 中拉康的“L 链”时将会很重要。

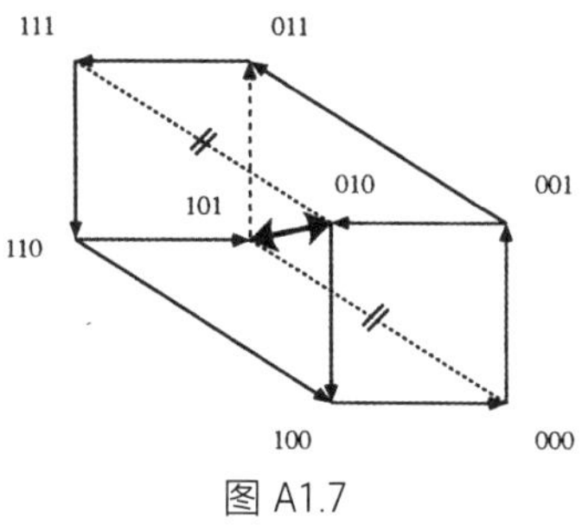

图 A1.7

（3）还有另一种方法来解释αβγδ网络是如何涵盖五符加减序列的：首先我们用1–3网络的编码来编码这些序列，然后我们用同样的编码来重新编码！我来解释一下：

相同/相异的1/0编码可以应用两次：首先应用于五符序

> 列（比如+ + − + +），然后应用于与之相对应的1/0编码（比如1001）。因为，以数字序列中的重叠对子为例，我们可以这样来重新编码它们：如果找到两个相同的数字，就将它们编码为1；如果是两个不同的数字，则将其编码为0。在上面的例子中（+ + − + +，1001则与之相对应），我们将1001重新编码为相异—相同—相异，换句话说，就是010。这使我们能够将五符的加减序列化约为三符的1/0序列，奇怪的是，这样编码的每一个序列都正好符合αβγδ模式：例如，（通过两次应用相同/相异的编码）被归入111和101的每一个加减序列，实际上是一个α序列（从1到1，1到3，3到3或3到1）。[11]
>
> 这很容易解释：我们可以观察到，在该编码的第二次应用中，1代表了所有四个对称的加减三符组合（即涵盖了第一次应用中的00和11，而它们又分别涵盖了+ − +和− + −，以及+ + +和− − −）。第二次应用中的0则代表了所有不对称的三符组合（在第一次应用中由10和01代表，它们又分别代表了+ + −和− − +，以及+ − −和− + +）。
>
> 因此，相同/相异编码的双重应用具有与对称/不对称编码完全相同的效果，它可以说为每一组连续的对称或不对称的三联体分配了一个1或一个0。

同样的图表可以借助一个流程图来建构。从 + + + 开始，在系列的末尾加上一个 + 或 –，就可以画出不同的方向。我们可以在表 A1.8 中看到，每次添加都会将流程图分成两个分支。这里我们注意到，流程图的第 2 行提供了图 A1.6 的右侧圆，第 14 行和第 15 行（211 → 112）之间的连接则提供了这个圆的定向直径；第 10 行提供了左侧圆，第 8 行提供了其直径；第 6 行呈现了将两个圆连接在一起的脉动；第 1 行和第 12 行给了我们 ααα 和 γγγ 循环；等等。

表 A1.8 164

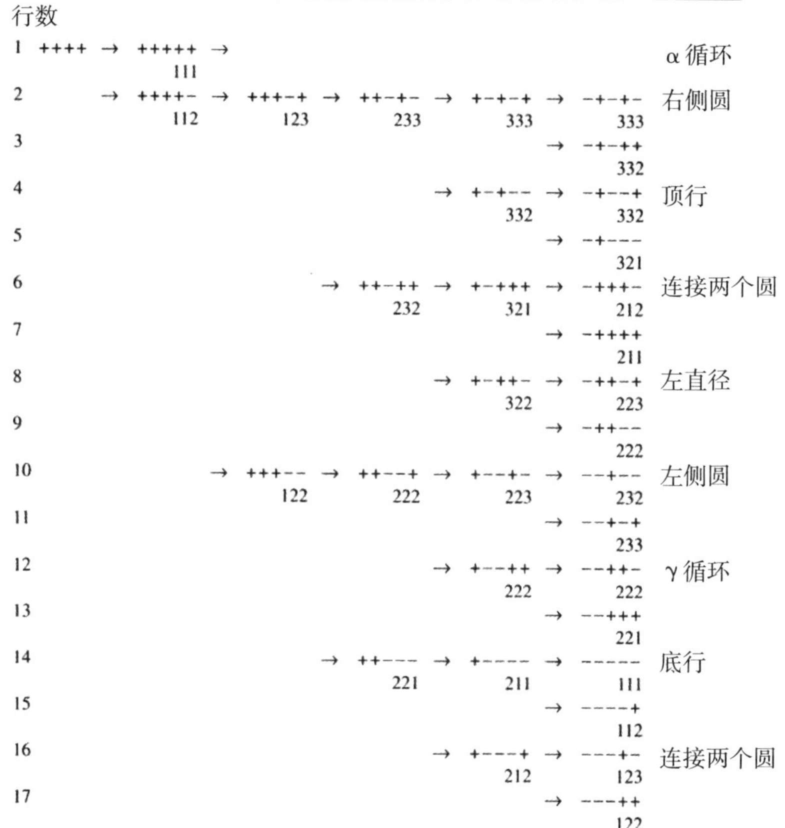

行数							
1	++++ →	+++++ 111 →					α 循环
2		→ ++++- 112	→ +++-+ 123	→ ++-+- 233	→ +-+-+ 333	→ -+-+- 333	右侧圆
3						→ -+-++ 332	
4					→ +-+-- 332	→ -+--+ 332	顶行
5						→ -+--- 321	
6				→ ++-++ 232	→ +-+++ 321	→ -+++- 212	连接两个圆
7						→ -++++ 211	
8					→ +-++- 322	→ -++-+ 223	左直径
9						→ -++-- 222	
10			→ +++-- 122	→ ++--+ 222	→ +--+- 223	→ --+-- 232	左侧圆
11						→ --+-+ 233	
12					→ +--++ 222	→ --++- 222	γ 循环
13						→ --+++ 221	
14				→ ++--- 221	→ +---- 211	→ ----- 111	底行
15						→ ----+ 112	
16					→ +---+ 212	→ ---+- 123	连接两个圆
17						→ ---++ 122	

要想实际建构这样一个图，我们就要执行上述所有的步骤，把数字三联体重新编码为奇（1）和偶（0），然后把所有完全相同的条目（新的三联体）连接起来，画出所有可能的步骤。鉴于在一个三槽位组合中，每个槽位只有两个选择，所以我们知道有八个点要连接起来（000、001、010、011、100、101、110 和 111），而且虽然画出这种“网络”的方法有一大堆，但拉康的方法是最优雅的一种。正如雅克 – 阿兰 · 米勒指出，这个网络与拉康的“欲望图”（*Écrits*, p. 315）密切相关。

注　释

1　参考约翰·穆勒和威廉·理查森编辑的《失窃的坡：拉康、德里达与精神分析阅读》（*The Purloined Poe: Lacan, Derrida & Psychoanalytic Reading*, Baltimore: Johns Hopkins University Press, 1988）。

2　一个很值得关注的例外是雅克–阿兰·米勒，他在他未发表的研讨班 1、2、3、4 中提供了一份出色的解读，该研讨班是于 1984—1985 年在巴黎八大的支持下举办的。

3　在拉康《论〈失窃的信〉的研讨班》的初版中（收录于 *La Psychanalyse* 2 [1956]），他的阐述要更清楚一些。拉康在那里写道："仅考虑 1–3 网络就足以表明，根据它所固定的后面项，中间 [项] 将被明确地确定——否则，上述分组将被其两个端项充分定义。因此，我们在 [(l)(2)(3)] 分组中来假设以下两端项 (1) 和 (3)"（p. 5）。

　　然而，在更清楚说明这些项如何分组时，拉康却又语焉不详了：固定端项并不是在所有情况下都能确定中间项（例如，我们在希腊字母矩阵 II 中看到，2_2 配置中的空白可以由 1、2 或 3 填补）。

4　但是这里要注意，不插入第二个 β，这后面的序列就不能直接跟在前面序列之后，因为一行两个 γ 意味着一行必然有两个 2，而且它们在这里只能通过两个 β 来生成。读者可对照 1966 年版《著作集》第 57 页上的 αβγδ 网络来看，本附录稍后也会复现该网络。

　　重点：拉康《著作集》的这一部分有误，而且是极其具有误导性的。

　　在《著作集》的第 50 页，这个表上面的那个表（在这里是表 A1.9）是有误导性的，（1）它明显包含了一个印刷错误，（2）虽然抛掷结果和数字编码行的顺序是从左到右，因此希腊字母行自然也是如此，但拉康似乎在这里是从右到左的。我们在上面看到，例如（拉康明确提到了这一点），如果槽 1 有一个 α，那么我们永远没法在槽 3 找到 δ——但是，上表似乎暗示了，这完全是有可能的！

表 A1.9　拉康的表 Ω

			槽位数：									
			1	2		3	4					
样本数字行：												
	1	2	3	3		?	?	?		?	?	希腊字母行：
			α	δ		δ	γ	β		β	α	1
					δ				β			2
				α		γ		γ		α		3

要注意这个印刷错误还出现在拉康 1956 年更简易版的表中：

α　　δ　　δ　　γ　　β　　β　　α
　δ　　δ　　δ　　β　　β　　β

如果我们将链条的方向反过来，我们就能看到，它的运作正常了（表 A1.10）。读者可能会注意到，我没有颠倒希腊字母行的第 2 行和第 3 行上被排除的项，它们明显是没有意义的，因为它们在法语版《著作集》的表中表示的是：修改之前的，比如表 Ω 表明我们可以使用两个 δ，以便 α 去到 γ，而下面一行接着指出，δ 永远不可能是任何这类进程的一部分！

表 A1.10 （修改后的）表 Ω

槽位数：

样本数字行：		1	2	3	4				希腊字母行：
1	1	1	2	2	2	3	3	3	
		α	β	β	γ	δ	δ	α	1
			δ				β		2
			α	γ		γ	α		3

所以，要么拉康故意让这个希腊字母序列的顺序从右到左，而不是从左到右，却没有注意到在第 2 行错误地插入了 δ 和 β（这也许可以说明拉康在第 51 页底部提出的某些被禁止的组合），要么颠倒是从第 1 行本身开始的，在那里，成倍的 δ 和 β 反过来了。（我们还可以想象，两端的项 δ 和 γ 不经意地被颠倒了。无论如何，行得通的两个序列都是 αββγδδα，同样的序列的阅读顺序是从右到左，即 αδδγββα [无论怎么看，它都等同于 γββαδδγ]。）不管在什么情况下，我所指的版本都是上面修改过的表。

这个表目前应该是很容易理解的：δ 不能用在一个 α - γ 四步组合中；α 不能配置在槽位 2，γ 不能在槽位 3；β 被排除在 γ - α 四步组合中，γ 禁止出现在槽位 2，α 禁止出现在槽位 3。之所以排除它们，和我们排除表 O 中列出的那些项的推断过程是一样的。（请注意，这里的两个四步序列实际上可以直接跟在彼此后面。读者可参照《著作集》第 57 页的 αβγδ 网络，本附录后面也会复现出来。）

5　虽然在第一阶矩阵（表 A1.11）中有一个失衡，组合 2 出现的可能性是组合 1 或 3 的两倍，但第二阶矩阵修复了这一点（表 A1.12）。

表 A1.11

1	2	3
（同一）	（奇异）	（交替）
+ + +	+ + − − − +	+ − +
− − −	+ − − − + +	− + −

表 A1.12

α	β	γ	δ
1_1，1_3	1_2	2_2	2_1
3_3，3_1	3_2		2_3

如果我们从表面看待这个矩阵，我们就会倾向于认为，不管我们在哪里发现一个 2，包含了 2 的组合出现的概率是非 2 组合的两倍；因此，一个没有纳入组合 2 的字母所拥有的一般组合，是一个纳入了组合 2 的字母的两倍（例如，α 纳入的三联体是 β 的两倍）。而且，如果一个三联体包含了两个 2，那么看起来它出现的可能性是一个只包含了一个 2 的三联体的两倍。

事实上，概率排除了这种计算，但并不是以这种方式。我们先回到我们的希腊字母矩阵 II，我们在那里列出过全部的组合（表 A1.13）。

表 A1.13

α	β	γ	δ
111，123	112，122	212，232	221，211
333，321	332，322	222	223，233

正常情况下，对于这样一个三槽位，三位数组合（3^3）将有 27 种可能的三联体，但其中 12 个在这里被排除了，因为我们有 1–3，3–1 限制（即，1 和 3 不能直接相接），还因为 3 后面不能直接跟上 2 再跟上 3（两个 3 之间插入的 2 一定是两个）；1 的后面也不能直接跟上 2 再跟上 1。

举个例子，三联体 111 的概率一定是这样计算的：第一个 1 出现的几率是 1/4。但是，第二个 1 占据的是一个只能由 1 或 2 占据的槽位，3 在这里是被禁止的；那么 2 出现的频率和 1 是一样的（在组合 1 的 + + + 的情况中，一个 + 是可以跟在一个 – 后面的），因此这个 1 的概率是 1/2。第三个 1，因为它也能直接跟在一个 1 后面，所以也有 1/2 的几率出现。因此结果是：$1/4 \times 1/2 \times 1/2 = 1/16$。

实际上，在完整版的矩阵中，唯独只有一个三联体的概率是 1/16。但是，γ 下面的三联体 222 的概率是 1/8，因此平衡了看似不均等的三联体分布。这可以用一个流程图来核实，我们用两个分支（+ 和 –）开始，将每个分支连续一分为二来扩展这个流程，在一个分支后补上一个加号，另一个分支后补上一个减号（参见表 A1.8）。我们会发现，222 组合出现的频率是其他组合的两倍，而且实际上，各个希腊字母出现的概率完全一样。

6　这要感谢泰斯·比尔曼（Thijs Berman），是他帮助我破解了这一额外的编码。

7　在这里要注意，即便我们把 1 视为“相异”，0 视为“相同”，01 和 10 也还是会颠倒。倘若我们认为它们在这里是正确的，那就必须假设抛掷结果链的顺序是从右到左，每一个新的加号或减号是往左边而不是右边添加的。

8 如果我们真要这么做的话，我们还可以让 1–3 网络根据奇偶解释来运作：让加减符号两个一组，将两个一样的符号挨着出现的实例称为“偶”，将任何包含加减号各一个的实例称为“奇”。很明显，奇偶编码在这里有点牵强了。

9 如果我们继续简化“对称”和“不对称”的命名，用它们分别来指一对（而不是三联）相同符号和一对相异符号，那么在检视 1–3 网络的过程中，我们发现的结果，明显和我们在上面把 1 定义为“相同”，0 定义为“相异”而得出的结果是一样的。

10 参见表 A1.8 提供的流程图，它还可以生成拉康的 αβγδ 网络。

11 但是很奇怪，这个过程没法再次重复：我们没法再次将三槽位的 1/0 序列编码为两槽位的 1/0 序列，进而试着把一切都定位在旧的 1–3 网络上。这里最多只能有两次应用。

附录 2：追踪原因

拉康在他《论〈失窃的信〉的研讨班》后记中的一部分，也就是（1966 年添加的）《括号的括号》的开头，有一段非常狡猾的言论，即他对如下事实很“费解”：有些人试图破译他“咬字清晰的”数字矩阵和字母矩阵，但其中没有哪个人“梦想着”用括号来翻译它们——仿佛那是应该首先想到的事情。

他似乎意在重写他著名的 L 图，[1] 同时更新它，以突出对象 *a* 的作用，后者是他在 1956—1966 年花费大量时间制作的概念。我们来一步一步地跟随他的重写；只有这样，我们才能看到他是如何将对象 *a* 作为原因引入其中的。

我在附录 1 中提到，要从 β 到 β，我们可以直接进行，或者可以通过插入成对的 αγ，禁止 δ 的出现。拉康在 1966 年版《著作集》的第 51 页提供了一个例子（βαγα . . . γβ），这个例子在这个重写的过程中完全被重新编码了。我们采用这个括号结构：（（）（））；这个结构从未在理论上受拉康的文本启发过，而只是一个假设，其中 β 和 δ 已经被转化为括号（β 是一个开括号，δ 是一个闭括号，我将在下面演示），然后我们接着填写各种空白。将空白处编号如下：

（1（3）2（3）1a）

我们看到，拉康在 1 号空白处放置了数量不定的成对 αγ，在 1a 号空白处放置了数量不定的成对 γα。拉康把这些最初的序列称为衬里，就像大衣的衬里一样，但法文 doublure 也暗示了一种加倍；看起来很明显的是，正是这种双重结构——换句话说，加倍的开闭括号，即（（））——在这里至关重要，因为根据拉康的说法，填充物（成对的 αγ 和 γα）可以全部去掉。拉康还把这些加倍的括号称为引号，这至少可以说是一种暗示性的命名法。

在 2 号位置，我们放置数量不定的成对 γα，最后再加一个 γ，以便使符号的总数为奇数（这里也可能没有任何符号）。在两个 3 号位置上，我们放 0 个或更多的 γ；换句话说，我们想放多少就放多少。到目前为止，我们有：

（αγαγ . . .（γγ. . . γ）γαγα . . . γ（γγ . . . γ）. . . γαγα）

166 如果我们尽可能不选择任何符号，那么它可以被简化为(( )( ))。

下一步，在第一个和最后一个括号外，我们放置了一系列的 α，想放多少就放多少，夹上零个或更多的括号，其中要么什么都不放，要么放上 αγ 字符串并以 α 结尾，使之成为奇数个符号。这些字符串可以位于上面显示的主字符串的一侧或两侧。例如：

（αγαγ ...（γγ...γ）γαγα ... γ（γγ ...γ）...γαγα）ααααα（αγαγ ... α）ααα ...

现在我们分别把 α 和 γ 替换为 1 和 0：

（1010 ...（00 ... 0）010101（00 ... 0）... 0101）11111（1010 ...1）111

在拉康提出的 L 链（对应于“L 图”）中，他的写法只是略有不同：

L链：（10 ...（00 ... 0）0101 ... 0（00 ... 0）... 01）11111 ...（1010 ... 1）111 ...

拉康认为，要使 L 链与 L 图相对应，还有一个必要条件：括号内的 000 字符串应被视为沉默时刻，而在交替字符串中发现的 0 应被视为切分或切割；因为 0 在这两个位置上起到的作用并不相同。

确实令人困惑的是，我们甚至压根没有想过以这种方式重写拉康的 αβγδ 链！在继续把拉康的 L 图的一部分分配给 L 链的每一部分之前，我们先试着尽可能剖析一下这个链条的原貌。

在主要的加倍括号（或 [法文] 引号：« »）之外，我们发现了一个序列，并且可以简化为：111（101）111。我们知道（因为拉康至少规定了这么多），1 = α，0 = γ，因此我们可以单方面确定开括号的符号是 β，闭括号的符号是 δ。因为该序列的初始部分，即 ααα，能够成为可能的前提是有一个全为加号的序列，全为减号的序列，或对称型交替的序列（对应于我们最初的数字矩阵中的全为 1 或全为 3）。由于下一部分，即（αγα），显示了开括号后的第二个位置是一个 γ，并且由于 γ 表示 2 到 2 的移动，所以这个括号必然以一个交替（+ 到 –，或者反过来）开始，把我们从 1 带到 2，或者打断对称型交替（把两个正或两个负放在一排），把我们从 3 带到 2，此两者都是 β 配置。例如：[2]

+ + + + + + + – + +

1 1 1 1 1 2 3 2

α α α β α γ

1 1 1 (1 0

闭括号可以用同样的方法确定，因为我们知道 γ 总是以 2 结尾，如果再往前移动两个位置，我们有的另一个符号就不是 γ，而必定是 δ，因为从 γ 往后的两个槽中，只能有一个 γ 或 δ（参考附录 1 中的 AΔ 167
分布图）。继续展开上面那个链条就可以看到这一点：

+ + + + + + + – + + + + + + +

1 1 1 1 1 2 3 2 1 1 1 1 1

α α α β α γ α δ α α α

1 1 1 (1 0 1) 1 1 1

在附录1讨论αβγδ网络时，我们发现β和δ互为镜像，这一事实进一步证实了β和δ分别等同于开括号“（”和闭括号“）”。

我们在此要注意，奇数个αγ字符串总是导致12321循环模式。例如，可以考虑下面这个字符串：

+	+	+	+	+	+	+	−	+	+	+	−	+	+	+	−	+	+	+	+	+	+	+
		1	1	1	1	1	2	3	2	1	2	3	2	1	2	3	2	1	1	1	1	1
				α	α	α	β	α	γ	α	γ	α	γ	α	γ	α	γ	α	δ	α	α	α
				1	**1**	**1**	**(**	**1**	**0**	**1**	**0**	**1**	**0**	**1**	**0**	**1**	**0**	**1**	**)**	**1**	**1**	**1**

在这里，在加减行上，我们看到三个符号与一个相反的符号交替出现。[3]

这些（10...1）分组——关于这些分组，拉康说我们可以有零个或更多，无论它们长度如何，都可以被插入1111链，（在拉康的例子中）被放在主引号的后面——与这个1111链一起，被视为对应于L图上的大他者。因此，大他者在这里被用来表示一个同质的加减序列（或者一个对称交替的加减序列），如果我们愿意的话，用一个由三个重复符号和另一个符号组成的序列打断它，这些序列在数字矩阵中采取正弦曲线的形式：11123212321232111。在α = 1，γ = 0的叠加中，这些（10...0）分组只是暂时打破了1的无尽重复，即“一元特征”的重复，拉康用这个词来表示弗洛伊德所说的einziger Zug（出自《群体心理学与自我的分析》中论“认同”的章节）。因此，这里的1似乎是一个纯粹的差异，是一个尚未被区分的标记，而被夹在其中的括号，如果有的话，也只表示暂时的中止，似乎没有什么重要性，链条从1开始，经过一系列或长或短的循环之后，回到了同一点，也就是1。

如果我们回头看一下附录1中的αβγδ网络，我们就会注意到，在最右边我们有111，而在最左边我们有000。这个网络中使用的0-1二元编码（其中1 = 对称，0 = 不对称）不应该与L链中的0-1二元编码（1 = α，0 = γ）相混淆。不过，这个网络确实提供了一个有趣的视觉道具，因为如果我们允许自己暂时混淆这两个二元矩阵，用未被划杠的主体代替 000，用大他者代替 111，用括号代替 β 和 δ，那我们就会得到图 A2.1 或图 A2.2 中的配置。 168

图 A2.1　　图 A2.2

将这个网络旋转 45 度，我们就会得到图 A2.3。

图 A2.3

其中，镜像反射的括号可以很容易代表自我（小 *a*）和小他者（*a'*）。显然，这种图式化与拉康的 L 图惊人地相似。

网络中间的 γ-α 交替——这里没有显示出来——也许可以等同于冲动，因为它把自己翻了个底朝天（从第一步的 123 到第二步的 232，再到第三步的 321；或者干脆从 101 到 010 来来回回）。例如拉康提到，冲动是这样的：一个有合并倾向的冲动，换句话说，一个吞噬性的冲动，可以翻转为对被吞噬的恐惧（他把这比喻为把手套从内往外翻，比作莫比乌斯带的两个根本上从未区分的“面”）。[4]

拉康说，“引号”（加倍的括号）之间的东西——例如 000））010（（000——相当于 L 图中的 S(Es)，也就是说，通过添加弗洛伊德的 Es 或它我而被成全的主体，而它我是冲动的所在地（冲动的法文是 pulsion）。参照这种说法，将活塞式的 γ-α 的脉动解释为冲动的代表就更有分量了。然而，他确实把 00 . . . ( ) 字符串之间的 01

交替等同于 *a–a′*，也就是 L 图上的想象轴。

现在我们来更仔细地研究一下我们在拉康 L 链中的“引号”内发现的东西：

（10 . . .（00 . . . 0）0101 . . . 0（00 . . . 0）. . . 01）

169 括号中的 0 对应于无限长的 γ 序列，换句话说是 2 序列，因此对应于两个加号和两个减号的重复序列。我们之前（在 1010 . . . 1 链中）研究的 γ 或 2 是正弦波模式的一部分，（在数字矩阵中）偶数被奇数包围，或者（在 1/0 二元矩阵中）0 总是被 1 隔开，而这里的链条则是一成不变的，两端的括号所构成的阻隔代表了唯一的替换（兼指 relief 这个词的两种意义）或异质性。将上述引号简化为（10（000）010（000）01），我们可以看到，我们可以在它下面给它分配一个样本数字行：

		β	α	γ	β	γ	γ	γ	γ	δ	γ	α	γ	β	γ	γ	γ	δ	γ	α	δ
		(	1	0	(	0	0	0	0	)	0	1	0	(	0	0	0	)	0	1	)
(. . . 1 1)	2	3	2	2	2	2	2	2	3	2	1	2	2	2	2	2	1	2	3	3	

中间交替出现的 0 和 1 代表了 L 图上的 *a–a′* 想象轴；两个主括号之外的一切代表了大他者（大写 A）的领域，在这里明显地被一元特征的重复所主宰。而左右两边“衬里”中的 10 和 01 对子涉及 *a* 和 *a′* 两者本身的特权地位——拉康声称在他后来的拓扑学研究中对此有更充分的解释。

(10 . . .	(000) 01010 (000)	. . . 01)	1111 (10101) 111 . . .
a	*a-a′* / S(Es)	*a′*	A

衬里左右两部分合在一起，即（10 . . . . . 01），与链条的其他部分隔开，代表了心理学的我思自我，换言之，就是拉康所说的虚假我思。自我在这里被等同于一种衬里或屏幕——主体从其中暂时被

减去（出于理论上的目的）——将主体与大他者隔开。

提出了他的 L 链和 L 图之间的这些关系之后，拉康接着说：

> 在 [将 L 图重新表述为 L 链的] 这种尝试中，强行留存下来的唯一剩余物是，与象征链相关的某种记忆 [mémoration] 的形式主义，其法则很容易用 L 链来表述。
>
> （[这个法则] 主要是在 0 和 1 的交替中由对一个或几个括号 [开括号或闭括号，单独的或组合的，等等] 的超越或跨越 [franchissement] 所构成的接替（或转变）来定义的。）
>
> 在这里，必须记住的是我们实现一种形式化所带有的迅速性，它既暗示了主体之中的原始记忆，也暗示了一种结构化，在这种结构化中，明显可以区分出稳定的差异性（实际上，如果说，比如我 170
> 们颠倒所有的引号，那么同样不对称的结构就会持续存在）。
>
> 这只不过是一个操练，但它实现了我的意图，即在其中铭刻此种轮廓，在这种轮廓中，我所说的能指骷髅头带有**原因**的面相。
>
> 这种效果在这里和失窃的信的虚构中一样明显。（*Écrits* 1966, p. 56，强调为引用者所加）

因此，这里有一个剩余物需要解释，而拉康经常把他的对象 *a*，欲望原因，说成是一个剩余物、废料、遗留物或残留物。我们再来看看表 O（在这里是表 A2.1）。

表 A2.1

我们在附录 1 中观察到，在从 δ 到 β 的四步中，γ 必须从回路中被彻底禁止，β 从第二步开始被禁止，δ 从第三步开始。从某种意义上说，这些被禁止的字母构成了一种残留物，因为它们不能在这个回路中被使用。它们必须被推到一边，因此我们可以说，这个链条围绕着它们而运作，换句话说，链条通过绕过它们而形成，因而可以说是追踪了它们的轮廓。它们就是拉康所说的这个过程中的骷髅头（参见第 2 章）。

括号结构

回过头来看上面翻译的引文，我们看到第二段说到的法则是由每次出现 L 链括号时需要用来“跨过”括号的能指组合所体现的。例如，在一系列 0 和一个闭括号之后，如果我们要跨越下一个闭括号并获得一个无限长的 1 系列，那么我们就需要成对的 01 符号。恰恰是在括号组之间——例如，（10 . . .（——发现的成组的 01 和 10 对子在这里执行了所有的排序和跨越工作，因为括号中不间断的 0 系列——例如，（00000）——随便多长都可以；而 0-1 交替的数量总是很关键的：在两组 0 之间必须有奇数个符号——例如，（000）01010（00）——在“引号”组之间必须有偶数个符号。

171 如果我们像拉康在上述引文中暗示的那样，把所有的“引号”颠倒过来，会发生什么呢？我们会得到：

) 1 0 ..) 0 0 0 (0 1 0 1 0) 0 0 0 (.. 0 1 (1 1 1) 1 0 1 0 1 (1 1 1
δ α γ δ γ γ γ β γ α γ α γ δ γ γ γ β γ α β α α α δ α γ α γ α β α α α

这个序列是被希腊字母的定义所禁止的。那么拉康在第三段中所考虑的“不对称”是什么呢？如果我们不仅把括号颠倒过来，还把 0 和 1 彼此替换——

）01 . . .）111（10101）111（. . . 10（000）01010（000 . . .

我们就得到了一个可能的序列，在这里我们（很容易）看到 L 链中同样有的对称性之缺失：左边的东西不能被用来“平衡”右边的东西。

左：	) 01 . . .) 111 (10101) 111 (. . . 10 (	主体
右：	010 (000) 01010 (000) 010 . . .	大他者
或	000) 010 (00000) 010 (000 . . .	

在某种意义上，我们可以把左边的东西等同于主体，把右边的东西等同于大他者——结果是没有简单的对称性，因此我们可以冒险使用一个词来说，它们之间没有和谐 / 和声。如果是这样，我们必须自问“为什么？”这里的答案似乎是“因为原因”——这里的原因是指骷髅头，即从一个预先定义的字母到另一个预先定义的字母的移动中（例如，从一个 δ 到另一个 δ）被废弃的字母。

我们再来考虑一下非颠倒链的左右两边：

左：	(10 . . . (000) 01010 (000) . . . 01)	主体
右：	. . 111 (101) 11111 (101) 111 . . .	大他者

在左边，我们发现有一组额外的、结构上必要的括号，（ ），即那些处在最边上的括号。但拉康不是经常把对象 *a* 写成“对象（a）”吗？这似乎有点牵强，但拉康确实说过，左边对应的是主体（由弗洛伊德的它我成全），另外再加上 *a* 和 *a′*。在他发展 L 图的那个阶段，*a* 和 *a′* 的地位还没有得到充分解释，但他声称他后来的拓扑学确实解释了它们。那个拓扑学使用交叉帽来定位对象（a）（例如，可参考研讨班 IX）。从与 *a* 和 *a′* 的地位有关的 10/01 镜像出发，拉康似乎把注意力仅仅转移到括号上。

为什么拉康要在这种概念化中涉及括号？这里显然有什么东西被括起来了：主体在 L 链中被加倍括起来了，而对象（a）在众多的 172
数学型和图中被括起来了。有些东西被放在括号内，也就是说，被悬置或搁置了。

我们来考虑一下开括号“（”的功能，在L链的一个变体中：

11111111111	(101010 . . . .)	1111111111
A	a	A

左边的几个1对应于一元特征的重复，拉康将其与大他者联系起来。如果没有括号——换句话说，如果没有拉康的字母矩阵中的β——那么0永远不可能介入这个链条：没有哪个变体是可能的。一个α链条只能由β来打断（如果我们回想一下我们的数字矩阵，一个由1或3组成的链条只能由2来打断，因为直接的1–3和3–1的移动是被禁止的）。

因此，只有括号才能将异质性引入原本不间断的一元特征之重复中。只有在括号的介入之下，某些东西才会从大他者那里分裂或分离出来；只有在括号的出现之下，大他者才会被暂时搁置（只是等待着，在加倍括号的远处恢复，重新主张自己的权利），刚好足够让某些东西在大他者身上（无尽的1链）挖出一种洞。

这个画面与拉康的异化和分离概念非常吻合，即主体逐渐栖居在大他者之中，在大他者的缺失中为自己挖出一个位置（参见研讨班XI）。当然，这是一个近似的画面，如果我们愿意的话，我们很容易从中找到缺陷，但它似乎确实说明了拉康在这里的一些主张。[5]

所以，字母可以被看作强加在主体身上的一个括号结构：字母的自动运作——字母似乎来自大他者的领域，并且必然且全然位于大他者的领域内——让他/她别无选择。

注　释

1　参见*Écrits*, p. 194，以及研讨班II，p. 109。

2　如果我们使用一连串的减号，那么数字矩阵行读起来和上面的例子会是完全一样的。读者很容易确认：如果我们开头用一个对称交替的字符串，那么数字矩阵行将显示为 33333212，而且因为此处所有的希腊字母不管在什么情况下都是依据奇到奇、奇到偶、偶到奇或偶到偶来定义的，所以希腊字母矩阵行将总是一样的。在接下来的例子中也是如此。

3 因为拉康说，这里的括号也可以完全是空的，所以我们可能会认为，我们需要考虑如下情况：

$$
\begin{array}{ccccccccccc}
+ & + & + & + & + & + & + & - & & & \\
 & & 1 & 1 & 1 & 1 & 1 & 2 & & & \\
 & & & & \alpha & \alpha & \alpha & \beta & \delta & \alpha & \alpha & \alpha \\
 & & & & \mathbf{1} & \mathbf{1} & \mathbf{1} & (&) & \mathbf{1} & \mathbf{1} & \mathbf{1}
\end{array}
$$

但是，因为它被所生成的句法规则所禁止——如果 1 号位置是 α，那么 δ 就不能出现在 3 号位置——所以我们在这里可以不用管它。

4 “没有什么吞噬性的幻想不能被认为是在其自身颠倒的某些时刻源自被吞噬的幻想”（研讨班 XII，1965.1.20）。

5 L 链也清楚地表明，这里的对象被包含在主体内，至少是在他 / 她的一个褶皱或衬里内。参照拉康的说法即对象（a），例如乳房，属于孩子而不是母亲，在某种意义上是其身体的一部分：其身体的那一部分附着或“黏附”在母亲那里。

拉康用“引号”（guillemets）一词来指定我们在主体那里发现的双括号（« subject »），这提醒我们，对拉康来说，“主体永远都只不过是假设的”（研讨班 XXIII，1975.12.16）。主体在任何意义上都不是可以直接观察到的东西；它是我们的一个假设或假定（尽管是一个必要的），而且我们必须经常检查，看看是否有什么东西真的与这个被假设的主体相对应。

但这些引号也更进一步暗指言语和书写这两个辖域。主体被言说，而引号往往指先前说过的东西，是在别的时候、别的场合被说出来的，而且一般是由别人说的。因此，主体依赖于某个他者总是已经说过的关于他的东西。此外，引号在言语中是看不到的（尽管它们经常是用手势来模拟的，通过着重强调一个词来表示，或者是被明确讲出来的，比如“引号，主体，引号结束”），它在本质上是排印的。对拉康来说，书写——字母——与存在（being）之间的关系是至关重要的，我们被括起来的主体的存在似乎完全依赖于这些“将他 / 她和别人区分开”的标记；人们也许甚至会说，除了作为标记，除了被区分开，主体没有别的存在了。

拉康派象征符汇编

S——（读作“被划杠的 S”）我认为主体有两个面相：（1）在语言中被异化的主体或者被语言异化的主体，被阉割（= 被异化）的主体，作为“僵死”意义之沉淀的主体；这个主体全无存在，因为它被大他者遮蔽了，也就是被象征秩序遮蔽了；（2）在主体化的过程中，也就是把他者性变成“我自己的”过程中，作为在两个能指之间闪现的火花的主体。

a——写作对象 *a*，对象（a），petit *a*，objet *a* 或 objet petit *a*。在 1950 年代早期，指的是像某人自己的想象他者。在 1960 年代以及之后，它至少有两个面相：（1）大他者的欲望，充当主体的欲望原因，并且与主体的享乐和丧失经历密切相关（例子包括乳房、目光、声音、粪便、音素、字母、无，等等）；（2）象征化过程的残余物，位于实在辖域；逻辑反常与悖论；字母或语言的能指性。

S_1——主人能指或一元能指；发号施令的能指，或者作为戒律的能指。和其他能指分开时，它征服了主体；和其他能指连接在一起时，主体化就发生了，（作为）意义的主体也随之产生。

S_2——普通的能指，（除 S_1 以外的）所有其他能指。在四大话语中，它代表了整体的知识。

A——大他者，其形式有很多：全体能指的宝库或仓库；他母语/母亲大他者的语言（the mOther tongue）；作为要求、欲望或享乐的大他者；无意识；上帝。

$\not{A}$——（读作“被划杠的大他者”）缺失的大他者，在结构上是不完备的，或者被那个在其缺失中形成存在的主体体验为不完备的。

$S(\not{A})$——大他者中缺失的能指。由于大他者在结构上是不完备的，所以缺失是大他者固有的特征，但这种缺失并不总是主体看得见的，而且即使被主体看见了，也不可能总是被命名。因此，我们说有一个能指命名了该缺失；它是整个象征秩序的锚定点（结扣点），与每一个其他能指（S_2）都有关联，但它（作为父之名）在精神病中被除权了。拉康在讨论女性结构时，似乎认为它跟语言的物质性或实质有更加密切的关系（因此联系于作为能指性的对象 *a*）。

Φ——作为欲望能指或享乐能指的阳具，不可否定的。

Φx——阳具功能/函数，与象征阉割有关：言说的存在也是语言中的存在，因此臣服于异化。

∃x——逻辑量词，意思是“至少存在一个 x”。在拉康的著作中，
174 它后面通常会跟上一个函数，比如 Φx，那么我们就可以把它们读作“至少有一个 x，使阳具功能/函数发挥作用”。

$\overline{\exists x}$——在经典逻辑中，否定符号（~）在量词前面。但是拉康创造了一个不一样的否定，他把一个横杠放在量词上方（一个与不整一有关的否定）；它一般指的是“不存在任何一个x”（使……）。不过，说没有这样的x存在绝不意味着没有这样的x外-在。

∀x——逻辑量词，意思是“对于每一个 x”（无论它是一个苹果，

一个人，一个元素还是别的什么）或者“对于全体 x 的”。拉康为这个量词添加了一个新的解释：“对于 x 的全部。”

$\overline{\forall x}$——根据拉康新造的否定符号，若这个符号在量词上方，那就意味着“并非x的全部”（比如，并非一个女人的全部）或者“并非全体的x”“并非全体x的”。这个数学型经常被单独用来指那些具有女性结构的人有可能体验到的大他者享乐。

◊——这个菱形指的是这种关系：“包封—展开—结合—分离”（*Écrits*, p. 280），异化（∨）与分离（∧），大于（>），小于（<）等。它最简单的读法是“和……的关系”或“对……的欲望”，比如$ ◊*a* 可以读作，主体和对象 *a* 的关系，或者主体对对象 *a* 的欲望。

$ ◊*a*——幻想公式的数学型，而且通常是“基本幻想”。它可以读作“被划杠的主体和对象 *a* 的关系”，这个关系是由其中的菱形所具有的意义来定义的。要是把对象 *a* 理解成创伤性的享乐体验，在跟大他者的欲望的相遇中，这种体验让主体形成其存在，那么幻想公式指的便是，主体试图跟那种危险的欲望保持恰到好处的距离，让吸引力与排斥力保持微妙的平衡。

$ ◊D——冲动的数学型（在弗洛伊德作品的译本中，冲动通常被翻译成“本能”），涉及主体与要求（而不是需要或欲望）的关系。幻想公式意味着欲望，在神经症中，它通常被化约为要求，因为神经症主体（或错）把大他者的要求当成了大他者的欲望。

参考书目

雅克・拉康

Écrits. Paris: Seuil, 1966. *Écrits: A Selection*. Translated by Alan Sheridan. New York: Norton, 1977. New complete translation by Bruce Fink. New York: Norton, forthcoming.

Seminar I — *Les écrits techniques de Freud* (1953–54). Text established by Jacques-Alain Miller. Paris: Seuil, 1975. *Freud's Papers on Technique: 1953–1954*. Translated by John Forrester. New York: Norton, 1988.

Seminar II — *Le moi dans la théorie de Freud et dans la technique de la psychanalyse* (1954–55). Text established by Jacques-Alain Miller. Paris: Seuil, 1978. *The Ego in Freud's Theory and in the Technique of Psychoanalysis: 1954–1955*. Translated by Sylvana Tomaselli, with notes by John Forrester. New York: Norton, 1988.

Seminar III — *Les psychoses* (1955–56). Text established by Jacques-Alain Miller. Paris: Seuil, 1981. *The Psychoses*. Translated by Russell Grigg. New York: Norton, 1993.

Seminar IV — *La relation d'objet*. Text established by Jacques-Alain Miller. Paris: Seuil, 1994.

Seminar V — *Les formations de l'inconscient* (1957–58). Unpublished.

Seminar VI — *Le désir et son interprétation* (1958–59). Text established by Jacques-Alain Miller (seven sessions). *Ornicar?* 24 (1981): 7–31; 25 (1982): 13–36; and 26/27 (1983): 7–44. Final three sessions translated by James Hulbert as "Desire and the Interpretation of Desire in *Hamlet*." *Yale French Studies* 55/56 (1977): 11–52.

Seminar VII — *L'éthique de la psychanalyse* (1959–60). Text established by Jacques-Alain Miller. Paris: Seuil, 1986. *The Ethics of Psychoanalysis*. Translated by Dennis Porter. New York: Norton, 1992.

Seminar VIII — *Le transfert* (1960–61). Text established by Jacques-Alain Miller. Paris: Seuil, 1991. Translated by Bruce Fink. New York: Norton, forthcoming.

Seminar IX — *L'identification* (1961–62). Unpublished.

Seminar X — *L'angoisse* (1962–63). Unpublished.

Seminar XI — *Les quatre concepts fondamentaux de la psychanalyse* (1964). Text established by Jacques-Alain Miller. Paris: Seuil, 1973. *The Four Fundamental Concepts of Psychoanalysis*. Translated by Alan Sheridan. New York: Norton, 1978.

Seminar XII *Problèmes cruciaux pour la psychanalyse* (1964–65). Unpublished.

Seminar XIII *L'objet de la psychanalyse* (1965–66). Unpublished.

Seminar XIV *La logique du fantasme* (1966–67). Unpublished.

Seminar XV *L'acte psychanalytique* (1967–68). Unpublished.

Seminar XVI *D'un Autre à l'autre* (1968–69). Unpublished.

Seminar XVII *L'envers de la psychanalyse* (1969–70). Text established by Jacques-Alain Miller. Paris: Seuil, 1991. Translated by Russell Grigg. New York: Norton, forthcoming.

Seminar XVIII *D'un discours qui ne serait pas du semblant* (1970–71). Unpublished.

Seminar XIX *. . . ou pire* (1971–72). Unpublished.

Seminar XX *Encore* (1972–73). Text established by Jacques-Alain Miller. Paris: Seuil, 1975. Two classes translated by Jacqueline Rose in *Feminine Sexuality*, 137–61. Complete translation by Bruce Fink. New York: Norton, forthcoming.

Seminar XXI *Les non-dupes errent* (1973–74). Unpublished.

Seminar XXII *R.S.I.* (1974–75). Text established by Jacques-Alain Miller. *Ornicar?* 2 (1975): 87–105; 3 (1975): 95–110; 4 (1975): 91–106; and 5 (1975): 15–66. One class translated by Jacqueline Rose in *Feminine Sexuality*, 162–71.

Seminar XXIII *Le sinthome* (1975–76). Text established by Jacques-Alain Miller. *Ornicar?* 6 (1976): 3–20; 7 (1976): 3–18; 8 (1976): 6–20; 9 (1977): 32–40; 10 (1977): 5–12; and 11 (1977): 2–9.

Seminar XXIV *L'insu que sait de l'une-bévue, s'aile a mourre* (1976–77). Text established by Jacques-Alain Miller. *Ornicar?* 12/13 (1977): 4–16; 14 (1978): 4–9; 15 (1978): 5–9; 16 (1978): 7–13; and 17/18 (1979): 7–23.

Seminar XXV *Le moment de conclure* (1977–78). Text established by Jacques-Alain Miller (one session). *Ornicar?* 19 (1979): 5–9.

Seminar XXVI *La topologie et le temps* (1978–79). Unpublished.

Seminar XXVII *Dissolution!* (1980). *Ornicar?* 20/21 (1980): 9–20 and 22/23 (1981): 714. Partially translated by Jeffrey Mehlman as "Letter of Dissolution" and "The Other Is Missing." In *Television*, 128–33.

De la psychose paranoïaque dans ses rapports avec la personnalité (1932). Paris: Seuil, 1980.

"L'Étourdit" (1972). *Scilicet* 4 (1973): 5–52.

Feminine Sexuality. Edited by Juliet Mitchell and Jacqueline Rose. Translated by Jacqueline Rose. New York: Norton, 1982.

"Joyce le symptôme I" (1975) and "Joyce le symptôme II" (1979). In *Joyce avec Lacan*. Edited by Jacques Aubert. Paris: Navarin, 1987.

"Logical Time and the Assertion of Anticipated Certainty." Translated by Bruce Fink and Marc Silver. *Newsletter of the Freudian Field* 2 (1988): 4–22.

"Metaphor of the Subject." Translated by Bruce Fink. *Newsletter of the Freudian Field* 5 (1991): 10–15.

"Position of the Unconscious." Translated by Bruce Fink. In *Reading Seminar XI: Lacan's Four Fundamental Concepts of Psychoanalysis*. Edited by Bruce Fink, Richard Feldstein, and Maire Jaanus. Albany: SUNY Press, 1995.

"Proposition du 9 octobre 1967 sur le psychanalyste de l'École." *Scilicet* 1 (1968).

"Propos sur l'hystérie." *Quarto* (1977).

"Radiophonie." *Scilicet* 2/3 (1970).

"Science and Truth." Translated by Bruce Fink. *Newsletter of the Freudian Field* 3 (1989): 4–29.

"Séminaire sur la lettre volée." *La Psychanalyse* 2 (1956).

Télévision. Paris: Seuil, 1974. *Television*. Translated by Denis Hollier, Rosalind Krauss, and Annette Michelson. New York: Norton, 1990.

雅克 – 阿兰 · 米勒

Orientation lacanienne. Unpublished seminars given under the auspices of the University of Paris VIII at Saint-Denis starting in 1981. See, above all, *1,2,3,4*, 1984–85.

"H_20." Translated by Bruce Fink. In *Hystoria*. Edited by Helena Schulz-Keil. New York: Lacan Study Notes, 1988.

"An Introduction to Lacan's Clinical Perspectives." In *Reading Seminars I & II: Lacan's Return to Freud*. Edited by Bruce Fink, Richard Feldstein, and Maire Jaanus. Albany: SUNY Press, 1995.

西格蒙德 · 弗洛伊德

Collected Papers. New York: Basic Books, 1959.

The Origins of Psychoanalysis. Edited by Marie Bonaparte, Anna Freud, and Ernst Kris. Translated by Eric Mosbacher and James Strachey. New York: Basic Books, 1954.

The Standard Edition of the Works of Sigmund Freud. Edited by James Strachey. New York: Norton, 1953–74.

Studienausgabe. Vol. 3. Frankfurt: Fischer Taschenbuch Verlag, 1975.

其他作者

Badiou, Alain. *Manifeste pour la philosophie*. Paris: Seuil, 1989.

Barthes, Roland. *Elements of Semiology*. New York: Hill and Wang, 1967.

Berger, Peter and Thomas Luckmann. *The Social Construction of Reality*. Garden City: Doubleday, 1966.

Bergson, Henri. "Laughter." In *Comedy*. Edited by Wylie Sypher. New York: Doubleday, 1956.

Chodorow, Nancy. *Feminism and Psychoanalytic Theory*. New Haven: Yale University Press, 1989.

Damourette, Jacques and Edouard Pichon. *Des mots à la pensée : Essai de grammaire de la langue française*. 7 vol. Paris: Bibliothèque du français moderne, 1932–51.

Descartes, René. *Philosophical Writings*. Translated by J. Cottingham. Cambridge: Cambridge University Press, 1986.

Fink, Bruce. "Alienation and Separation: Logical Moments of Lacan's Dialectic of Desire." *Newsletter of the Freudian Field* 4 (1990): 78–119.

——— *A Clinical Introduction to Lacanian Psychoanalysis*. Cambridge: Harvard University Press, 1996.

——— "Logical Time and the Precipitation of Subjectivity." In *Reading Seminars I & II: Lacan's Return to Freud*. Edited by Bruce Fink, Richard Feldstein, and Maire Jaanus. Albany: SUNY Press, 1995.

——— *Modern Day Hysteria*. Albany: SUNY Press, forthcoming.

——— "The Nature of Unconscious Thought or Why No One Ever Reads Lacan's Postface to the 'Seminar on "The Purloined Letter."'" In *Reading Seminars I & II: Lacan's Return to Freud*. Edited by Bruce Fink, Richard Feldstein, and Maire Jaanus. Albany: SUNY Press, 1995.

——— "Reading *Hamlet* with Lacan." In *Lacan, Politics, Aesthetics*. Edited by Richard Feldstein and Willy Apollon. Albany: SUNY Press, 1995.

——— "Science and Psychoanalysis." In *Reading Seminar XI: Lacan's Four Fundamental Concepts of Psychoanalysis*. Edited by Bruce Fink, Richard Feldstein, and Maire Jaanus. Albany: SUNY Press, 1995.

——— "There's No Such Thing as a Sexual Relationship: Existence and the Formulas of Sexuation." *Newsletter of the Freudian Field* 5 (1991): 59–85.

Fourier, Charles. *The Passions of the Human Soul*. New York: Augustus M. Kelley, 1968.

Gallop, Jane. *Reading Lacan*. Ithaca: Cornell University Press, 1982.

Grosz, Elizabeth. In *A Reader in Feminist Knowledge*. Edited by Sueja Gunew. New York: Routledge, 1991.

Heidegger, Martin. *Being and Time*. Translated by John Macquarrie and Edward Robinson. Oxford: Basil Blackwell, 1980.

Irigaray, Luce. *Je, tu, nous: Towards a Culture of Difference*. Translated by Alison Martin, New York: Routledge, 1993.

Jakobson, Roman. *Selected Writings*. Vol. 2. The Hague: Mouton, 1971.

——— *Six Lectures on Sound and Meaning*. Cambridge: MIT Press, 1978.

Jay, Nancy. "Gender and Dichotomy." In *A Reader in Feminist Knowledge*. Edited by Sueja Gunew. New York: Routledge, 1991.

Jespersen, Otto. *Language: Its Nature, Development, and Origin*. New York: 1923.

Joyce, James. *Finnegans Wake*. London: Faber and Faber, 1939.

Kripke, Saul. *Naming and Necessity*. Cambridge: Harvard University Press, 1972.

Kurzweil, Raymond. *The Age of Intelligent Machines*. Cambridge: MIT Press, 1990.

Lee, Jonathan Scott. *Jacques Lacan*. Boston: Twayne Publishers, 1990.

Lévi-Strauss, Claude. *Structural Anthropology*. Translated by Claire Jacobson and Brooke Grundfest Schoepf. New York: Basic Books, 1963.

Milner, Jean-Claude. *Introduction à une science du langage*. Paris: Seuil, 1989.

——— "Lacan and the Ideal of Science." In *Lacan and the Human Sciences*. Edited by Alexandre Leupin. Lincoln: University of Nebraska Press, 1991.

Nancy, Jean-Luc and Philippe Lacoue-Labarthe. *The Title of the Letter*. Translated by David Pettigrew and François Raffoul. Albany: SUNY Press, 1992.

Nasio, J.-D. *Les Yeux de Laure. Le concept d'objet a dans la théorie de J. Lacan*. Paris: Aubier, 1987.

O'Neill, John. *Making Sense Together*. New York: Harper and Row, 1974.

Pascal. *Pensées*. Paris: Flammarion, 1976.

The Purloined Poe. Edited by John Muller and William Richardson. Baltimore: Johns Hopkins University Press, 1988.

Reading Seminar XI: Lacan's Four Fundamental Concepts of Psychoanalysis Edited by Bruce Fink, Richard Feldstein, and Maire Jaanus. Albany: SUNY Press 1995.

Reading Seminars I & II: Lacan's Return to Freud. Edited by Bruce Fink, Richard Feldstein, and Maire Jaanus. Albany: SUNY Press, 1995.

Roudinesco, Elizabeth. *Jacques Lacan & Co.: A History of Psychoanalysis in France, 1925–1985*. Translated by Jeffrey Mehlman. Chicago: University of Chicago Press, 1990.

Russell, Bertrand. *Introduction to Mathematical Philosophy*. London: Allen and Unwin, 1919.

Russell, Bertrand and Alfred North Whitehead. *Principia Mathematica*. Vol. 1. Cambridge: Cambridge University Press, 1910.

Soler, Colette. "The Symbolic Order (I)." In *Reading Seminars I & II: Lacan's Return to Freud*.

Turkle, Sherry. *Psychoanalytic Politics: Freud's French Revolution*. New York: Basic Books, 1978.

索　引

Fort-Da游戏　Fort-Da game　16

S(Ⱥ)。参见大他者中的缺失/大他者的欲望的能指

爱　Love　83-97, 120
爱若斯　Eros　144, 146
爱因斯坦，阿尔伯特　Einstein, A.　10

巴迪欧，阿兰　Badiou, A.　145
柏拉图　Plato　59, 63, 86, 119
悖论　Paradox　29-31, 134-35, 143, 173
被划杠的大他者　A, barred (Ⱥ)。也可参见缺失的大他者
被划杠的主体　Barred S。参见被划杠的主体
被划杠的主体　Subject, barred ($)：异化与被划杠的主体　alienation and　50；分析与被划杠的主体　analysis and　66；分析家话语与被划杠的主体　analyst's discourse and　135；定义　defined　173；幻想与被划杠的主体　fantasy and　72, 99；首个能指与被划杠的主体　first signifier and　41；癔症话语与被划杠的主体　hysteric's discourse and　133, 136；主人能指与被划杠的主体　master signifier and　78；隐喻化与被划杠的主体　metaphorization and　70-71, 78；分裂的主体与被划杠的主体　split subject and　45；大学话语与被划杠的主体　university discourse and　132
本能　Instinct　93, 174

边缘型分类　Borderline category　108
编码　Coding　37-38, 40, 153-72
变位词　Anagrams　8
辩证化　Dialectization　26
标点　Punctuation　66
博罗米结　Borromean knot　123
不可摧毁　Indestructibility　19-20
不可判定性　Undecidability　125
不确定性原理　Uncertainty principle　133-34, 141, 144
不完整/不完备　Incompleteness　29-30
不整一　Discordance　38, 110
部分/全部的辩证　Part/whole dialectic　98

残渣　Residue　27
差异　Difference　84
超我　Superego　10, 101
《超越快乐原则》（弗洛伊德）　*Beyond the Pleasure Principle* (Freud)　16
承担　Assumption　xii-xiii, 28-29, 61-68
冲动　Drives　72-74, 174
冲动的精神代表　Vorstellungsrepräsentanz　8, 73-74
重复　Repetition　94-95, 167
出版　Publication　152
除权　Foreclosure　74, 10, 112
创伤　Trauma　26-28, 62
存在　Being　xii, 43-44, 61, 76-79

大他者　Other　xi, 3-76, 169：大他者的二元表象　binary representation of　167；要求与大他者　demand and　xi；欲望与大他者　desire and　xi, 54；大他者的话语　discourse of　4；大他者的各种面相　faces of　13；享乐的大他者　as jouissance　xi；缺失的大他者　as lacking　173；语言作为大他者　language as　xi-xii, 5；对象a与大他者　object a and　118；对象与大他者　object and　87；他者性/相异性　otherness　xi, xiv, 120；父母大他者　parental　36；分离与大他者　separation and　118；结构与大他者　structure and　114；

主体与大他者　subject and　xii；象征秩序与大他者　symbolic order and　11。也可参见大他者中的缺失；大他者的欲望

大他者的欲望　Other's desire　54, 173：原因与大他者　cause and　91；定义　defined　173；解密不了的大他者欲望　indecipherable　59；大他者的欲望的名字/命名　name of　65；父之名与大他者的欲望　Name-of-the-Father and　74；对大他者的欲望的责任　responsibility for　xii；能指化与大他者的欲望　signifierization and　65。也可参见大他者的欲望的能指

大他者享乐　Other jouissance　xiv, 107, 112, 120

大他者中的缺失/大他者的欲望的能指　Lack in Other/Other's desire, signifier of (S(Ⱥ))　58：其中的歧义性　ambiguity in　147；定义　defined　58, 173；女性享乐与大他者中的缺失　feminine jouissance and　115, 119, 120-21；“首个”丧失与大他者中的缺失　“first” loss and　114；哈姆雷特与大他者的欲望的能指　Hamlet and　65, 114；主人能指与大他者的欲望的能指　master signifier and　116；阳具与大他者的欲望的能指　phallus and　113；意义转变　shift in meaning　58, 114。也可参见缺失的大他者

大学话语　University discourse　132-33, 149

代词，人称代词　Pronoun, personal　38, 40

“但是”，作为能指的“但是”　“But,” as signifier　39

德里达，雅克　Derrida, J.　149

笛卡尔，勒内　Descartes, R.　42-43

《电视》（拉康）　*Television* (Lacan)　132, 133

东方哲学　Eastern philosophy　37

洞见，与洞见无关　Insight, irrelevance of　71

对象　Object　83-97：分析与对象　analysis and　87；欲望与对象　desire and　xiii, 83-95；字母与对象　letter and　xiii；丧失的对象　lost　93-94；大他者与对象　Other and　87-90；满足与对象　satisfaction and　94；对象的能指　signifier of　118。也可参见对象*a*

对象*a*　Object *a*　83-97：骷髅头与对象*a*　caput montuum and　153；对象*a*作为原因　as cause　165；定义　defined　173；欲望与对象*a*　desire and　83-95, 135；例子　examples　92；外-在　ex-sistent　122；幻想与对象*a*　fantasy and　60, 73, 117；癔症话语与对象*a*　hysteric' discourse and　134；享乐与对象*a*　jouissance and　174；丧失与对象*a*　loss and　78；母亲孩子与对象*a*　mother-child and 59, 94；大他者与对象*a* Other and 59-61, 118, 174；对象*a*的多价性 polyvalence of xiv；实在与对象*a* real and 102, 107, 134, 143, 148；剩余物 remainder 200；性关系与对象*a* sexual relationship and 121；对象*a*的来源 sources for 93；主体与对象*a* subject and 59；剩余价值与对象*a* surplus value and 96, 131；象征运动与对象*a* symbolic movement and 107；真理与对象*a* Truth and 134

多重决定/过度决定 Overdetermination 9

俄狄浦斯情结 Oedipus complex 58, 100

二元系统 Binary systems 15-21, 153-72

法则/法律/律法 Law 124

翻译 Translation 150-51

反常 Anomaly 29-31, 134

反转移 Countertransference 86

飞逝，飞逝的主体 Flash, subject as 70

分离 Separation：异化与分离 alienation and 48-49；欲望与分离 desire and 50, 53；幻想与分离 fantasy and 66-68；隐喻与分离 metaphor and 58；神经症主体与分离 neurotics and 79；大他者与分离 Other and 61, 118；括号模型 parenthetical model 172；主体与分离 subject and 73-79；使用分离概念 use of concept 61

分裂的主体 Split subject 44-45, 61

分析 Analysis：分析中的疑难 aporia in 143；分析中的联想 association in 142；分析中的原因 cause in 140；忏悔与分析 confession and 88；欲望与分析 desire and 90, 141；分析话语 discourse of 28, 129-31, 135-36；伦理与分析 ethics and 146；形式化与分析 formalization and 144-45；语言学与分析 linguistics and 139；主人能指 master signifiers 135；数学与分析 mathematics and 143；分析的隐喻 metaphors of 70；分析的目的 purpose of 26, 79, 89, 92, 121, 135；科学与分析 science and xiv, 138, 144-45；分析情境 situation of xiv, 136-37；分析的地位 status of 145-46；分析中的主体 subject in 36；象征关系 symbolic relations 89；谈话疗法 talking cure 25；分析的术

语 terms of 36；分析的可传播性 transmissibility of 144-45；分析的真理 truth of 121-22；分析中的理解 understanding in 71；分析中的言语化 verbalization in 25。也可参见分析家

分析家 Analyst 67：欲望与分析家 desire and 61, 66, 141；分析家话语 discourse of 135-36, 142；认同分析家 identification with 62；分析家的打断 interruption by 65, 66-67；分析家的工作 job of 25；分析家的知识 knowledge of 87；分析家作为大他者 as Other 87-88；分析家的角色 role of xiii, 25, 61, 86；分析家模棱两可的言语 speaking equivocally 67；假设知道的主体 subject supposed to know 87；终止会谈 terminating session 65, 67

芬克，爱洛伊斯 Fink, Héloise 177

《芬尼根守灵夜》（乔伊斯） *Finnegans Wake* (Joyce) 99

缝合 Suture 31, 139-41

否定 Negation 38, 53, 110

《否定》（弗洛伊德） "Negation" (Freud) 93

弗洛伊德，西格蒙德 Freud, S.：分析方法 analytic method 79, 88；原物 das Ding 95, 115；自我理想 ego ideal 46；Fort-Da游戏 Fort-Da game 16；拉康与弗洛伊德 Lacan and 101, 149；弗洛伊德论压抑 on repression 8；"我"的分裂 splitting the I 45；升华 sublimation 120；弗洛伊德论技术 on technique 148；翻译 translation 150。也可参见具体作品和概念

《弗洛伊德理论中的自我》（拉康） *Ego in Freud's Theory, The* (Lacan) 15

符合论 Correspondence theory 15

福柯，米歇尔 Foucault, M. 149

父亲 Father：家庭与父亲 family and 55；原初父亲 primal 110；原始能指 primordial signifier 55；性关系与父亲 sexual relationship and 111。也可参见父之名；父性功能

父性功能 Paternal function 55-57

父之名 Name-of-the-Father：父之名中的歧义性 ambiguity in 147；定义 defined 56, 147；主人能指 master signifier 56, 135, 173；大他者的欲望与父之名 Other's desire and 74；阳具与父之名 phallus and 58；精神病与父之名 psychosis and 75；能指与父之名 signifier and 74, 173。也可参见父亲；阳具

傅立叶，查尔斯 Fourier, C. 133

哥德尔定理　Gödel's theorem　xiv, 30, 125, 144
格里格，罗素　Grigg, Russell　177
固着　Fixation　26, 74
《关于癔症的评论》（拉康）　"Propos sur l'hystérie" (Lacan)　132

《哈姆雷特》（莎士比亚）　*Hamlet* (Shakespeare)　65, 114
孩子　Child：孩子的身体　body of　24；自我理想　ego ideals　36；学习语言　language learning　6；大他者与孩子　Other and　49；父母的话语与孩子　parental discourse and　xii, 5；询问“为什么”　question “why” and　54。也可参见父亲；母亲
海德格尔，马丁　Heidegger, M.　25, 122
海森堡不确定性原理　Heisenberg uncertainty principle　133-34, 141, 144
合理化　Rationalization　20, 43
黑格尔，G. F. W.　Hegel, G. F. W.　131
痕迹　Trace　144
恨　Hate　85
后结构主义者　Poststructuralists　xi, 35, 98
胡说　Nonsense　22, 78, 131
话语　Discourse：分析者的话语　analysand's　28；分析性话语　analytic　28, 129- 31, 135-36, 142；话语中的缺口　breach in　41；符合眼前利益的话语　expediency and　142；四大话语　four types　3, 129-37；癔症话语　hysteric's　129-30, 133-34；幼儿与话语　infants and　49；享乐与话语　jouissance and　133；主人话语　master's　130-31；大学话语　university　132-33；极化的话语　polarized　142-44；权力与话语　power and　142；辖域与话语　registers and　143；科学与话语　science and　133；话语中的主体　subject in　38。也可参见语言
幻想　Fantasy：存在与幻想　being and　61；固着于幻想　fixation on　26；幻想公式formula of　174；基本幻想　fundamental　96；享乐与幻想　jouissance and　60；对象a与幻想　object a and　59, 60, 94, 111, 117；重构幻想　reconfiguration of　62；分离与幻想　separation and　73；穿越幻想　traversing　72-73, 141
换喻　Metonymy　5, 15

《诙谐及其与无意识的关系》（弗洛伊德） *Jokes and Their Relation to the Unconscious* (Freud) 42
回忆 Remembering。参见记忆
《会饮篇》（柏拉图） *Symposium* (Plato) 59, 86
混合词 Portmanteau words 9
火花，主体作为火花 Spark, subject as 70

极化，话语的极化 Polarization, of discourse 142-44, 145
集合论 Set theory 20, 52, 125
记忆 Memory 11, 18-20, 93
既不……也不……/两者皆不 Neither/nor 53
加密 Ciphering 16, 21, 25-26, 153-72
讲话 Talk。参见话语
交叉帽 Cross-cap 123
焦虑 Anxiety 53, 103
结构人类学 Structural anthropology 139
《结构人类学》（列维–斯特劳斯） *Structural Anthropology* (Lévi-Strauss) 100
结构主义 Structuralism 11；因果性与结构主义 causality and 31, 139-40；外–在与结构主义 ex-sistence and 122；哥德尔理论与结构主义 Gödelian theory and 125；拉康与结构主义 Lacan and 31, 123；大他者与结构主义 Other and 11；后结构主义 poststructuralism xi, 35, 98；主体性与结构主义 subjectivity and 35
解构 Deconstruction 149
解释 Interpretation 21-22, 28
禁令 Prohibition 57
经典逻辑 Class logic 109-10
精神病 Psychosis 45, 49, 55, 74, 75
竞争 Rivalry 85
镜子阶段 Mirror stage 51, 162
句法规则 Syntax 16-19
军事工业情结 Military-industrial complex 132

科学　Science　138-46：cause and　原因与科学　140；科学话语　discourse of　138-39；癔症话语与科学　hysteric's discourse and　133, 141-44；精神分析与科学　psychoanalysis and　xiv, 138-39, 145；缝合与科学　suture and　31, 139, 140；大学话语与科学　university discourse and　132

《科学心理学大纲》（弗洛伊德）　*Project for a Scientific Psychology* (Freud)　95, 217

《科学与真理》（拉康）　"Science and Truth" (Lacan)　132, 139

克莱因，梅兰妮　Klein, M.　93

克里普克，索尔　Kripke, S.　57

克里斯蒂娃，朱丽娅　Kristeva, J.　149

孔德，奥古斯特　Comte, A.　133

控制论　Cybernetics　5, 10

口误　Slips of the tongue　3, 4, 40, 42, 47, 135

骷髅头　Caput mortuum　27, 153

快乐原则　Pleasure principle　xiv, 56, 101

狂喜/入迷　Ecstasy　122

《括号的括号》（拉康）　"Parenthesis of Parentheses" (Lacan)　158, 165

拉康，雅克　Lacan, J.：基本概念　basic concepts　xv, 14；临床方法　clinical approach　66-68, 152；拉康论我思　on cogito　43；对拉康的批判　critique of　149；拉康论笛卡尔　on Descartes　43；早期拉康vs.后期拉康　early vs. late　79；拉康论弗洛伊德　on Freud　79, 149；后结构主义与拉康　poststructuralism and　xi, 35；拉康论压抑　on repression　8；阅读拉康　reading of　150；分裂的主体　split subject　44-45；拉康作为结构主义者　as structuralist　xi, 31；拉康作为教学者　as teacher　149；翻译　translations　xvii；拉康的书写　writings of　148, 151。也可参见具体概念和作品

勒克莱尔，塞尔吉　Leclair, S.　21

理解　Understanding　21-22, 77-78, 88, 149, 151

理解/吸收/同化　Verstehen　71

力比多，力比多经济学　Libido, economy of　103

链条　Chain。也可参见意指链

列维–斯特劳斯，克劳德 Lévi-Strauss, C. 100, 139
菱形◊ Lozenge 67, 174
菱形象征符◊ Diamond symbol 67, 174
卢梭，J.-J. Rousseau, J.-J. 6
乱伦禁忌 Incest taboo 100, 106, 110
伦理学，伦理学与精神分析 Ethics, and psychoanalysis 146
《论〈失窃的信〉的研讨班》（拉康） Seminar on "The Purloined Letter" (Lacan)：后记 afterword to 153-72；括起来 bracketing 91；原因与《论〈失窃的信〉的研讨班》 cause and 27；欲望与《论〈失窃的信〉的研讨班》 desire and 91；字母与《论〈失窃的信〉的研讨班》 letter and 24；意指链与《论〈失窃的信〉的研讨班》 signifying chain and 20, 27；无意识与《论〈失窃的信〉的研讨班》 unconscious and 15
《论欧内斯特·琼斯的象征主义理论》（拉康） "On Ernest Jones' Theory of Symbolism" (Lacan) 102
罗素，伯特兰 Russell, B. 21, 29, 30
逻各斯 Logos 113
逻辑，逻辑象征符 Logic, symbols of 109-10, 125
逻辑或 vel 51-55
《逻辑时间与先期确定性的断言》（拉康） "Logical Time and the Assertion of Anticipated Certainty" (Lacan) 64-65

马克思，卡尔 Marx, K. 96, 147
满足，满足与欲望 Satisfaction, and desire 90
矛盾命题 Contradictions 135
《冒失鬼说》（拉康） *Étourdit* (Lacan) 109-10
猛抛 Precipitation 60-68, 70, 77-79
梦 Dreams 4, 8, 15, 26, 135
《梦的解析》（弗洛伊德） *Interpretation of Dreams, The* (Freud) 15, 42, 88
米勒，雅克–阿兰 Miller, J.-A. 52, 164, 207-9
命名 Naming 53, 57, 65。也可参见能指
命运 Fate xiii, 68
莫比乌斯带 Möbius strip 45, 123

母亲 Mother 50：（对）母亲的欲望 desire of 50, 54-58, 147；父亲与母亲 father and 56；享乐与母亲 jouissance and 60；母亲的语言 language of 58；母亲孩子二元关系 mother-child dyad 56, 59-60, 94；名字/命名与母亲 name and 57；对象a与母亲 object a and 59, 94；大他者与母亲 Other and 7, 53；母亲的声音 voice of 92

目光/凝视 Gaze 91, 92

男人 Men 105-7, 124：欲望与男人 desire and 115, 117；男性癔症 male hysteria 108；男性结构 masculine structure 109-11；主体化 subjectification 115；象征秩序与男人 symbolic order and 114。也可参见阉割；父亲

男性结构 Masculine structure。参见男人

内部/外部 Inside/outside 125

内核 Kernel 156

内化 Internalization 10

能指 Signifier(s) 37-38：二元能指 binary 74；身体与能指 body and 12；能指之间的缺口 breach between 72, 77-79；能指链 chain of 20, 31, 45；能指骷髅头 caput mortuum of 170；能指的原因面相 causal aspect 170；能指的完整集合 complete set of 29-30；欲望与能指 desire and 101, 117；将能指辩证化 dialectizing 78；能指的外-在 ex-sistence of 119；闪现在能指之间 flash between 70；解释与能指 interpretation and 22；字母 letter xiii, 24-27, 119, 173；能指逻辑 logic of 109；主人能指 master 76-79, 135, 173；神经元作为能指 neurons as 95；能指的无意义本质 nonsensical nature of 22, 119；对象与能指 object and 118；能指组织快乐 ordering pleasure 12；大他者的欲望与能指 Other's desire and 58, 113-21, 147, 173；父性功能与能指 paternal function and 56；能指游戏 play of 106；原始能指 primordial 55-57, 74；专名 proper name 53；能指之间的关系 relation between 64；压抑与能指 repression and 74；性化与能指 sexuation and 118；能指性 signifiance/signifierness xiii, 22, 65, 118, 119, 173；意指 signification 135；所指与能指 signified and 21, 70, 95；主体化与能指 subjectification and 23, 52, 53；能指

的拓扑学 topology of 123；一元能指 unary 73-74；无意识与能指 unconscious and 23。也可参见语言；父之名；象征秩序
凝缩 Condensation 4, 15
牛顿物理学 Newtonian physics 139
奴隶/主人 Slave/master 131
女人 Women 98-125：欲望与女人 desire and 113, 117；法则与女人 law and 124；女人的非存在 non-existence of woman 115-16；女人作为开集 as open set 125；大他者享乐 Other jouissance 107；女人作为她自己的大他者 Other to herself 119；阳具功能与女人 phallic function and 107, 112-13；实在的女人 real 114；大写女人的能指 signifier of Woman 116；主体化与女人 subjectification and 115-18；象征秩序与女人 symbolic order and 107。也可参见女性结构；性化
女性结构 Feminine structure 105, 107, 117, 125。也可参见女人
《女性性欲》（拉康） *Feminine Sexuality* (Lacan) 98-123
女性主义者 Feminists 117, 148

瞥见 Glance 64
坡，埃德加·爱伦 Poe, Edgar Allan xi

歧义 Equivocality 63
器官快乐 Organ pleasure 107
强迫症 Obsession 95, 106-8
乔多罗，南希 Chodorow, N. 192
切分 Scansion 66-68
琼斯，欧内斯特 Jones, E. 102-3
权力，权力话语 Power, discourse of 129
权力斗争 Power struggles 136
缺口 Breach 72, 77-79
缺失 Lack：欲望与缺失 desire and 53-54, 102；缺失的逻辑 logic of 101；大他者中的缺失 in Other 54, 61, 118, 173；将缺失重叠起来 overlapping 53；阳具功能/函数与缺失 phallic function and 103；分离与缺失 separation and 53。也可参见大他者中的缺失；大他者缺失的能指

缺失的大他者 Other, lacking (Ⱥ)：定义 defined 173；家庭与缺失的大他者 family and 54, 118；对象*a*与缺失的大他者 object *a* and 118；分离与缺失的大他者 separation and 61
《群体心理学与自我的分析》（弗洛伊德） *Group Psychology and the Analysis of the Ego* (Freud) 167

人工语言 Artificial languages 15-21, 153-72
认同 Identification 85, 116
《日常生活的精神病理学》（弗洛伊德） *Psychopathology of Everyday Life, The* (Freud) 42
如厕训练 Toilet training 24
乳房 Breast 94

丧失的对象 Lost objects 93-94
沙利文，亨利 Sullivan, Henry 177
莎士比亚 Shakespeare 65
身体形象 Body image 12, 24
神经症 Neurosis 75；神经症的话语 discourse of 66；想象的兴趣 imaginary interests 87；主人能指与神经症 master signifier and 78；名字/命名与神经症 name and 65；超越神经症的路径 path beyond 77-79, 115
升华 Sublimation 115, 120
声音 Voice 92
剩余价值 Surplus value 96-97, 131
剩余享乐 Surplus jouissance 131
《失窃的信》 "Purloined Letter, The"。参见《论〈失窃的信〉的研讨班》
失误行动 Parapraxis 3, 15
时间性 Temporality 63
实在 Real：身体与实在 body and 24；特征 characterized 142-43；外-在 ex-sistence 25；字母与实在 letter and 24；朝向实在的运动 movement toward 148；对象*a*与实在 object *a* and 90-92, 134, 173；现实vs.实在 reality vs. 25；二阶实在 second order 27；象征与实在 symbolic and 24-48, 153；真理与实在 truth and 140-

41
实质　Substance　119
食物　Food　6
事后　Nachträglichkeit　26, 64
手足竞争　Sibling rivalry　85
鼠人，鼠人个案　Rat Man, case of　22
数学　Mathematics　98, 121, 132, 143-44
数学型　Mathemes　xvii, 30, 59, 105, 113, 140, 144, 173-74。也可参见具体的形式
说不　Dit-que-non　39
思考，思考与存在　Thinking, and being　43-44
苏格拉底　Socrates　59
随机，随机与记忆　Randomness, and memory　19-20

他异性　Alterity。也可参见大他者性
它曾在之处，我必将生成　Wo Es war, soll Ich werden　xiii, 46, 47, 68,
它我　Id　168
拓扑学　Topology　123, 124-25
谈话疗法　Talking cue　25
替代　Substitution　58, 69
通过　Pass　145
同音异义　Homonyms　147
图论　Graph theory　154, 160
《图腾与禁忌》（弗洛伊德）　*Totem and Taboo* (Freud)　110

外密　Extimacy　122
外-在　Ex-sistence　25, 110, 113, 122
未完成时　Imperfect tense　63
温尼科特，D.W.　Winnicott, D.W.　89, 93
我，我作为转换词　I, as shifter　38-40
我思　Cogito　43, 169
无性　Asexuality　120
无意识　Unconscious　4, 7-11；无意识作为动因　as agency　42；欲望与无意识　desires and　9；弗洛伊德式无意识　Freudian　42；语言

无意识 as language 5-9；无意识语言 language of 153-64；意义与无意识 meaning and 21；记忆与无意识 memory and 20；意指链与无意识 signifying chain and 20；主体与无意识 subject and 9, 22, 41；假设知道的主体 subject supposed to know 89；思考与无意识 thinking and 44

《无意识中字母的动因》（拉康） “Agency of the Letter in the Unconscious”(Lacan) 4-9, 15

物理学，物理学与精神分析 Physics, and psychoanalysis 144

系统/体系 System(s) xiii, 103-4, 125

辖域 Registers 142-44。也可参见具体辖域

先将来时/将来完成时 Future anterior/Future perfect 64, 65

现实检验 Reality testing 93

现实原则 Reality principle 56, 101

相对主义 Relativism 129

相同/相异 Same/different 84

享乐 Jouissance xii, 60, 98-122：阉割与享乐 castration and 99；欲望与享乐 desire and xiv, 83-90, 96, 99；话语与享乐 discourse and 133；享乐经济学 economy of 103, 122；幻想与享乐 fantasy and 60；自慰式享乐 masturbatory 106-7；母亲孩子统一体 mother-child unity 60；阳具享乐 phallic 106；快乐与享乐 pleasure and xiv；牺牲享乐 sacrifice of 100；二阶享乐 second-order 60；主体性与享乐 subjectivity and 117；剩余价值 surplus value 96-97；象征的享乐 symbolic xiv, 106；创伤与享乐 trauma and 63

想象辖域 Imaginary register：镜子阶段 mirror stage 51, 162；想象辖域中的关系 relations in 84；性别身份 sexual identity 116-17

象征关系 Symbolic relations 87-90

象征秩序 Symbolic order 16, 56：象征秩序的疑难 aporias of 30；象征秩序中的原因 cause in 28；链 chain 20, 27, 31, 45；加密 ciphering 25-26；超出象征界 extra-symbolic 123-24；象征秩序的不完整性 incompleteness of 29-30；享乐与象征秩序 jouissance and 106；语言与象征秩序 language and 52；数学与象征秩序 mathematics and 143；记忆与象征秩序 memory

and 19；大他者与象征秩序 Other and 11；象征秩序的悖论 paradoxes of 143；实在与象征秩序 real and 24-27, 153；象征秩序超出自身 self-exceeding of 27；主体与象征秩序 subject and 13, 140；女人与象征秩序 women and 107。也可参见语言；字母；能指
消失 Aphanisis 73
小*a* Petit *a*。参见对象*a*
小汉斯，小汉斯个案 Little Hans, case of 56
小神像 Agalma 86
新颖性，新颖性与理解 Novelty, and understanding 149
形式/质料 Form/matter 119
性别 Gender 104-8, 123
性高潮 Orgasm 120
性化 Sexuation 98-125, 140, 143
《性学三论》（弗洛伊德） *Three Essays on the Theory of Sexuality* (Freud) 94
虚假存在 False being 43, 45
虚假我思 False cogito 169
虚无 Nothingness 52
需要，需要与异化 Needs, and alienation 50

压抑 Repression 8, 73-74, 114
雅克布森，罗曼 Jakobson, R. 37-38
亚伯拉罕，卡尔 Abraham, K. 93
阉割 Castration：异化与阉割 alienation and 99；乱伦禁忌与阉割 incest taboo and 110；享乐与阉割 jouissance and 99；男性结构与阉割 masculine structure and 109；主体性与阉割 subjectivity and 69, 72-73；象征阉割 symbolic 100, 131
言语 Speech 3-7, 38-44
阳具 Phallus 101-25：定义 defined 173；想象的阳具 imaginary 114；享乐与阳具 jouissance and 106-7, 120；缺失与阳具 lack and 103；母亲大他者的欲望与阳具 mOther's desire and 57；父之名与阳具 Name-of-the-Father and 58；阳具功能与阳具 phallic function and 101-4；欲望能指 signifier of desire 65,

102；女人与阳具　woman and　113。也可参见阳具功能
阳具功能/函数　Phallic function　101-25：定义　defined　173；除权与阳具功能　foreclosure and　112；缺失与阳具功能　lack and　103；阳具与阳具功能　phallus and　101-4；快乐与阳具功能　pleasure and　106- 7, 120；女人与阳具功能　woman and　107, 112, 113。也可参见阳具
阳具中心主义　Phallocentrism　98
要么/要么，二者择一　Either/or　51
要求/请求　Demand　xi, 6；分析与要求　analysis and　89；欲望与要求　desire and　91；语言与要求　language and　50；爱与要求　love and　89
一般程序　Generic procedures　145
《一个孩子正在被打》（弗洛伊德）　"Child is Being Beaten, A" (Freud)　35
一元能指　Unary signifier　107
一元特征　Unary trait　167
医疗机构　Medical establishment　xiv
移置　Displacement　4, 15, 26
疑难　Aporia　xiii, 30, 143, 151
异化　Alienation　3-76：阉割与异化　castration and　99；幻想与异化　fantasy and　66-68；语言与异化　language and　7, 46, 50；镜子阶段与异化　mirror stage and　51；需要与异化　needs and　50；分离与异化　separation and　47-48, 49, 61；主体与异化　subject and　47, 130, 172；异化的逻辑或　vel of　51
意义，解释与意义　Meaning, interpretation and　21, 71
癔症　Hysteria　95, 107, 125
癔症话语　Hysteric's discourse　129, 133-36
阴茎　Penis　99
隐喻　Metaphor　5, 15, 58, 69-71, 148
英美传统　Anglo-American tradition　62, 136
有误的交流　Miscommunication　10
语言　Language　9, 16：异化与语言　alienation and　7, 46, 50；吸收语言　assimilation of　6；加密语言　ciphering　21；欲望与语言　desire and　49；语言的生命　life of　14, 99；语言的物

质性 materiality of 119；母亲的欲望与语言 mother's desire and 58；他母语/母亲大他者的语言 mOther tongue 7；语言作为大他者 as Other 5, 14, 46；精神病与语言 psychosis and 55；无意识与语言 unconscious and 5-9。也可参见话语；能指；象征秩序

语言的物质性 Materiality of language 119

语言学 Linguistics 37-40, 139, 140

欲望 Desire xi, 9, 50：分析与欲望 analysis and 61, 66, 90, 141；原因与欲望 cause and 59, 91, 115；要求与欲望 demand and 91；缺失与欲望 lack and 53-54, 102；语言与欲望 language and 49-50；爱与欲望 love and 92；母亲与欲望 mother and 147-48；对象*a*与欲望 object *a* and 83-97, 135；欲望对象 object of xiii, 90；大他者与欲望 Other and 54；满足与欲望 satisfaction and 90；分离与欲望 separation and 50, 53；欲望能指 signifier of 101-2, 113。也可参见要求；享乐；对象*a*

元语言 Metalanguage 129, 137

原始能指 Primordial signifier 55, 57, 74

原因 Cause 27：骷髅头与原因 caput mortuum and 171；欲望与原因 desire and 59, 91, 102；对原因的解释 interpretation of 28；精神分析与原因 psychoanalysis and 140；科学与原因 science and 140；能指作为原因 signifier as 170；结构主义与原因 structuralism and 31；结构vs. 原因 structure vs. 31, 140；主体性与原因 subjectivity and 28, 62-66, 141

阅读，阅读与理解 Reading, and understanding 149

《再来一次》（拉康） *Encore* (Lacan) 98, 123

在场–缺位的游戏 Presence-absence games 53

哲学 Philosophy 13

真理 Truth 132, 134, 139-41

《真理供应商》（德里达） "Purveyor of Truth, The" (Derrida) 98

正切曲线 Tangent curve 112

症状 Symptoms 13, 73, 125, 135

知识 Knowledge 22-23, 132-33

指称理论 Referential theory 15

主人话语 Master's discourse 130-32, 142

主人能指　Master signifier　76-79, 135, 173
主体　Subject　64, 73：主体的出现　advent of　xii, 69；异化的主体　as alienated　47-48；分析与主体　analysis and　135；承担　assumption　35, 47, 62；主体作为缺口　as breach　42, 69-70, 77-79；笛卡尔式主体　Cartesian　42-43；阉割与主体　castration and　72；原因与主体　cause and　28, 50-58, 62, 63-66, 141；临床结构　clinical structures　13；主体的定义　definition of　xi, 69；话语中的主体　in discourse　40；自我 vs. 主体　ego vs.　116；主体作为空集　as empty set　52；命运与主体　fate and　68；女性结构与主体　feminine structure　115-18；闪现的主体　as flash　69-70；弗洛伊德式主体　Freudian　42；"我"作为主体　as I　46；实在中的主体　in the real　72；知识与主体　knowledge and　22-23；拉康式主体理论　Lacanian theory of　35-48；主体的逻辑时间　logical time of　63-64；主体作为缺在　as manque-à-être　51-52；男性结构　masculine structure　115-18；隐喻与主体　metaphor and　69-70；主体的起源　origin of　95；大他者的欲望与主体　Other's desire and　xii, 50；括号结构与主体　parenthetical structure and　172；主体的位置　position of　87-89；纯粹主体　pure　141；实在与主体　real and　72；拒绝主体　refusal　50；饱和的主体　saturated　141；能指与主体　signifiers and　20, 23, 39, 45, 118；主体作为火花　as spark　70；分裂的主体　split　44-45, 61；结构主义与主体　structuralism and　35；缝合与主体　suturing and　139-41；象征秩序与主体　symbolic order and　13, 140；时间状态　temporal status　63-64；主体的三个时刻　three moments of　69；主体的两个面相　two faces of　xii, 69-79；无意识与主体　unconscious and　9, 22。也可参见被划杠的主体；具体的概念和过程
《主体的颠覆与欲望的辩证法》（拉康）　"Subversion of the Subject and Dialectic of Desire" (Lacan)　74
《著作集》（拉康）　*Écrits* (Lacan)。参见具体论文和概念
专名　Proper names　53
转换词　Shifters　37-38, 40, 46
转移　Transference　88, 89
装配　Assemblages　20-22

资本主义 Capitalism 131, 132, 137, 147
自闭症 Autism 6, 75
自慰 Masturbation 106-7
自我 Ego：我思与自我 cogito and 43, 169；自我发展 development of 36；话语与自我discourse and 7；歪曲与自我 distortion and 37；自我的虚假存在 false being of 73；弗洛伊德式的自我理论 Freudian theory 15；认同与自我 identification and 116；他者与自我 other and 84；自我的产物 production of 84；自我与自我 self and 8；主体与自我 subject and 116
自我，作为自我 Self, as ego 8
自我心理学 Ego psychology 36, 62, 67
自由联想 Free association 68
字面化 Literalization 145, 153
字母 Letter xiii, 8, 20, 24-27, 119, 173
宗教话语 Religious discourse 143
宗教入迷/狂喜 Religious ecstasy 115
组合 Combinatories 16-19, 153-72

图书在版编目（CIP）数据

拉康式主体：在语言与享乐之间/（美）布鲁斯·芬克著；张慧强译. -- 上海：上海文艺出版社，2024.（拜德雅·精神分析先锋译丛）.-- ISBN 978-7-5321-9101-7

Ⅰ. B565.59

中国国家版本馆CIP数据核字第2024UL2486号

发 行 人：毕　胜
责任编辑：余静双
特约编辑：邹　荣
版式设计：史英男
内文制作：重庆樾诚文化传媒有限公司

书　　名：拉康式主体：在语言与享乐之间
作　　者：［美］布鲁斯·芬克
译　　者：张慧强
出　　版：上海世纪出版集团 上海文艺出版社
地　　址：上海市闵行区号景路 159 弄 A 座 2 楼 201101
发　　行：上海文艺出版社发行中心
上海市闵行区号景路 159 弄 A 座 2 楼 206 室　201101　www.ewen.co
印　　刷：上海盛通时代印刷有限公司
开　　本：889 × 1194　1/32
印　　张：9.625
字　　数：242 千字
印　　次：2024 年 10 月第 1 版　2024 年 10 月第 1 次印刷
I S B N：978-7-5321-9101-7/B.110
定　　价：62.00 元
告 读 者：如发现本书有质量问题请与印刷厂质量科联系　T：021-37910000

The Lacanian Subject: Between Language and Jouissance, by Bruce Fink, ISBN: 9780691015897

Published by Princeton University Press, 41 William Street, Princeton, New Jersey 08540
through Bardon-Chinese Media Agency

版贸核渝字（2023）第 107 号